MikroComputer-Praxis

Herausgegeben von
Dr. L. H. Klingen, Bonn, Prof. Dr. K. Menzel, Schwäbisch Gmünd
und Prof. Dr. W. Stucky, Karlsruhe

Projektarbeit im Informatikunterricht

Entwicklung von Softwarepaketen und Realisierung in PASCAL

Von Eberhard Lehmann, Berlin

Mit 64 Figuren

B. G. Teubner Stuttgart 1985

CIP-Kurztitelaufnahme der Deutschen Bibliothek

Lehmann, Eberhard:
Projektarbeit im Informationsunterricht :
Entwicklung von Softwarepaketen u. Realisierung
in PASCAL / von Eberhard Lehmann. – Stuttgart :
Teubner, 1985.
(Mikro-Computer-Praxis)
ISBN 978-3-519-02530-6 ISBN 978-3-322-99652-7 (eBook)
DOI 10.1007/978-3-322-99652-7

Gesamtherstellung: Beltz Offsetdruck, Hemsbach/Bergstraße
Umschlaggestaltung: W. Koch, Sindelfingen

Vorwort

In dem vorliegenden Buch werden Voraussetzungen, Erfahrungen und Hinweise zur Entwicklung umfangreicher Softwareprodukte anhand konkreter im Informatikunterricht der gymnasialen Oberstufe durchgeführter Projekte zusammengestellt und sollen damit zugleich für andere Projekte weitervermittelt werden.
In den ersten drei Kapiteln werden drei Softwareprodukte mit unterschiedlichen Intentionen bearbeitet. In Kapitel 1 wird mit dem Zeitschriften-Informationssystem ZINSY ein fertiges Softwareprodukt vorgestellt, das auch zur Katalogisierung von Büchern, Schallplatten usw. benutzt werden kann. Hauptziele sind hier die Vermittlung von Hilfen zur Analyse von Softwareprodukten und die Bereitstellung von Kenntnissen, die bei der Spezifikation, dem Entwurf, der Dokumentation und Programmierung benötigt werden.
Kapitel 2 gibt einen systematischen Überblick über alle Phasen der Entwicklung eines Softwareprodukts. Dabei werden weitere Grundlagen des Software-Engineering und methodische Hinweise in die schrittweise Bearbeitung des Projekts MUCHO (Multiple-Choice-Tests) eingearbeitet.
Die Dokumentation eines Auskunftssystems für die Berliner U-Bahn in Kapitel 3 zeigt, wie das Endprodukt einer Softwareentwicklung aussehen kann. Eine Übertragung auf andere Verkehrssysteme ist möglich.
Für die Softwaresysteme in den Kapiteln 1-3 werden PASCAL-Programme angegeben. Sie sind sämtlich Ergebnisse von Projekten mit fortgeschrittenen Informatikkursen.
Kapitel 4 bringt zunächst eine Reihe von Vorschlägen für weitere Projekte, wobei auch Lösungsansätze gegeben werden. Es folgen Ausführungen zum projektorientierten Unterricht und methodische Hinweise zur Projektbearbeitung.
In Kapitel 5 werden wichtige Begriffe aus dem Bereich der Softwareentwicklung in einem "Lexikon" zusammengestellt.
Das Buch wendet sich an Lehrer, Studenten und Schüler der Informatik, aber auch an DVA-Anwender, die selbst Systeme mittleren Umfangs erstellen wollen.
Für das Zeitschriften-Informationssystem ZINSY und das Multiple Choice-Test-System MUCHO wurde wegen der breiten Anwendungsmöglich-

keiten je eine Diskette für den Mikrocomputer APPLE II in UCSD-PASCAL erstellt:

- Projektarbeit im Informatikunterricht I
  Zeitschriften-Informationssystem ZINSY
- Projektarbeit im Informatikunterricht II
  Multiple Choice- Test- System MUCHO

Die Anpassung der ursprünglich für einen Großrechner mit dem Siemens-Betriebssystem BS2000 geschriebenen Programme (siehe Buchversionen) an den APPLE II (UCSD-PASCAL) übernahm mein Sohn Hergen Lehmann, bei dem ich mich für die wegen des Programmumfangs nicht leichte Arbeit sehr bedanke.
Die Disketten sind menügesteuert und bieten anfangs die Auswahl zwischen Programmsystem - Formatierung - Druckersteuerung. Neben dem codierten Programm enthält jede Diskette auch das Quellprogramm! Außer diesen Systemdisketten wird jeweils eine weitere Diskette für die Dateien benötigt, so daß 2 Diskettenlaufwerke vorhanden sein müssen.
Zu den durchgeführten Anpassungsarbeiten werden im Anhang einige Hinweise gegeben (S.232), die auch für die Anpassung der Buchversionen an andere Systeme nützlich sind!

Berlin, August 1984 Eberhard Lehmann

Inhalt

1 Analyse von Softwareprodukten Allgemein und am Beispiel „ZINSY“, einem Zeitschriften-Informationssystem

1.1 Einführende Bemerkungen zur Analyse von Softwareprodukten

In Ihrem bisherigen Informatikunterricht oder durch Selbststudium haben Sie grundlegende Kenntnisse in der Datenverarbeitung erworben. Sie beherrschen die wichtigsten Bestandteile einer Programmiersprache und können dabei insbesondere mit Prozeduren, Records und Dateien umgehen. Sie haben Ihre Erfahrungen durch die Bearbeitung vieler kleiner Probleme gewonnen und möchten sich nun an umfangreicheren Aufgabenstellungen versuchen. Die Ansammlung vieler kleiner Programme kann ja auch recht unbefriedigend sein!Wie oft haben Sie diese eigentlich nach Fertigstellung wirklich benutzt? Sind sie für die DVA-Praxis von Bedeutung?
An dieser Stelle setzt im fortgeschrittenen Informatikunterricht oder in Ihrer häuslichen Arbeit mit dem Rechner die Bearbeitung umfangreicher Softwareprodukte ein, die auch in der DVA-Praxis wichtig sind. Man spricht in diesem Zusammenhang von Projekten (→). Wir nennen einige umfangreiche Softwareprodukte:
System zur
- Lohnabrechnung in einem metallverarbeitenden Betrieb,
- Lagerhaltung in einer Auto-Reparaturwerkstatt,
- Kontenführung auf einem Postscheckamt,
- Stundenplanerstellung in einem Gymnasium,
- Verwaltung einer Schülerbücherei,
- Information in einer Bibliothek,
- Textverarbeitung,
- Platzbuchung in einem Theater.

Zur Durchführung derartiger Projekte benötigen Sie vielleicht weitere Programmierkenntnisse, aber insbesondere fehlt es Ihnen an Methoden, wie man an die sehr komplexen Problemstellungen herangeht. Zur Erarbeitung derartiger Methoden und zur Erweiterung Ihrer DVA-Kenntnisse wird Ihnen in Kapitel 1 ein fertiges Softwareprodukt vorgestellt, das Sie auch gut in Ihrem Privatbereich einsetzen können. Das wird allerdings erst möglich sein, wenn Sie die

Funktionen des Systems verstanden haben und in der Lage sind, einige für Ihre Zwecke möglicherweise nötige Anpassungen vorzunehmen (die zu dem Buch angebotene Diskette erleichtert Ihnen das). Dazu muß das vorgegebene System jedoch analysiert werden. Die in diesem Buch abgedruckte Programmversion wurde für einen Siemens-Rechner mit dem Betriebssystem BS2ooo geschrieben. Die Diskettenversion läuft auf dem Apple II und unterscheidet sich von der Buchversion in einigen Details insbesondere bzgl. der Dateiverarbeitung.
Die Fähigkeit zur Analyse eines Softwareprodukts ist auch in der DVA-Praxis außerordentlich wichtig! Betrachten Sie dazu Figur 1.1!

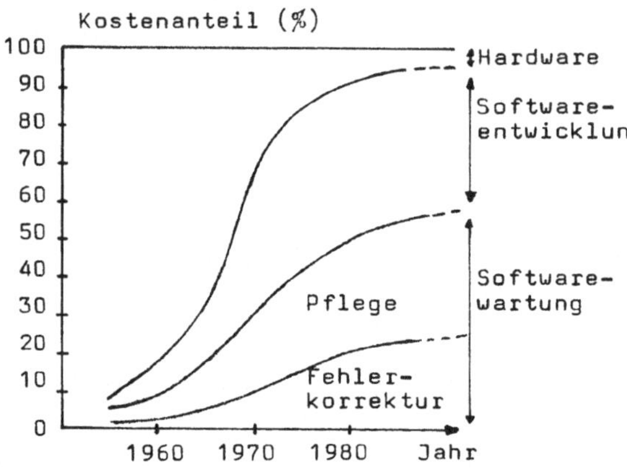

Figur 1.1: Kostenentwicklung von Hardware und Software
(nach F.J.Heeg: Analyse der Probleme beim Rechnereinsatz; online 4, April 1984)

Man erkennt u.a., daß sich die stark gestiegenen Softwarekosten aus den Faktoren (a) Entwicklung, (b) Wartung: Pflege und Fehlerkorrektur zusammensetzen. Die hohen Kosten zeigen die Notwendigkeit auf, bereits bestehende Systeme so zu beherrschen, daß Pflege und Wartung (→) mit eventueller Fehlerkorrektur ohne großen Aufwand möglich werden. Das ist nur bei guter Kenntnis des vorliegenden Systems realisierbar. Leider sind die schriftlich fixierten Entwurfsunterlagen (Dokumentation (→) oft sehr dürftig; eine nachträgliche Analyse der Arbeitsweise und Programmierung des Systems sind dann besonders wichtig.

Aufgabe 1.1: Werten Sie Figur 1 aus! Welche Folgerungen können Sie daraus für die Herstellung eines neuen Softwareprodukts ziehen?

Was sind die <u>Ziele einer Softwaresystem-Analyse?</u>

- Sinnvolle Benutzung eines größeren Systems,
- Kennenlernen der Funktionen und der Struktur des Systems,
- Erkennen von Systemschwächen,
- Durchführung kleiner Änderungen am System (Anpassung),
- Einsicht in die Notwendigkeit einer guten Dokumentation,
- Kennenlernen von Dokumentationstechniken (Modulhierarchie,..., Modulbeschreibung),
- Kennenlernen neuer Sprachelemente.

1.2 Anwendung des Zeitschriften-Informationssystems, Analyse Teil 1

Zur Erforschung der Funktionen des Zeitschriften-Informationssystems ZINSY führen wir zunächst einige Programmläufe durch. Dabei gehen wir davon aus, daß die Möglichkeit besteht

1) das zu untersuchende Softwareprodukt in seiner Wirkungsweise zu beobachten, also Testläufe durchführen zu können und
2) sich ein Programmlisting zu erzeugen.

Aufgabe 1.2: Überlegen Sie sich eine Vorgehensweise, mit der Sie ein vorgegebenes Softwaresystem (hier ZINSY) unter den beiden oben angegebenen Voraussetzungen so weit untersuchen können, daß Sie Änderungen am System vornehmen können:

a) Verbesserung bereits vorliegender Prozeduren,
b) Erweiterung durch Einfügen von Prozeduren, die neue Systemfunktionen realisieren.

Wir kommen nun zu den Programmläufen. Aus Platzgründen werden wir dabei jedoch nicht alle Funktionen verdeutlichen können. Die Leser, denen das Programm auf einem Rechner zugänglich ist, werden auf weitere eigene Versuche verwiesen.

```
*************************************************************
* LEHMANN,EBERHARD                                          *
* GEITNERWEG 20C                                            *
* 1000 BERLIN 45                                            *
*                                                           *
* MNU-TAGUNG  SAARBRUECKEN,  18.APRIL 1984                  *
*                                                           *
*      ANALYSE UMFANGREICHERER SOFTWAREPRODUKTE             *
*      AM BEISPIEL EINES ZEITSCHRIFTEN-                     *
*      INFORMATIONSSYSTEMS                                  *
*                                                           *
*************************************************************
(IN) run
     ...............................................
     WUENSCHEN SIE EINE PROGRAMMERLAEUTERUNG ? (J,N)
(IN) j

     ++++++++++++++++++++++++++++++++++++++++++++++++++++
     +                                                  +
     + WENN SIE ZINSY FERTIG ANALYSIERT HABEN, KOENNEN  +
     + SIE HIER DIE FUNKTIONEN VON ZINSY BESCHREIBEN !  +
     +                                                  +
     ++++++++++++++++++++++++++++++++++++++++++++++++++++


      WAS WUENSCHEN SIE:
      1: AUFSAETZE ZUM AUTOR        2: AUFSAETZE ZUM STICHWORT
      3: STICHWORTLISTE             4: AUTORENLISTE
      5: ZEITSCHRIFT ZUM TITEL      6: INHALT EINER ZEITSCHRIFT
      7: EINGABE VON AUFSAETZEN     8: AUSGABE DER DATEI
      9: AENDERUNGEN                0: PROGRAMMENDE
     10: ANZAHL DER SAETZE IN DER DATEI
(IN) 7
     ******************************

     ZEITSCHRIFT-NUMMER:
     ||||||||||||||||||||
(IN) rspost84/1.1

     AUTOR:
     ||||||||||||||||||||||||||||||
(IN) mullter,w.

     AUFSATZTITEL:
     ||||||||||||||||||||||||||||||||||||||||||||||||||||||||||||||||||||||||||||||
(  ) |||||
(IN) das jubilaeum der rueckert-schule

     MAXIMAL  20 STICHWOERTER MOEGLICH !
     NACH DEM LETZTEN STICHWORT ** EINGEBEN!
     STICHWORT:
     ||||||||||||||||||||||||||||||||||||||||||||||||
(IN) rueckert
(IN) jubilaeum
(IN) **

     WOLLEN SIE NOCH EINEN TITEL EINGEBEN (J,N) ?
(IN) j
     ZEITSCHRIFT-NUMMER:
```

```
     ||||||||||||||||||||
(IN) rspost84/2.2

     AUTOR:
     ||||||||||||||||||||||||||||||
(IN) labach,r.

     AUFSATZTITEL:
     ||||||||||||||||||||||||||||||||||||||||||||||||||||||||||||||||||||||||||||
(  ) |||||
(IN) die jubilaeumsvorbereitungen im fach informatik

     MAXIMAL  20 STICHWOERTER MOEGLICH !
     NACH DEM LETZTEN STICHWORT **  EINGEBEN!
     STICHWORT:
     ||||||||||||||||||||||||||||||||||||||||||||||||||
(IN) jubilaeum
(IN) **

     WOLLEN SIE NOCH EINEN TITEL EINGEBEN (J,N) ?
(IN) j
     ZEITSCHRIFT-NUMMER:
     ||||||||||||||||||||
(IN) neumath83/3.1

     AUTOR:
     ||||||||||||||||||||||||||||||
(IN) vatter u.a.

     AUFSATZTITEL:
     ||||||||||||||||||||||||||||||||||||||||||||||||||||||||||||||||||||||||||||
(  ) |||||
(IN) ist das ende der mengenlehre gekommen?

     MAXIMAL  20 STICHWOERTER MOEGLICH !
     NACH DEM LETZTEN STICHWORT **  EINGEBEN!
     STICHWORT:
     ||||||||||||||||||||||||||||||||||||||||||||||||||
(IN) mengenlehre
(IN) **

     WOLLEN SIE NOCH EINEN TITEL EINGEBEN (J,N) ?
(IN) n

     SIE HABEN   3 TITEL EINGEGEBEN
     *** HIERMIT IST DIE TITELEINGABE BEENDET ***

     **************************************************
      WAS WUENSCHEN SIE:
      1: AUFSAETZE ZUM AUTOR         2: AUFSAETZE ZUM STICHWORT
      3: STICHWORTLISTE              4: AUTORENLISTE
      5: ZEITSCHRIFT ZUM TITEL       6: INHALT EINER ZEITSCHRIFT
      7: EINGABE VON AUFSAETZEN      8: AUSGABE DER DATEI
      9: AENDERUNGEN                 0: PROGRAMMENDE
     10: ANZAHL DER SAETZE IN DER DATEI
(IN) 9
     ZEITSCHRIFT-NUMMER:
     ||||||||||||||||||||
(IN) rspost84/2.2
```

```
     ----------------------------------------------------------------
     ZEITSCHRIFT-NUMMER:RSPOST84/2.2
     AUTOR             :LABACH,R.
     AUFSATZTITEL      :DIE JUBILAEUMSVORBEREITUNGEN IM FACH INFORMATIK
( )
     STICHWOERTER:
     JUBILAEUM
     ----------------------------------------------------------------
     BITTE EINGEBEN:
     L: SATZ LOESCHEN   ODER
     A: SATZ AENDERN    ODER
     N: NICHTS AENDERN.
(IN) a
     WAS WOLLEN SIE AENDERN?
     DIE BEARBEITUNG FOLGENDER KOMPONENTEN IST MOEGLICH:
      1: ZEITSCHRIFT-NUMMER       2: AUTOR      3: AUFSATZTITEL
      4: STICHWOERTER             5: ALLE KOMPONENTEN
     GEWUENSCHTE NUMMER(N) EINGEBEN, MIT 0 BEENDEN !
(IN) 2 0

     AUTOR:
     ||||||||||||||||||||||||||||||
(IN) laubach,r.
     WOLLEN SIE WEITERE SAETZE BEARBEITEN? (J,N)
(IN) n
      WAS WUENSCHEN SIE:
      1: AUFSAETZE ZUM AUTOR       2: AUFSAETZE ZUM STICHWORT
      3: STICHWORTLISTE            4: AUTORENLISTE
      5: ZEITSCHRIFT ZUM TITEL     6: INHALT EINER ZEITSCHRIFT
      7: EINGABE VON AUFSAETZEN    8: AUSGABE DER DATEI
      9: AENDERUNGEN               0: PROGRAMMENDE
     10: ANZAHL DER SAETZE IN DER DATEI
(IN) 8
     ----------------------------------------------------------------
     ---- 1 :
     ZEITSCHRIFT    :RSPOST84/1.1
     AUTOR          :MULLTER,W.
     AUFSATZTITEL   :DAS JUBILAEUM DER RUECKERT-SCHULE
( )
     STICHWORT :RUECKERT
     STICHWORT :JUBILAEUM
     ----------------------------------------------------------------
     ---- 2 :
     ZEITSCHRIFT    :RSPOST84/2.2
     AUTOR          :LAUBACH,R.
     AUFSATZTITEL   :DIE JUBILAEUMSVORBEREITUNGEN IM FACH INFORMATIK
( )
     STICHWORT :JUBILAEUM
     ----------------------------------------------------------------
     ---- 3 :
     ZEITSCHRIFT    :NEUMATH83/3.1
     AUTOR          :VATTER U.A.
     AUFSATZTITEL   :IST DAS ENDE DER MENGENLEHRE GEKOMMEN?
( )
     STICHWORT :MENGENLEHRE
      WAS WUENSCHEN SIE:
      1: AUFSAETZE ZUM AUTOR       2: AUFSAETZE ZUM STICHWORT
      3: STICHWORTLISTE            4: AUTORENLISTE
      5: ZEITSCHRIFT ZUM TITEL     6: INHALT EINER ZEITSCHRIFT
```

```
      7: EINGABE VON AUFSAETZEN    8: AUSGABE DER DATEI
      9: AENDERUNGEN               0: PROGRAMMENDE
     10: ANZAHL DER SAETZE IN DER DATEI
(IN) 2
     STICHWORT EINGEBEN:
(IN) jubilaeum
     DIE BEARBEITUNG FOLGENDER KOMPONENTEN IST MOEGLICH:
      1: ZEITSCHRIFT-NUMMER       2: AUTOR      3: AUFSATZTITEL
      4: STICHWOERTER             5: ALLE KOMPONENTEN
     GEWUENSCHTE NUMMER(N) EINGEBEN, MIT 0 BEENDEN !
(IN) 3 0
     NUMMER: 1
     ----------------------------------------------------------------
     AUFSATZTITEL      :DAS JUBILAEUM DER RUECKERT-SCHULE
( )
     ----------------------------------------------------------------
     NUMMER: 2
     ----------------------------------------------------------------
     AUFSATZTITEL      :DIE JUBILAEUMSVORBEREITUNGEN IM FACH INFORMATIK
( )
     ----------------------------------------------------------------
      WAS WUENSCHEN SIE:
      1: AUFSAETZE ZUM AUTOR       2: AUFSAETZE ZUM STICHWORT
      3: STICHWORTLISTE            4: AUTORENLISTE
      5: ZEITSCHRIFT ZUM TITEL     6: INHALT EINER ZEITSCHRIFT
      7: EINGABE VON AUFSAETZEN    8: AUSGABE DER DATEI
      9: AENDERUNGEN               0: PROGRAMMENDE
     10: ANZAHL DER SAETZE IN DER DATEI
(IN) 1
     VON WELCHEM AUTOR SOLLEN ALLE AUFSAETZE AUSGEGEBEN WERDEN?
(IN) laubach
     DIE BEARBEITUNG FOLGENDER KOMPONENTEN IST MOEGLICH:
      1: ZEITSCHRIFT-NUMMER       2: AUTOR      3: AUFSATZTITEL
      4: STICHWOERTER             5: ALLE KOMPONENTEN
     GEWUENSCHTE NUMMER(N) EINGEBEN, MIT 0 BEENDEN !
(IN) 1 0
      WAS WUENSCHEN SIE:
      1: AUFSAETZE ZUM AUTOR       2: AUFSAETZE ZUM STICHWORT
      3: STICHWORTLISTE            4: AUTORENLISTE
      5: ZEITSCHRIFT ZUM TITEL     6: INHALT EINER ZEITSCHRIFT
      7: EINGABE VON AUFSAETZEN    8: AUSGABE DER DATEI
      9: AENDERUNGEN               0: PROGRAMMENDE
     10: ANZAHL DER SAETZE IN DER DATEI
(IN) 4
     AUTORENLISTE, UNGEORDNET:
     ----------------------------------------------------------------
     MULLTER,W.
     LAUBACH,R.
     VATTER U.A.
      WAS WUENSCHEN SIE:
      1: AUFSAETZE ZUM AUTOR       2: AUFSAETZE ZUM STICHWORT
      3: STICHWORTLISTE            4: AUTORENLISTE
      5: ZEITSCHRIFT ZUM TITEL     6: INHALT EINER ZEITSCHRIFT
      7: EINGABE VON AUFSAETZEN    8: AUSGABE DER DATEI
      9: AENDERUNGEN               0: PROGRAMMENDE
     10: ANZAHL DER SAETZE IN DER DATEI
(IN) 1
     VON WELCHEM AUTOR SOLLEN ALLE AUFSAETZE AUSGEGEBEN WERDEN?
(IN) laubach,r.
```

```
     DIE BEARBEITUNG FOLGENDER KOMPONENTEN IST MOEGLICH:
      1: ZEITSCHRIFT-NUMMER       2: AUTOR      3: AUFSATZTITEL
      4: STICHWOERTER             5: ALLE KOMPONENTEN
     GEWUENSCHTE NUMMER(N) EINGEBEN, MIT 0 BEENDEN !
(IN) 1 0
     BUCHNUMMER:              2
     ------------------------------------------------------------
     ZEITSCHRIFT-NUMMER:RSPOST84/2.2
     ------------------------------------------------------------
      WAS WUENSCHEN SIE:
      1: AUFSAETZE ZUM AUTOR      2: AUFSAETZE ZUM STICHWORT
      3: STICHWORTLISTE           4: AUTORENLISTE
      5: ZEITSCHRIFT ZUM TITEL    6: INHALT EINER ZEITSCHRIFT
      7: EINGABE VON AUFSAETZEN   8: AUSGABE DER DATEI
      9: AENDERUNGEN              0: PROGRAMMENDE
     10: ANZAHL DER SAETZE IN DER DATEI
(IN) 0

     RUNTIME:     3 SECONDS +  451 MILLISEC
```

Aus den Programmläufen kann bereits Wesentliches über die Funktionen und die Struktur von ZINSY abgelesen werden!

a) Das Programm wird durch ein Menü gesteuert:

   Was wünschen Sie:

```
 1: Aufsätze zum Autor        2: Aufsätze zum Stichwort
 3: Stichwortliste            4: Autorenliste
 5: Zeitschrift zum Titel     6: Inhalt einer Zeitschrift
 7: Eingabe von Aufsätzen     8: Ausgabe der Datei
 9: Änderungen                0: Programmende
10: Anzahl der Sätze in der Datei
```

b) Die durch 7: gesteuerten Eingabedaten werden in einer Datei gespeichert.

c) Die gespeicherten Daten können offenbar auf verschiedene Weise zusammengestellt und ausgegeben werden.

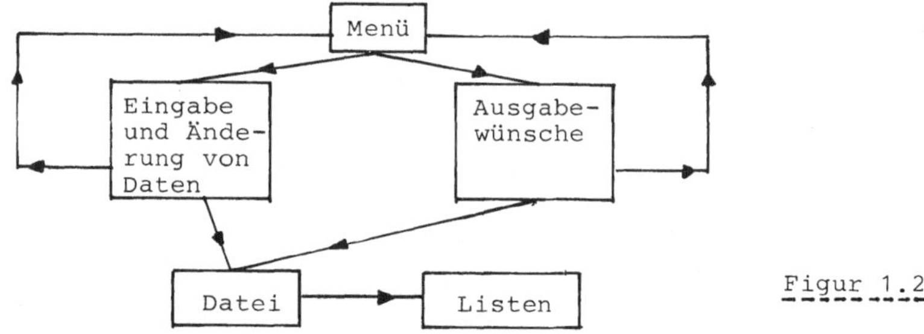

Figur 1.2

Damit ist der erste Schritt einer Analyse von ZINSY getan!

Aufgabe 1.3: Führen Sie weitere Programmläufe durch. Wie verhält sich das System bei Fehleingaben?

==

1.3 Programmlisting

==

```
PROGRAM AUFSATZDATEI(INPUT, OUTPUT, BIBLIOTHEK,HILF);        (*<<<<<<<<<<<<*)
(* SAM-VERSION FUER PROJEKTBUCH 31.10.83  *)
CONST           L0 = 20;
                L1 = 30;
                L2 = 120;
                L3 = 20;
                L4 = 50;

TYPE
        STICHWORT = ARRAY [1 .. L4] OF CHAR;
             BUCH = RECORD
                      ISBN: ARRAY [1 .. L0] OF CHAR;
                      AUTOR: ARRAY [1 .. L1] OF CHAR;
                      TITEL: ARRAY [1 .. L2] OF CHAR;
                      STICHWOERTER: ARRAY [1 .. L3] OF STICHWORT;
                    END;

VAR
  HILF, BIBLIOTHEK : FILE OF BUCH;
           ANTWORT,
             FRAGE : CHAR;
             BOOLE : BOOLEAN;
               ISB : ARRAY[1..13] OF CHAR;
          ANTWORT3: 0 .. 14;
                 A:INTEGER;
            WUNSCH: ARRAY [1 .. 11] OF INTEGER;
            STICHW:STICHWORT;

PROCEDURE SCHABLONE(S:INTEGER);                              (*<<<<<<<<<<<<*)
VAR T: INTEGER;
BEGIN
   FOR T:=1 TO S DO
   WRITE('|'); WRITELN;
END (* OF SCHABLONE *);
PROCEDURE KLEININGROSS(VAR C:CHAR);                          (*<<<<<<<<<<<<*)
BEGIN
   IF C IN ['A'..'Z'] THEN C:=CHR(ORD(C)+64);
END;
PROCEDURE STRICHREIHE;                                       (*<<<<<<<<<<<<*)

VAR
   S: INTEGER;

BEGIN
  FOR S := 1 TO 60
     DO WRITE('-');
  WRITELN;
END (* STRICHREIHE *);

PROCEDURE HILFAUFBIBLIOTHEK;                                 (*<<<<<<<<<<<<*)
BEGIN
```

```
   RESET(HILF); REWRITE(BIBLIOTHEK);
   WHILE NOT EOF(HILF) DO
   BEGIN
      BIBLIOTHEK@:=HILF@;
      PUT(BIBLIOTHEK); GET(HILF);
   END;
END (* OF HILFAUFBIBLIOTHEK *);
PROCEDURE BIBLIOTHEKAUFHILF;                                  (*<<<<<<<<<<<<*)
BEGIN
   RESET(BIBLIOTHEK); REWRITE(HILF);
   WHILE NOT EOF(BIBLIOTHEK) DO
   BEGIN
      HILF@:=BIBLIOTHEK@;
      PUT(HILF); GET(BIBLIOTHEK);
   END;
END (* OF BIBLIOTHEKAUFHILF *);
PROCEDURE SATZANZAHL;                                         (*<<<<<<<<<<<<*)
VAR ANZAHL:INTEGER;
BEGIN
   ANZAHL:=0; RESET(BIBLIOTHEK);
   WHILE NOT EOF(BIBLIOTHEK) DO
   BEGIN
      ANZAHL:=ANZAHL+1;
      GET(BIBLIOTHEK);
   END;
   WRITELN('DIE DATEI ENTHAELT ',ANZAHL:4,' SAETZE!');
END (* OF SATZANZAHL *);
PROCEDURE EINGABESTICHWORT;                                   (*<<<<<<<<<<<<*)
VAR
   M: INTEGER;
BEGIN
   FOR M := 1 TO L4
      DO STICHW[M] := ' ';
   M := 1;
   READLN;
   WHILE (NOT EOLN) OR (M = L4 + 1)
   DO BEGIN
         READ(STICHW[M]);
         KLEININGROSS(STICHW[M]);
         M := M + 1;
      END;
END (* EINGABESTICHWORT *);
PROCEDURE SATZAUSGABE;                                        (*<<<<<<<<<<<<*)
VAR P,K: INTEGER;
(* AUTOMATISCHE BELEGUNG VON "WUNSCHFELD" *)
(* ZUR BEARBEITUNG DES GANZEN SATZES      *)
BEGIN
   FOR P := 1 TO 5
   DO IF   WUNSCH[P] = 5
      THEN BEGIN
              FOR K := 1 TO 4
              DO WUNSCH[K] := K;
              WUNSCH[5] := 0;
           END;
END (* SATZAUSGABE *);
```

```
PROCEDURE KOMPAUSGABE;                                    (*<<<<<<<<<<<<*)
(*KOMPONENTENAUSGABE*)

VAR
   I,
   L: INTEGER;

BEGIN
   STRICHREIHE;
   WITH BIBLIOTHEK@
   DO BEGIN
         I := 1;
         WHILE WUNSCH[I] <> 0
         DO BEGIN
               CASE WUNSCH[I] OF
                 1: WRITELN('ZEITSCHRIFT-NUMMER:', ISBN);
                 2: WRITELN('AUTOR               :',AUTOR);
                 3: WRITELN('AUFSATZTITEL        :',TITEL);
                 4: BEGIN
                          WRITELN('STICHWOERTER:');
                          FOR L := 1 TO L3
                          DO IF   (STICHWOERTER[L, 1] <> ' ')
                             THEN WRITELN(STICHWOERTER[L]);
                    END;
                 5: BEGIN SATZAUSGABE; I:=0; END;
               END;
               I := I + 1;
            END;
      END;
   STRICHREIHE;
END (* KOMPAUSGABE *);

PROCEDURE ISBNEIN;                                        (*<<<<<<<<<<<<*)
VAR I:INTEGER;
BEGIN
   FOR I := 1 TO 13
      DO BIBLIOTHEK@.ISBN[I] := ' ';
   I := 0;
   WRITELN('ZEITSCHRIFT-NUMMER:');
   SCHABLONE(L0);
   READLN;
   REPEAT
      I := I + 1;
      READ(BIBLIOTHEK@.ISBN[I]);
      KLEININGROSS(BIBLIOTHEK@.ISBN[I]);
   UNTIL EOLN OR (I = 13);
END (* ISBNEIN *);

PROCEDURE AUTOREIN;                                       (*<<<<<<<<<<<<*)
VAR I:INTEGER;
BEGIN
   FOR I := 1 TO L1
      DO BIBLIOTHEK@.AUTOR[I] := ' ';
   I := 0;
   WRITELN;
   WRITELN('AUTOR:');
   SCHABLONE(L1);
   READLN;
   REPEAT
```

```
      I := I + 1;
      READ(BIBLIOTHEK@.AUTOR[I]);
      KLEININGROSS(BIBLIOTHEK@.AUTOR[I]);
   UNTIL EOLN OR (I = L1);
END (* AUTOREIN *);

PROCEDURE TITELEIN;                                           (*<<<<<<<<<<<<*)
VAR I:INTEGER;
BEGIN
   FOR I := 1 TO L2
      DO BIBLIOTHEK@.TITEL[I] := ' ';
   I := 0;
   WRITELN;
   WRITELN('AUFSATZTITEL:');
   SCHABLONE(L2);
   READLN;
   REPEAT
      I := I + 1;
      READ(BIBLIOTHEK@.TITEL[I]);
      KLEININGROSS(BIBLIOTHEK@.TITEL[I]);
   UNTIL EOLN OR (I = L2);
END (* TITELEIN *);

PROCEDURE STICHWORTEIN;                                       (*<<<<<<<<<<<<*)
VAR I,K:INTEGER;
BEGIN
   FOR K := 1 TO L3
      DO FOR I := 1 TO L4
            DO BIBLIOTHEK@.STICHWOERTER[K, I] := ' ';
   I := 0; STICHW[1]:=' '; STICHW[2]:=' ';
   WRITELN;
   WRITELN('MAXIMAL ',L3:3,' STICHWOERTER MOEGLICH !');
   WRITELN('NACH DEM LETZTEN STICHWORT ※※  EINGEBEN!');
   WRITELN('STICHWORT:');
   SCHABLONE(L4);
   WHILE((STICHW[1]<>'※') OR (STICHW[2]<>'※')) AND (I<L3)
   DO BEGIN
        I := I + 1;
        EINGABESTICHWORT;
         IF ((STICHW[1]<>'※') OR (STICHW[2]<>'※')) THEN
        BIBLIOTHEK@.STICHWOERTER[I] := STICHW;
      END;
END (* STICHWORTEIN *);

PROCEDURE BUCHEIN;                                            (*<<<<<<<<<<<<*)
VAR H:INTEGER;
BEGIN (* BUECHERDATEI *)
   BIBLIOTHEKAUFHILF; HILFAUFBIBLIOTHEK;
   (* EROEFFNET DIE DATEI "BIBLIOTHEK" ZUM ANHAENGEN VON SAETZEN *)
   WRITELN('******************************');
   WRITELN;
   H := 0;
   (* ZAEHLWERK FUER GESAMTBUECHER *)
   REPEAT
      ISBNEIN;
      AUTOREIN;
      TITELEIN;
      STICHWORTEIN;
      PUT(BIBLIOTHEK);
```

```
         H := H + 1;
         WRITELN;
         WRITELN('WOLLEN SIE NOCH EINEN TITEL EINGEBEN (J,N) ?');
         READLN;
         READ(FRAGE);
         KLEININGROSS(FRAGE);
      UNTIL FRAGE = 'N';
      WRITELN;
      WRITELN('SIE HABEN ', H: 3, ' TITEL EINGEGEBEN');
      WRITELN('*** HIERMIT IST DIE TITELEINGABE BEENDET ***');
      WRITELN;
      WRITELN('**************************************************');
END (* BUCHEIN *);

PROCEDURE KOMPWUNSCH;                                         (*<<<<<<<<<<<<*)
(*KOMPONENTENWUNSCH*)

VAR
   I,
   ANTWORT: INTEGER;

BEGIN
   WRITELN('DIE BEARBEITUNG FOLGENDER KOMPONENTEN IST MOEGLICH:');
   WRITELN(' 1: ZEITSCHRIFT-NUMMER      2: AUTOR      3: AUFSATZTITEL');
   WRITELN(' 4: STICHWOERTER            5: ALLE KOMPONENTEN          ');
   WRITELN('GEWUENSCHTE NUMMER(N) EINGEBEN, MIT 0 BEENDEN !          ');
   I := 1;
   READLN;
   REPEAT
      READ(WUNSCH[I]);
      I := I + 1;
   UNTIL WUNSCH(.I - 1.) = 0;
END (* KOMPWUNSCH *);

PROCEDURE BZAUTOR;                                            (*<<<<<<<<<<<<*)
(*BUECHER ZUM AUTOR*)

VAR
   I,
   BUCHNUMMER: INTEGER;
     EINAUTOR: ARRAY [1 .. L1] OF CHAR;

BEGIN
   WRITELN('VON WELCHEM AUTOR SOLLEN ALLE AUFSAETZE AUSGEGEBEN WERDEN?');
   FOR I := 1 TO L1
      DO EINAUTOR[I] := ' ';
   READLN;
   I := 1;
   REPEAT
      READ(EINAUTOR[I]);
      KLEININGROSS(EINAUTOR[I]);
      I := I + 1;
   UNTIL (EOLN) OR (I = L1 + 1);
   KOMPWUNSCH;
   RESET(BIBLIOTHEK);
   BUCHNUMMER := 1;
   WHILE NOT EOF(BIBLIOTHEK)
   DO BEGIN
         IF   BIBLIOTHEK@.AUTOR = EINAUTOR
```

```
          THEN BEGIN
                 WRITELN('BUCHNUMMER:', BUCHNUMMER);
                 KOMPAUSGABE;
               END;
         GET(BIBLIOTHEK);
         BUCHNUMMER := BUCHNUMMER + 1;
      END;
END (* BZAUTOR *);

PROCEDURE BZZEITSCHRIFT;                                          (*<<<<<<<<<<<<<*)
(*TITEL AUS ZEITSCHRIFTEN*)

VAR
          BOOL: BOOLEAN;
   B,I,
   BUCHNUMMER: INTEGER;
     ZEITSCHR: ARRAY [1 .. 13] OF CHAR;

BEGIN
   FOR I := 1 TO 13
      DO ZEITSCHR[I] := ' ';
   I := 0;
   WRITELN('AUSGABE VON AUFSAETZEN IN EINER ODER MEHREREN ZEITSCHRIFTEN');
   WRITELN('ZEITSCHRIFT:NAME (UND JAHRGANG),Z.B. MU82/1 EINGEBEN:');
   READLN;
   REPEAT
      I := I + 1;
      READ(ZEITSCHR[I]);
      KLEININGROSS(ZEITSCHR[I]);
   UNTIL (EOLN) OR (I = 13);
   B:=I; (* B MERKT SICH DIE LAENGE DES EINGEGEBENEN STRINGS *)
   KOMPWUNSCH;
   RESET(BIBLIOTHEK);
   BUCHNUMMER := 1;
   WHILE NOT EOF(BIBLIOTHEK)
   DO BEGIN
         BOOL := TRUE;
         FOR I := 1 TO B
         DO IF   BIBLIOTHEK@.ISBN[I] <> ZEITSCHR[I]
            THEN BOOL := FALSE;
         IF   BOOL
         THEN BEGIN
                WRITELN('NUMMER: ', BUCHNUMMER);
                KOMPAUSGABE;
              END;
         GET(BIBLIOTHEK);
         BUCHNUMMER := BUCHNUMMER + 1;
      END;
END (* BZFACHBEREICH *);

PROCEDURE BZSTICHWORT;                                            (*<<<<<<<<<<<<<*)

VAR
   BUCHNUMMER,
            I: INTEGER;

BEGIN
   WRITELN('STICHWORT EINGEBEN:');
   EINGABESTICHWORT;
```

```
    KOMPWUNSCH;
    RESET(BIBLIOTHEK);
    BUCHNUMMER := 1;
    WHILE NOT EOF(BIBLIOTHEK)
    DO BEGIN
           FOR I := 1 TO L3
           DO IF   BIBLIOTHEK@.STICHWOERTER[I] = STICHW
               THEN BEGIN
                       WRITELN('NUMMER:', BUCHNUMMER: 2);
                         KOMPAUSGABE;
                         I := L3 + 1;
                       END;
           GET(BIBLIOTHEK);
           BUCHNUMMER := BUCHNUMMER + 1;
       END;
END (* BZSTICHWORT *);

PROCEDURE BZTITEL;                                                 (*<<<<<<<<<<<<*)
(*BUECHER ZUM TITEL*)

VAR
    I,
    BUCHNUMMER: INTEGER;
      EINTITEL: ARRAY [1 .. L2] OF CHAR;

BEGIN
    WRITELN('ZU WELCHEM TITEL SOLLEN DATEN AUSGEGEBEN WERDEN?');
    FOR I := 1 TO L2
       DO EINTITEL[I] := ' ';
    READLN;
    I := 1;
    REPEAT
       READ(EINTITEL[I]);
       KLEININGROSS(EINTITEL[I]);
       I := I + 1;
    UNTIL EOLN OR (I = L2 + 1);
    KOMPWUNSCH;
    RESET(BIBLIOTHEK);
    BUCHNUMMER := 1;
    WHILE NOT EOF(BIBLIOTHEK)
    DO BEGIN
           IF    BIBLIOTHEK@.TITEL = EINTITEL
           THEN BEGIN
                   WRITELN('BUCHNUMMER : ', BUCHNUMMER);
                   KOMPAUSGABE;
                 END;
           GET(BIBLIOTHEK);
           BUCHNUMMER := BUCHNUMMER + 1;
       END;
END (* BZTITEL *);

PROCEDURE AENDERN;                                                 (*<<<<<<<<<<<<*)
VAR ANTWORT1,ANTWORT2:CHAR;
                      I:INTEGER;
BEGIN
    ANTWORT2:='J';
    WHILE ANTWORT2='J' DO
    BEGIN
       RESET(BIBLIOTHEK);
```

```
      ISBNEIN; (* LIEST BIBLIOTHEK@.ISBN  EIN *)
      ISB:=BIBLIOTHEK@.ISBN;
      BIBLIOTHEKAUFHILF;
      RESET(HILF);REWRITE(BIBLIOTHEK);
      REPEAT
         BIBLIOTHEK@:=HILF@;
         IF HILF@.ISBN=ISB THEN
         BEGIN
            FOR I:=1 TO 4 DO WUNSCH[I]:=I; WUNSCH[5]:=0;
            KOMPAUSGABE;
            WRITELN('BITTE EINGEBEN:');
            WRITELN('L: SATZ LOESCHEN   ODER');
            WRITELN('A: SATZ AENDERN    ODER');
            WRITELN('N: NICHTS AENDERN.');
            READLN; READ(ANTWORT1); KLEININGROSS(ANTWORT1);
            CASE ANTWORT1 OF
               'L':;       (* SATZ NICHT UEBERNEHMEN *)
               'A': BEGIN
                           WRITELN('WAS WOLLEN SIE AENDERN?');
                           KOMPWUNSCH;
                           I := 1;
                           WHILE WUNSCH[I]<>0 DO
                           BEGIN
                              CASE WUNSCH[I] OF
                                 1: ISBNEIN;
                                 2: AUTOREIN;
                                 3: TITELEIN;
                                 4: STICHWORTEIN;
                                 5: WRITELN('7 BENUTZEN, AUFSATZEINGABE');
                              END;
                              I := I + 1;
                           END (* OF WITH *);
                           PUT(BIBLIOTHEK);
                        END (* OF 'A' *);
               'N': PUT(BIBLIOTHEK);
            END (* OF CASE ANTWORT1 *)
         END (* OF    IF=...  *)
         ELSE  PUT(BIBLIOTHEK); GET(HILF);
      UNTIL  EOF(HILF);
      WRITELN('WOLLEN SIE WEITERE SAETZE BEARBEITEN? (J,N)');
      REPEAT
         READLN; READ(ANTWORT2); KLEININGROSS(ANTWORT2);
         IF NOT(ANTWORT2 IN ['J','N']) THEN
            WRITELN('GEBEN SIE BITTE NUR "J" ODER "N" EIN!');
      UNTIL ANTWORT2 IN ['J','N'];
   END (* OF WHILE *);
END (* OF PROCEDURE AENDERN *);
PROCEDURE BUCHAUS;                                        (*<<<<<<<<<<<<*)

VAR I,L : INTEGER;

BEGIN
   RESET(BIBLIOTHEK);
   L := 0;
   REPEAT
      WITH BIBLIOTHEK@ DO
      BEGIN
         L := L + 1;
         STRICHREIHE;
```

```
            WRITELN('---- ', L: 2, ' :');
            WRITELN('ZEITSCHRIFT   :',ISBN);
            WRITELN('AUTOR         :',AUTOR);
            WRITELN('AUFSATZTITEL  :',TITEL);
            FOR I := 1 TO L3
               DO IF   (STICHWOERTER[I, 1] <> ' ')
                  THEN WRITELN('STICHWORT :', STICHWOERTER[I]);
            GET(BIBLIOTHEK);
         END;
      UNTIL EOF(BIBLIOTHEK);
END (* BUCHAUS *);

PROCEDURE PROGRAMMINFO;                                           (*<<<<<<<<<<<<*)

BEGIN
   WRITELN;
   WRITELN('++++++++++++++++++++++++++++++++++++++++++++++++++++++++++++++++++++++++++++++++++++++++++++++++++++++++++++++++++++++++');
   WRITELN('+                                                     +');
   WRITELN('+ WENN SIE ZINSY FERTIG ANALYSIERT HABEN, KOENNEN     +');
   WRITELN('+ SIE HIER DIE FUNKTIONEN VON ZINSY BESCHREIBEN !     +');
   WRITELN('+                                                     +');
   WRITELN('++++++++++++++++++++++++++++++++++++++++++++++++++++++++++++++++++++++++++++++++++++++++++++++++++++++++++++++++++++++++');
   WRITELN;
   WRITELN;
END (* PROGRAMMINFO *);

PROCEDURE STICHWORTLISTE;                                         (*<<<<<<<<<<<<*)
VAR I:INTEGER;
BEGIN
   RESET(BIBLIOTHEK);
   WRITELN('STICHWORTLISTE, UNGEORDNET:');
   STRICHREIHE;
   WHILE NOT EOF(BIBLIOTHEK) DO
   BEGIN
      FOR I:=1 TO L3 DO
         IF BIBLIOTHEK@.STICHWOERTER[I][1]<>' ' THEN
            WRITELN(BIBLIOTHEK@.STICHWOERTER[I]);
      GET(BIBLIOTHEK);
   END (* WHILE *);
END (* STICHWORTLISTE *);

PROCEDURE AUTORENLISTE;                                           (*<<<<<<<<<<<<*)

BEGIN
   RESET(BIBLIOTHEK);
   WRITELN('AUTORENLISTE, UNGEORDNET:');
   STRICHREIHE;
   REPEAT
      WRITELN(BIBLIOTHEK@.AUTOR);
      GET(BIBLIOTHEK);
   UNTIL EOF(BIBLIOTHEK);
END (* AUTORENLISTE *);


BEGIN (*************** HAUPTPROGRAMM ***************)
   WRITELN('.............................................');
   WRITELN('WUENSCHEN SIE EINE PROGRAMMERLAEUTERUNG ? (J,N)');
   READLN;READ(ANTWORT);
   KLEININGROSS(ANTWORT);
```

```
    IF   ANTWORT IN ['J', 'j'] THEN PROGRAMMINFO;
    A:=2;
    WHILE A = 2
    DO BEGIN
          WRITELN(' WAS WUENSCHEN SIE:');
          WRITELN(' 1: AUFSAETZE ZUM AUTOR       2: AUFSAETZE ZUM STICHWORT
          WRITELN(' 3: STICHWORTLISTE            4: AUTORENLISTE
          WRITELN(' 5: ZEITSCHRIFT ZUM TITEL     6: INHALT EINER ZEITSCHRIF ;
          WRITELN(' 7: EINGABE VON AUFSAETZEN    8: AUSGABE DER DATEI       ;
          WRITELN(' 9: AENDERUNGEN               0: PROGRAMMENDE            ;
          WRITELN('10: ANZAHL DER SAETZE IN DER DATEI');
          READLN; READ(ANTWORT3);
          IF ANTWORT3 IN [0,1,2,3,4,5,6,7,8,9,10] THEN
          BEGIN
             CASE ANTWORT3 OF
                1: BZAUTOR;
                2: BZSTICHWORT;
                3: STICHWORTLISTE;
                4: AUTORENLISTE;
                5: BZTITEL;
                6: BZZEITSCHRIFT;
                7: BUCHEIN;
                8: BUCHAUS;
                9: AENDERN;
                0: A:=1;
               10: SATZANZAHL;
            END (* OF CASE *);
         END
         ELSE WRITELN('FALSCHE EINGABE, BITTE WIEDERHOLEN!');
      END;
      WRITELN;
 END (* BUECHERDATEI *).
```

1.4 Analyse des Zeitschriften-Informationssystems, Teil 2

Die Analyse des Programms erfolgt in mehreren Schritten.

a) Datenstruktur

Zunächst betrachten wir die aus dem Programmlisting ablesbare Datenstruktur (Deklarationsteil). Von besonderem Interesse sind die definierten Typen und die Dateivariablen (Zeilen 9-19).

```
 9. TYPE
10.         STICHWORT = ARRAY [1 .. L4] OF CHAR;
11.              BUCH = RECORD
12.                       ISBN: ARRAY [1 .. L0] OF CHAR;
13.                       AUTOR: ARRAY [1 .. L1] OF CHAR;
14.                       TITEL: ARRAY [1 .. L2] OF CHAR;
15.                       STICHWOERTER: ARRAY [1 .. L3] OF STICHWORT;
16.                     END;
17.
18. VAR
19.   HILF, BIBLIOTHEK: FILE OF BUCH;
```

Die Feldgrenzen Lo,L1,L2,L3,L4 sind als Konstante weiter oben erklärt. Durch ihre Änderung kann eine schnelle Anpassung an andere Bedürfnisse erfolgen.

TYPE BUCH kann man sich so veranschaulichen:

ISBN	AUTOR	TITEL	STICHWOERTER (maximal 20)
1..20	1..30	1..120	1..50 1..50 ... 1..50

Ein Satz des obigen Verbunds könnte also z.B. so aussehen:

MNU84/1.1	Meieer	Das Heron-Verfahren	Heron Computer Klasse 9 ...

Mit dieser Datenstruktur werden 2 Dateien benutzt. Es sind die Dateien HILF und BIBLIOTHEK. Damit ist es möglich, Datenmengen großen Umfangs für längere Zeit zu speichern und bei Bedarf wieder bereitzustellen.

b) Hauptprogramm

Der nächste Blick gilt dem Hauptprogramm (siehe Zeilen 519-555). Hier erkennen wir sofort das bei den Programmläufen ständig wiederkehrende Menü, das zahlreiche Prozeduraufrufe steuert.

Aufgabe 1.4: Welche Rolle spielt die Variable A?

Unsere Aufmerksamkeit gilt nun den Prozeduren. Zunächst verschaffen wir uns einen Überblick.

c) Liste und Tabelle der Prozeduren

```
 (IN)      @ON&PRINT'PROCEDURE'
 29. PROCEDURE SCHABLONE(S:INTEGER);
 35. PROCEDURE KLEININGROSS(VAR C:CHAR);
 39. PROCEDURE STRICHREIHE;
 50. PROCEDURE HILFAUFBIBLIOTHEK;
 59. PROCEDURE BIBLIOTHEKAUFHILF;
 68. PROCEDURE SATZANZAHL;
 79. PROCEDURE EINGABESTICHWORT;
 97. PROCEDURE SATZAUSGABE;
111. PROCEDURE KOMPAUSGABE;
143. PROCEDURE ISBNEIN;
159. PROCEDURE AUTOREIN;
176. PROCEDURE TITELEIN;
193. PROCEDURE STICHWORTEIN;
214. PROCEDURE BUCHEIN;
243. PROCEDURE KOMPWUNSCH;
263. PROCEDURE BZAUTOR;
297. PROCEDURE BZZEITSCHRIFT;
338. PROCEDURE BZSTICHWORT;
364. PROCEDURE BZTITEL;
398. PROCEDURE AENDERN;
452. END (* OF PROCEDURE AENDERN *);
453. PROCEDURE BUCHAUS;
477. PROCEDURE PROGRAMMINFO;
491. PROCEDURE STICHWORTLISTE;
506. PROCEDURE AUTORENLISTE;
```

Die Länge der einzelnen Prozeduren ist ablesbar. Man erkennt, daß kaum Parameterübergaben auftreten. Die Namen der Prozeduren geben bereits Hinweise auf ihre Funktion innerhalb des Systems.

Als besonders nützlich erweist sich eine Tabelle der auftretenden Prozeduren mit ihrer gegenseitigen Abhängigkeit, siehe Figur 1.3. Sie gibt Auskunft über die Schnittstellen zwischen den Prozeduren und darüber, ob eine Prozedur häufig oder selten von anderen Prozeduren aufgerufen wird. Damit erhält man ein Kennzeichen für die Bedeutung einer Prozedur:
Die Prozeduren 1-3, SCHABLONE, KLEININGROSS,STRICHREIHE rufen z.B. keine anderen Prozeduren auf, werden jedoch selbst häufig benutzt. Die Prozedur AENDERN ist recht lang (55 Zeilen) und ruft zahlreiche andere Prozeduren auf. Sie scheint komplexer als andere Prozeduren zu sein!
Die gegenseitigen Abhängigkeiten lassen sich auch graphisch darstellen. Wir kommen damit zur

d) Modulhierarchie (→):

Ein besonders wichtiger Vorgang bei der Erstellung eines Softwareprodukts ist die Modularisierung (→) des geplanten Systems. Mit d) wird dieser Vorgang gleichsam rekonstruiert! Dabei wird auch die Schachtelungstiefe der Prozeduren sichtbar.

Prozedurname	1	2	3	4	5	6	7	8	9	1o	11	12	13	14	15	16	17	18	19	2o	21	22	23	24	25
1 SCHABLONE																									
2 KLEININGROSS																									
3 STRICHREIHE																									
4 HILFAUFBIBLIOTHEK																									
5 BIBLIOTHEKAUFHILF																									
6 SATZANZAHL																									
7 EINGABESTICHWORT		2																							
8 SATZAUSGABE																									
9 KOMPAUSGABE			3					8																	
1o ISBNEIN	1	2																							
11 AUTOREIN	1	2																							
12 TITELEIN	1	2																							
13 STICHWORTEIN	1						7																		
14 BUCHEIN		2		4	5					1o	11	12	13												
15 KOMPWUNSCH																									
16 BZAUTOR		2							9						15										
17 BZZEITSCHRIFT		2							9						15										
18 BZSTICHWORT							7		9						15										
19 BZTITEL		2							9						15										
2o AENDERN		2			5				9	1o	11	12	13		15										
21 BUCHAUS			3																						
22 PROGRAMMINFO																									
23 STICHWORTLISTE			3																						
24 AUTORENLISTE			3																						
25 HAUPTPROGRAMM		2				6								14		16	17	18	19	2o	21	22	23	24	

Figur 1.3 : Verknüpfung der in "ZINSY" auftretenden Prozeduren

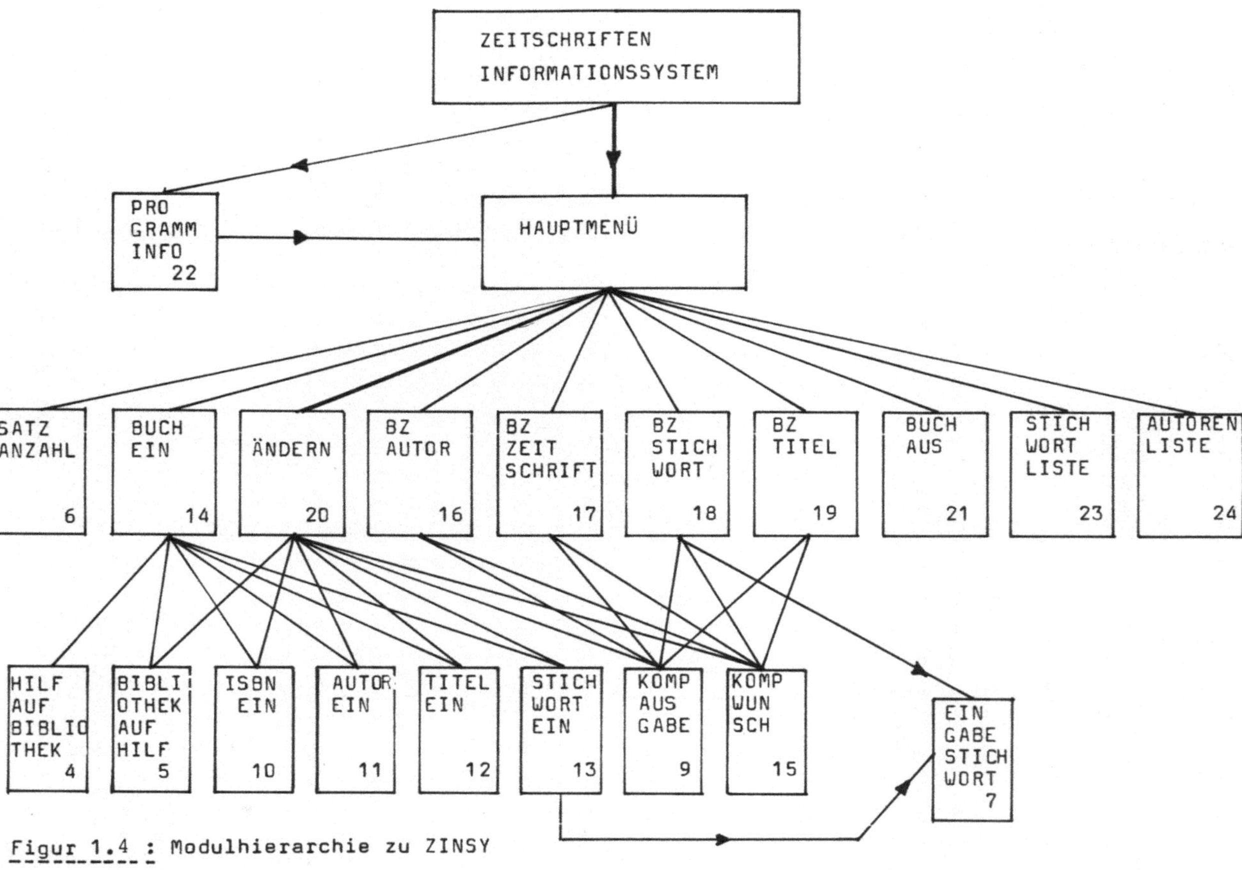

Figur 1.4 : Modulhierarchie zu ZINSY

e) Prozeduren im Detail

Mit der Erstellung der Modulhierarchie ist man auf einer Ebene angelangt, in der die Schüler die aus den Anfangskursen gewohnten Analysen kleiner Programme durchführen können. Eine sinnvolle Reihenfolge für die Durchsicht der einzelnen Prozeduren ergibt sich aus den Figuren 1.3 und 1.4. Dabei kann der Leser ggf. seine Programmierkenntnisse erweitern und Dokumentationstechniken kennenlernen und üben, wie beispielsweise die Darstellung eines Algorithmus im Struktogramm oder die Beschreibung der Funktionen eines Moduls. Wir demonstrieren die Tätigkeiten bei der Detailanalyse an einigen Beispielen.

e1) Die Prozedur BIBLIOTHEKAUFHILF kopiert den Inhalt einer Datei auf eine andere. Leser, denen die Programmierkenntnisse hierfür noch fehlen, können sie sich durch Analyse der Zeilen 59-67 des Programmlistings erarbeiten.

e2) Beschreibung der Prozedur AUTOREIN:

<table>
<tr><td colspan="4">Modulname: AUTOREIN</td></tr>
<tr><td rowspan="2">Funktion des Moduls</td><td colspan="2">Schnittstelle nach außen</td><td rowspan="2">Lokale Variable</td></tr>
<tr><td>Import</td><td>Export</td></tr>
<tr><td>Der Name des Autors kann eingelesen werden; dabei werden ggf. Klein- in Großbuchstaben verwandelt.

Aufruf:

AUTOREIN</td><td>Prozeduren:
SCHABLONE( )
KLEININGROSS( )

Parameter:

Globale Variable
L1 Konstante für Länge des Autornamens</td><td>Prozeduren:

Parameter:

Globale Variable
BIBLIOTHEK↑.AUTOR(I)</td><td>I: integer, (Zählwerk)</td></tr>
</table>

Für die Beschreibung von Modulen können selbstverständlich auch andere Schemata entwickelt werden.

e3) Erstellung eines Struktogramms zur Prozedur BZAUTOR:

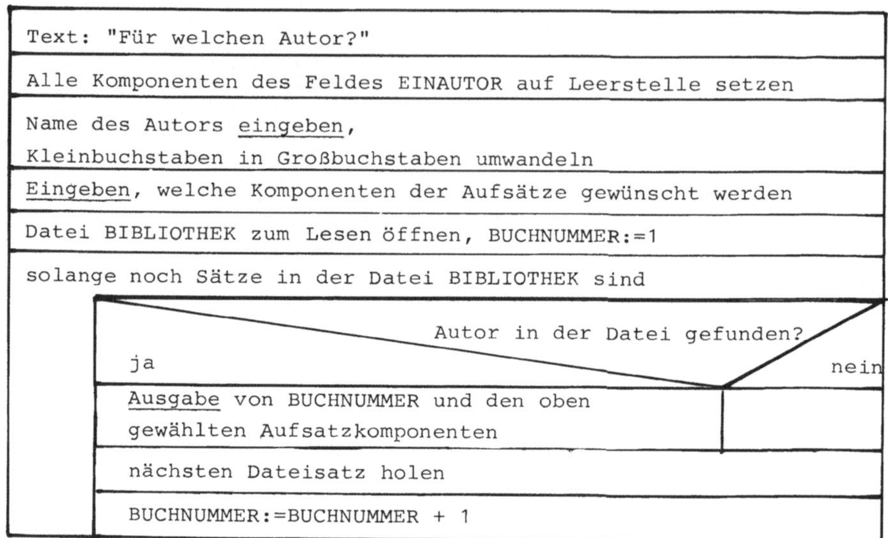

Figur 1.5 : Struktogramm zum Modul BZAUTOR
(siehe Programmzeilen 263-295)

In dieser Art oder auch mit anderen Hilfsmitteln können die Module von ZINSY analysiert und dargestellt werden. Am Ende dieser Analysephase kann eine Zusammenfassung der Modulfunktionen stehen:

Name	Funktion
SCHABLONE( )	Druckt eine Schablone von I-Zeichen. So sieht der Benutzer die maximal mögliche Länge der Eingabe.
KLEININGROSS	Wandelt Kleinbuchstaben in Großbuchstaben um.
STRICHREIHE	Erzeugt eine Strichreihe der Länge 60
HILFAUFBIBLIOTHEK	Kopiert den Inhalt der Datei HILF auf die Datei BIBLIOTHEK.
BIBLIOTHEKAUFHILF	Kopiert den Inhalt der Datei BIBLIOTHEK auf die Datei HILF.
SATZANZAHL	Stellt die Anzahl der Sätze in der Datei fest
KOMPAUSGABE	Gibt je nach Wunsch Teile von Sätzen aus.
ISBNEIN	Eingabe der Kennzeichnung (Zeitschrift-Nummer)
AUTOREIN	Eingabe des Autornamens
TITELEIN	Eingabe des Aufsatztitels
STICHWORTEIN	Eingabe selbstgewählter Stichwörter zum Aufsatz

Name	Funktion
BUCHEIN	Eingabe neuer Aufsätze (Bücher)
KOMPWUNSCH	Wählt die Art der zu bearbeitenden Aufsatzkomponenten aus: 1: Zeitschrift-Nummer 2: Autor 3: Aufsatztitel 4: Stichwoerter 5: Alle Komponenten. 0: Eingabeende . Eingabe einer oder mehrerer Ziffern.
BZAUTOR	Alle Aufsätze eines bestimmten Autors werden ausgegeben.
BZZEITSCHRIFT	Alle Aufsätze einer bestimmten Zeitschrift oder z.B. von Jahrgängen werden ausgegeben.
BZSTICHWORT	Zu einem gewählten Stichwort werden alle Aufsätze, die dieses Stichwort enthalten, ausgegeben.
BZTITEL	Zu einem eingegebenen Titel wird festgestellt, in welcher Zeitschrift er vorkommt.
AENDERN	Ermöglicht die Änderung von Aufsatzkomponenten.
BUCHAUS	Ausgabe der Datei BIBLIOTHEK
PROGRAMMINFO	Enthält Informationen zum Programm.
STICHWORTLISTE	Eine (ungeordnete) Liste aller vorkommenden Stichwörter wird ausgegeben.
AUTORENLISTE	Eine (ungeordnete) Liste aller vorkommenden Autoren wird ausgegeben.

Damit ist das Zeitschriften-Informationssystem fertig analysiert. Die Struktur des Systems ist durchschaut, eventuell notwendig werdende Anpassungen sind leicht möglich.

1.5 Zusammenfassung der Vorgehensweise bei der Analyse eines fertigen Softwareprodukts Aufgaben

Wir wollen die am Beispiel gezeigte Vorgehensweise abschließend zusammenstellen.

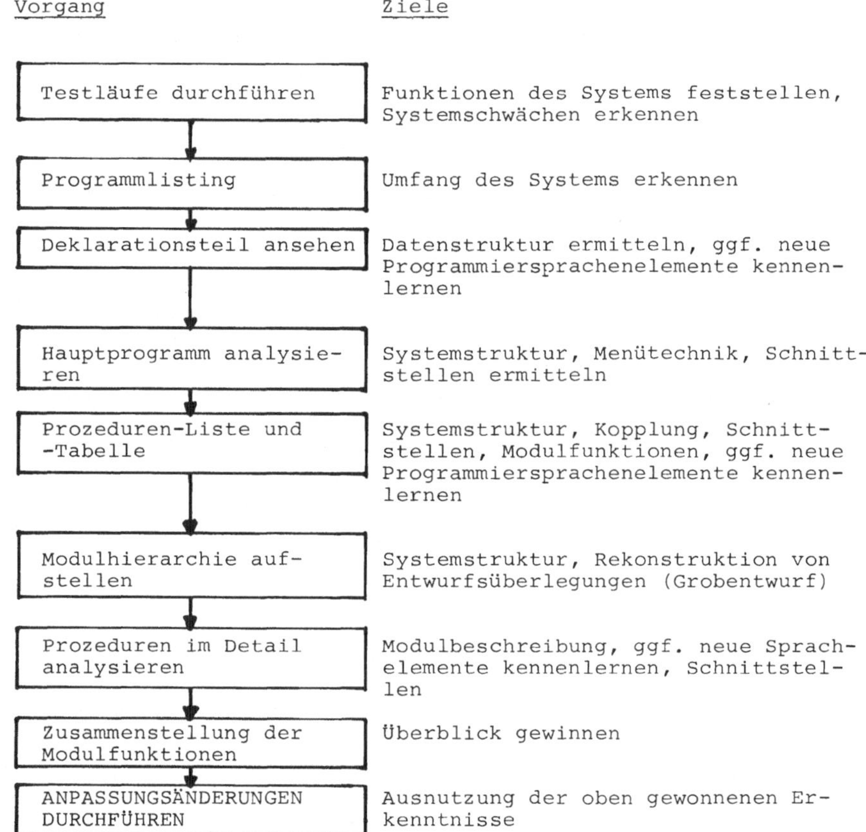

Man erkennt: <u>Die bei der Analyse des Softwareprodukts entstandenen Papiere (Dokumentationsteile) erleichtern</u> eventuelle notwendige <u>Anpasssungsänderungen ganz wesentlich!</u>

WEITERE AUFGABEN ZU KAPITEL 1

Aufgabe 1.5: Überlegen Sie, ob sich der in Kapitel 1 praktizierte Weg der Analyse eines in PASCAL geschriebenen Softwaresystems auch auf in BASIC oder anderen Sprachen geschriebene Systeme anwenden läßt! Schlagen Sie ggf. Änderungen vor.

Aufgabe 1.6: Stellen Sie für Ihnen zugängliche Softwaresysteme eine Tabelle der Prozeduren auf (siehe Figur 1.3). Zeichnen Sie eine Modulhierarchie. Analysieren Sie die am häufigsten aufgerufene Prozedur!

Aufgabe 1.7: Stellen Sie zusammen, welche Algorithmen zur Dateiverarbeitung in ZINSY benutzt wurden.

Aufgabe 1.8: Erweitern Sie ZINSY um folgende Funktionen:
a) Ausgabe einer Autorenliste (Stichwortliste) ohne Mehrfachnennungen.
b) Sortierung der in a) erstellten Listen.
c) Suche nach Aufsatztiteln, in denen eine eingegebene Zeichenfolge vorkommt.
d) Mischen zweier mit ZINSY erstellten Zeitschriftendateien.
e) Machen Sie selbst Erweiterungsvorschläge!

Aufgabe 1.9: Überlegen Sie, für welche anderen Verwendungszwecke ZINSY geeignet ist. Nehmen Sie ggf. Änderungen am Typ BUCH vor. Stellen Sie die anderen Anwendungen in Form einer Tabelle zusammen. Beispiel:

Anwendung	ISBN	AUTOR	AUFSATZTITEL	STICHWOERTER
Schallplattenkatalog	DGR84/1	Mozart	Klavierkonzert Nr.1	Klavier Richter
...	...	...	...	...

Aufgabe 1.10: Formulieren Sie ähnliche Aufgaben wie in Aufgabe 1.8 für andere Softwaresysteme.

Aufgabe 1.11: Testen Sie Softwaresysteme auf ihre Reaktion bei Fehleingaben.

Aufgabe 1.12: Wie sind in anderen Systemen die Schnittstellen zwischen Maschine und Benutzer realisiert?

Aufgabe 1.13: Gegeben ist die Prozedurtabelle eines Softwaresystems. Zeichnen Sie dazu eine Modulhierarchie!

	1	2	3	4	5	6	7	8	9	10
1		2	3							
2			3	4			7			
3				4			7	8		
4					5					
5									9	10
6							7	8		
7									9	
8										10
9										
10										

2 Systematische Betrachtung der Durchführungsphasen eines Software-Projekts Allgemein und am Beispiel „MUCHO", Multiple Choice-Test

2.0 Einführende Betrachtungen zur Softwareentwicklung, Phasen

In Kapitel 1 haben wir ein Softwaresystem analysiert und dabei einen Eindruck von Umfang und Komplexität eines derartigen (noch relativ kleinen) Systems erhalten. Software (-➔) wird heute in großen Mengen produziert. Gründe für den großen Bedarf an Softwareentwicklungen sind u.a.

- Erkennen von Schwachstellen im bisherigen Arbeitsablauf
- Mangel an genauen und schnellen Informationen
- manuell nicht mehr zu bewältigende Aufgaben
- neue Aufgabenstellungen
- Kostensteigerungen.

"Der Wunsch nach Ausbau des Systems der sozialen Sicherheit und die sich heute dafür bietenden technischen Möglichkeiten waren für den Gesetzgeber der Bundesrepublik Deutschland Anlaß, in den Jahren 1969 bis 1974 durch eine Reihe gesetzlicher Regelungen die Basis für einen umfassenden Ausbau der Datenverarbeitung in der gesetzlichen Rentenversicherung (RV) zu schaffen. Ziel dieses Ausbaus war und ist es, die Aufgaben der RV so transparent zu gestalten, daß jedem versicherten Bürger durch möglichst individuelle Auskunft und Beratung der Stand seiner Altersversicherung jederzeit aufgezeigt werden kann."
(H.-J.Rohrlach: BfA informiert aktuell und schnell. Siemens, data report 1981, Heft 6).

"Die steigende Zahl von Gesetzen, Rechtsverordnungen, Kommentaren und Gerichtsentscheidungen übersichtlich verfügbar zu machen, ist die Aufgabe des juristischen Informationssystems JURIS, das vom Bundesministerium der Justiz im Auftrag des Bundeskabinetts aufgebaut wird. ... soll die Datenverarbeitung im Rechtswesen dazu beitragen, Rechtsprechung und Gesetzgebung zu beschleunigen und die Berechenbarkeit der Rechtsordnung zu erhöhen."
(G.Käfer: Mit JURIS schneller zum Recht, Siemens, data report 1982, Heft 1).

Bei Benutzern und Herstellern von Datenverarbeitungsanlagen steigt der Aufwand für Software schneller als der für Hardware. Für 1985 rechnet man mit einem Anteil der Software von etwa 80% an den Gesamtkosten der Datenverarbeitung, 1955 betrug der Anteil noch weniger als 20%! So verwundert es nicht, daß man den Methoden der Softwareentwicklung große Aufmerksamkeit geschenkt hat. Ein unsystematisches "Drauflosprogrammieren", wie es bei kleineren Problemen zwar nicht wünschenswert, aber noch möglich ist, verbietet sich bei komplexen Problemstellungen. Wirtschaft, Wissenschaft, öffentliche Verwaltung, Medizin und viele andere Bereiche sind gleichermaßen Produzenten und Abnehmer von Software. Erhebliche Kosten können gespart und damit Produktivitätssteigerungen erreicht werden, wenn die Methoden des Software Engineering (→) - des ingenieurmäßigen Erstellens von Software - benutzt werden. Wir wollen unter Software Engineering verschiedene Prinzipien, Methoden und Techniken verstehen, die zur Erstellung von Betriebssystemen und Programmen dienen. Dazu gehören u.a.

- Methoden optimaler Programmierung
- Projektteam-Organisation
- Dokumentationsverfahren
- Testmethoden.

Ziele des Software-Engineering sind u.a.

- Kostenminimierung
- Zeitersparnis
- einheitlicher Programmaufbau
- wartungsfreundliche Programme.

Wir wollen nun die Entstehungsgeschichte eines Softwareprodukts verfolgen. Eingearbeitet in die detaillierte Darstellung des Projekts "MULTIPLE CHOICE-TEST" werden allgemeine Hinweise zur Entwicklung von Softwareprodukten gegeben. Dabei werden längere allgemeine Ausführungen vermieden, indem ggf. auf das "Lexikon" in Kapitel 5 verwiesen wird.

Die Phasen (→) der Entwicklung eines Softwareprodukts werden in der Literatur leider oft unterschiedlich bezeichnet. Das trifft besonders auf die Phasen vor dem eigentlichen Entwurf zu, in denen auch in der inhaltlichen Zuordnung Unterschiede erkennbar sind. Weiterhin ist zu bedenken, daß im Projektunterricht an der Schule nicht alle Phasen in der Form und Gewichtung auftreten, wie sie z.B. bei einem Projekt in der betrieblichen Datenverarbeitung zu finden sind.

Phase	Hauptsächliche Tätigkeiten
I Auswahl des Projektthemas Initialisierung Projektauftrag	Der Lehrer prüft in Zusammenarbeit mit den Schülern verschiedene Projektvorschläge (Durchführbarkeitsuntersuchung). Unter Beachtung bestimmter Kriterien (siehe S.208) wird ein Thema begründet ausgewählt.
II Problemanalyse Voruntersuchung, Endergebnis der Phase ist das Dokument DOK 1 Anforderungsdefinition	Analyse des Istzustands, Festlegung der Anforderungen an das zu erstellende System (Zielsetzung). Diese Anforderungen betreffen u.a. Einsatzzweck und Leistungsumfang des geplanten Systems und seine Arbeitsweise sowie die vom Benutzer erwarteten Fertigkeiten. Durchführung einer groben Wirtschaftlichkeitsschätzung.
III Funktionelle Analyse Endergebnis der Phase ist das Dokument DOK 2 Funktionelle Spezifikation (Pflichtenheft)	Grundlage für diese Phase ist die oben erstellte Anforderungsdefinition. Mit der Beschreibung eines groben Lösungsvorschlags werden die grundsätzlichen Funktionen des Systems (Eingabe, Ausgabe, innerer Zusammenhang festgelegt. Dabei muß ein Kompromiß zwischen den Interessen von Auftraggebern, Auftragnehmern, Benutzern und weiteren von der Installation des Systems Betroffenen gefunden werden. Die Möglichkeiten des zur Verfügung stehenden Rechners sind zu beachten (Basismaschine).
IV Entwurf Endergebnis der Phase ist das Dokument DOK 3 Entwurfsspezifikation	Im Entwurf liegt die Hauptarbeit der Produktentwicklung. Ausgehend vom in der funktionellen Spezifikation dokumentierten Lösungsvorschlag wird zunächst ein Grobentwurf angefertigt, der durch fortschreitende Zerlegung in Einzelbausteine (Module) verfeinert wird. Die Darstellung der Algorithmen ist noch programmiersprachenfrei (verbal, Struktogramme usw.)

Phase	Hauptsächliche Tätigkeiten
V Modulprogrammierung und Modultest Endergebnis der Phase ist das Dokument DOK 4 Auflistung der Modulprogramme, Testprotokolle	Die in der Entwurfsphase entwickelten Module werden in der ausgewählten Programmiersprache realisiert und getestet.
VI Systemintegration Endergebnis der Phase ist das Dokument DOK 5 Protokoll der Integrationsstufen mit Tests bis hin zum integrierten System. Abnahmetest, Benutzerhandbuch	Die oben entworfenen Teilprogramme werden in mehreren Stufen zu einem Gesamtsystem integriert, das alle Anforderungen erfüllt. Inbetriebnahme des Systems.
VII Wartung, Betrieb DOK 6 Fehlerhandbuch, Änderungshandbuch	Anwendung und Beobachtung des fertigen Programms, ggf. Fehlerbeseitigung, Anpassung an geänderte Problemstellungen

Eine in einem Großbetrieb verwendete Phaseneinteilung für DVA-Projekte wird unter dem Stichwort Phasen (-➔) im "Lexikon" genannt. Für die Belange des Informatikunterrichts hat sich die oben dokumentierte Phaseneinteilung bewährt.
Bevor wir mit der Arbeit an unserem Projekt "MUCHO" beginnen, muß auf die Wichtigkeit einer projektbegleitenden Dokumentation (-➔) hingewiesen werden:
Bereits in Kapitel 1 haben wir erkannt, daß die nachträgliche Analyse eines Softwareprodukts, z.B. zum Zweck von Änderungen, eine

schwierige und zeitraubende Tätigkeit sein kann. Eine gute Dokumentation ist unerläßlich u.a. für eine erfolgreiche Wartung des Produkts, leichte Einarbeitung neuer Mitarbeiter und eventuelle Änderungen oder Erweiterungen des Systems. Wie wir oben gesehen haben, ergibt sich jedes Dokument als das schriftlich fixierte Ergebnis einer Projektphase.

Warum projektbegleitende Dokumentation?

a) Bei einer nachträglichen Dokumentation, etwa nach der Programmerstellung,können wesentliche Informationen, die im Verlauf der oft sehr langen Entwicklungsarbeit angefallen sind, vergessen sein.

b) Für spätere Systemmodifikationen oder Neuentwicklungen ist es wichtig zu wissen, warum z.B. gerade die vorliegende Problemlösung gewählt wurde.

c) Im Informatikunterricht sind die Schüler leichter zu einer projektbegleitenden Dokumentation mit jeweils kurzer Zeitdauer zu bringen als zu einer sehr langen Dokumentationsphase am Ende des Projekts.

Aus diesen Anmerkungen wird deutlich, warum auf eine (oft ungeliebte) Erstellung der einzelnen Dokumente von Anfang an Wert gelegt werden muß. So wird in Kapitel 2 stets auf die zu erstellenden Dokumente hingewiesen. Wie das dokumentierte Endergebnis eines Projekts aussehen kann, wird in Kapitel 3 dargestellt.

....

<u>Übungsaufgaben</u>

<u>Aufgabe 2.1:</u> Welche Aussagen in den beiden Textbeispielen aus "data report" können dazu dienen, den großen Bedarf an Softwareprodukten zu begründen?

<u>Aufgabe 2.2:</u> Im Verlauf Ihrer Ausbildung in Informatik haben Sie zahlreiche kleine Probleme bearbeitet. Inwieweit traten dabei Bearbeitungsphasen ähnlich den oben genannten Projektphasen auf? Wie haben Sie bislang die Arbeitsergebnisse dokumentiert?

<u>Aufgabe 2.3:</u> Informieren Sie sich über den Begriff des "Software-Engineerung".

....

2.1 Wahl des Projektthemas, Initialisierung, Projektauftrag

Die fortschreitende Entwicklung in allen Lebensbereichen zwingt uns ständig zur Lösung neuer Aufgaben. Alte Problemlösungen müssen überdacht und ggf. verbessert werden. Dabei geht es u.a. um Kostenersparnis, Verbesserung der Verarbeitungsgeschwindigkeit, Zuverlässigkeit und Benutzerfreundlichkeit von bereits bestehenden oder neu zu entwickelnden Systemen. In der Regel ist dabei eine Einzelperson überfordert. Von einer gewissen Größe und Komplexität des Problems an muß die Bearbeitung von einer Personengruppe übernommen werden, die geeignet zu organisieren ist (Projektmanagement →).

Der Wunsch nach Entwicklung eines DVA-Systems kann beispielsweise innerhalb eines Betriebes von einer Fachabteilung geäußert werden, um ihre Aufgaben rationeller bewältigen zu können. Die Abteilung wird einen Projektantrag formulieren, in dem sie ihre Forderung begründet. Bestandteil eines Projektantrags könnten sein:

- Projektbezeichnung
- Kurzbeschreibung des geforderten Verfahrens
- Begründung des Projekts, z.B. Kostenersparnisse, Arbeitsengpässe, Informationsgewinn, gesetzliche Auflagen usw.
- duch das Projekt entfallende Arbeiten
- Projektertrag
- Laufhäufigkeit im Rechenzentrum
- zu verarbeitende Datenmengen
- alternative Verfahren
- Terminvorstellungen
- Mitarbeit der Fachabteilungen bei der Realisierung
- Investitionsbereitschaft der Fachabteilung

(nach Koreimann)7( ).

Auf dieser Grundlage kann von der angesprochenen DVA-Abteilung ein erster Ansatz für die Planung des finanziellen und personellen Aufwands für die Realisierung des Verfahrens erstellt werden.

Durch welche Merkmale zeichnet sich ein derartiges Projekt aus?

(1) Projekte sind einmalige Aufgaben (Einmaligkeit), die ein fest umrissenes Ziel verfolgen.

(2) Projekte sind durch hohen Schwierigkeitsgrad gekennzeichnet (Komplexität) und i.a. fächerübergreifend.

(3) Projekte sind auf einen vorhersehbaren Zeitraum begrenzt.

Daraus ergibt sich, daß Projekte aus dem routinemäßigen Betriebsablauf ausgegliedert werden müssen. Sie unterliegen damit einer besonderen Organisation, die das Projektmanagement (→) übernimmt. Verantwortlich für die Projektdurchführung ist der Projektleiter, der an der Spitze des Projektteams steht.

In der Schule tritt die Themenwahl an die Stelle des Projektantrags. Für die Wahl des Themas, an der die Schüler angemessen beteiligt sein sollten, sind einige Kriterien zu beachten, die den Anspruch des Informatikunterrichts und die Durchführbarkeit des Projekts betreffen. Hierauf wird in Kapitel 4.2 (→) ausführlicher eingegangen.

Im vorliegenden Fall ergab sich das Projekt zunächst aus den Wünschen des Lehrers. Es war das erste Projekt, das 1979 nach Inkrafttreten eines neuen Informatiklehrplans des Senators für Schulwesen, Berlin, in dem erstmals Projektunterricht gefordert wurde, vom Autor durchgeführt wurde. Eigenes Betroffensein durch MC-Tests, die sowohl gelegentlich in Mathematik als auch in anderen Fächern geschrieben wurden, motivierte auch die Schüler. U.a. wurde ihnen der auf der folgenden Seite abgedruckte Mathematik-Test vorgelegt. In den einführenden Diskussionen und in einer Gesprächsrunde mit Fachlehrern anderer Fächer wurde insbesondere darauf hingewiesen, daß derartige Tests oft von Firmen bei Bewerbungen eingesetzt werden (Eignungstests). Einige Schüler sprachen sich deutlich gegen die Durchführung von MC-Tests aus (nicht gegen das Projektthema) und leiteten so eine Diskussion über Nachteile und Vorteile solcher Tests ein. Zur Durchführung von Tests im Mathematik-Unterricht wird z.B. auf "Der Mathematikunterricht, Heft 6, 1976, Klett-Verlag, Stuttgart" verwiesen. Als Nachteile wurden besonders hervorgehoben:

- Gute Schüler können schlechter als bei einer normalen Klassenarbeit abschneiden! Durch die Aufforderung, nur eine Lösung anzukreuzen, bleibt die Qualität der eigentlichen Aufgabenlösung unbeachtet. So kann man sich z.B. nach einer langen Rechnung kurz vor dem Endergebnis verrechnen und erhält keinen Punkt für seine Lösung.
- Schwache Schüler können durch Raten möglicherweise große Erfolgsaussichten haben.

Aus Lehrersicht ist die schnelle Korrektur von MC-Tests vorteilhaft, allerdings wird für eine angemessene Aufgabenkonstruktion mehr Zeit als bei normalen Klassenarbeiten benötigt.

....

2.TEST 9d

---

1) Entnimm den Näherungswert von $\sqrt{236}$ aus der Tafel. Welche letzte Ziffer ergibt sich?

---

2) N(a) gibt bekanntlich die Anzahl der Endnullen der natürlichen Zahl a an. Welche der folgenden Aussagen sind wahr?
a) $N(a)N(b)=N(ab)$, b) $N(a)+N(b)=N(a+b)$, c) $N(a^3)=3N(a)$.
Wahr sind (ist)
(1) a) und b) , (2) a) und c) , (3) alle
(4) nur a) , (5) nur c) , (6) Ergebnis nicht dabei.

---

3) Rationalmachen! $1:(\sqrt{6}-6)$. Welches Ergebnis ist richtig?
(1) $\sqrt{6}+7$, (2) 1 , (3) Ergebnis nicht dabei
(4) $\sqrt{6}$, (5) $6+\sqrt{6}$, (6) $\frac{5(6+\sqrt{6})}{6}$

---

4) Rationalmachen und zusammenfassen (oder umgekehrt):
$\frac{1}{\sqrt{5}}+\frac{2}{\sqrt{5}}+\frac{3}{\sqrt{5}}+\frac{4}{\sqrt{5}}=$
(1) $2\sqrt{5}$, (2) Ergebnis nicht dabei , (3) 10 , (4) $\frac{10}{2\sqrt{5}}$
(5) $\frac{8\sqrt{5}}{5}$, (6) $\frac{\sqrt{5}}{5}$, (7) $\frac{\sqrt{5}}{2}$

---

5) Welche Mengenbilder sind falsch?

a) 

b) 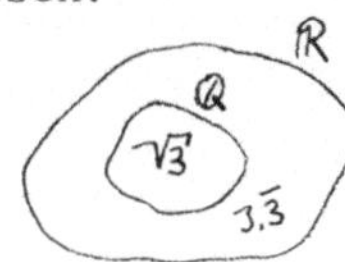

c) 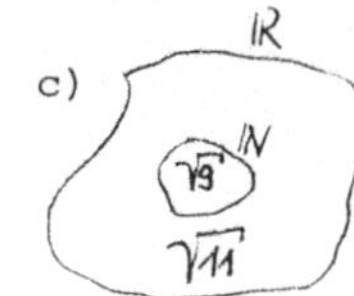

(1) a) und b) , 2) nur a) , (3) alle bis auf b) , (4) nur b)
(5) b) und c) , (6) Ergebnis nicht dabei.

---

6) Welche Ergebnisse werden ausgegeben, wenn man in dem Struktogramm setzt: a=3 , b=4 , h=0.5 ?

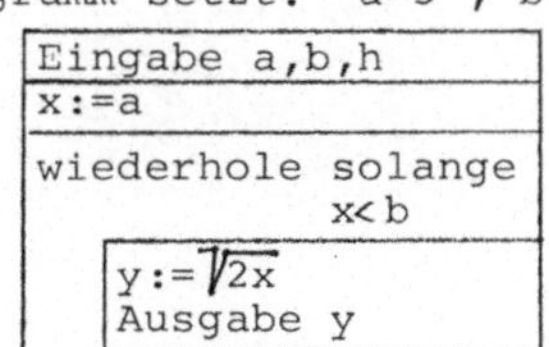

(1) $\sqrt{3}$ und 2 , (2) $\sqrt{6}$ und $\sqrt{7}$,
(3) $\sqrt{6}$ und $\sqrt{7}$ und $\sqrt{8}$, (4) $\sqrt{3}$ und $\sqrt{4}$,
(5) $\sqrt{3}$ und $\sqrt{3.5}$ und $\sqrt{4}$,
(6) Ergebnis nicht dabei.

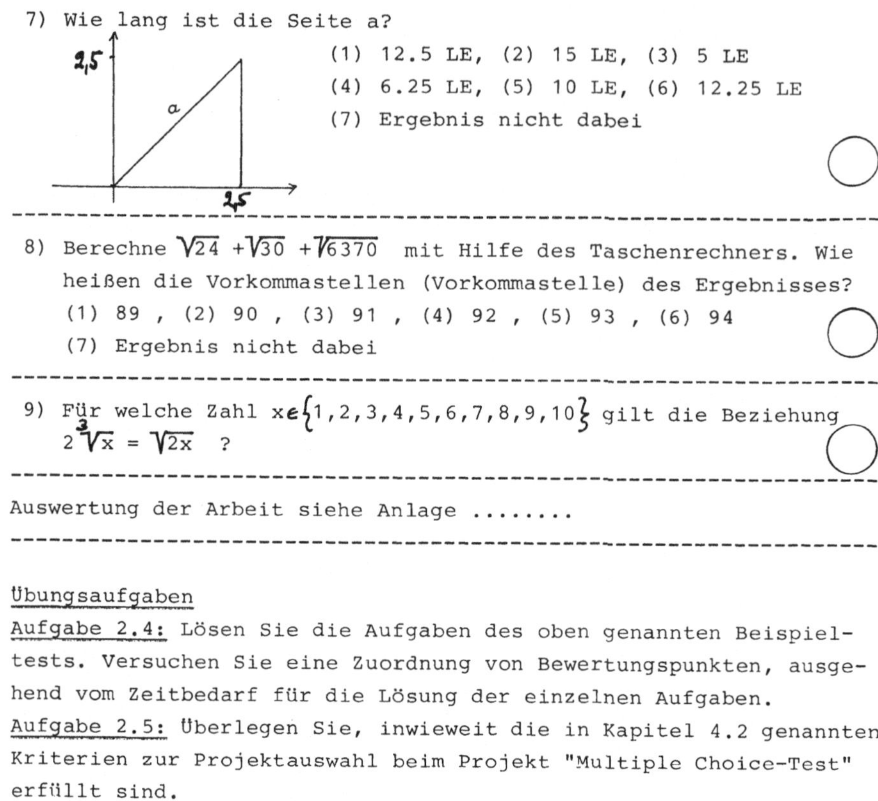

7) Wie lang ist die Seite a?

(1) 12.5 LE, (2) 15 LE, (3) 5 LE
(4) 6.25 LE, (5) 10 LE, (6) 12.25 LE
(7) Ergebnis nicht dabei

---

8) Berechne $\sqrt{24} + \sqrt{30} + \sqrt{6370}$ mit Hilfe des Taschenrechners. Wie heißen die Vorkommastellen (Vorkommastelle) des Ergebnisses?
(1) 89 , (2) 90 , (3) 91 , (4) 92 , (5) 93 , (6) 94
(7) Ergebnis nicht dabei

---

9) Für welche Zahl $x \in \{1,2,3,4,5,6,7,8,9,10\}$ gilt die Beziehung $2\sqrt[3]{x} = \sqrt{2x}$?

Auswertung der Arbeit siehe Anlage ....

Übungsaufgaben

Aufgabe 2.4: Lösen Sie die Aufgaben des oben genannten Beispieltests. Versuchen Sie eine Zuordnung von Bewertungspunkten, ausgehend vom Zeitbedarf für die Lösung der einzelnen Aufgaben.

Aufgabe 2.5: Überlegen Sie, inwieweit die in Kapitel 4.2 genannten Kriterien zur Projektauswahl beim Projekt "Multiple Choice-Test" erfüllt sind.

....

2.2 Problemanalyse

Wir beginnen unser Projekt MUCHO mit einer genaueren Untersuchung der Kennzeichen von Multiple Choice-Tests.
Die getesteten Personen sollen unter mehreren zur Auswahl stehenden Antworten auf eine Frage eine oder mehrere richtige herausfinden und eine dafür vorgesehene Stelle entsprechend markieren (siehe Beispieltest in 2.1 -♦). Liegen beispielsweise 9 derartige Aufgaben vor, so hat die Testperson demnach ein 9-Tupel von Lösungen zu erstellen. Die 9-Tupel aller Testpersonen werden mit dem 9-Tupel der richtigen Lösungen verglichen und je nach Gewichtung der Aufgaben bewertet.
Beispiel:

Aufgabe	1	2	3	4	5	6	7	8	9	
Richtige Lösung	(3)	(5)	(3)	(1)	(3)	(2)	(7)	(2)	(8)	
Gewicht (Punkte)	1	2	2	2	3	3	2	3	3	Summe 21
Lösungen einer Testperson	(3)	(5)	(2)	(1)		(2)	(6)	(2)	(8)	
Erreichte Punkte	1	2	0	2	0	3	0	3	3	Summe 14

Durch die Rechnung (100 x erreichte Punktzahl):mögliche Punktzahl erhält man den von der Testperson erreichten Prozentsatz, der dann ggf. in eine Note umgesetzt wird. Die Auswertung nimmt der Testleiter in der Regel von Hand vor. Er kann sich die Arbeit durch Schablonen erleichtern. Zeitaufwendig für den Lehrer ist bei diesen Tests besonders die Konstruktion der Aufgaben. Fragestellungen und Anweisungen müssen so klar sein, daß Rückfragen der Testpersonen überflüssig werden. Bei der Konstruktion der Aufgaben kann der Computer nur bedingt helfen. Die Anzahl der Antworten pro Aufgabe darf nicht zu gering sein, da sonst eine zu große Wahrscheinlichkeit für das richtige Raten der Lösung besteht. Auch müssen die angebotenen falschen Antworten so konstruiert werden, daß sie zumindest zunächst im Bereich des Möglichen liegen. (Die Konstruktion eines Tests durch Schüler ist eine Aufgabe, die ihnen Spaß macht und zu vertieften Kenntnissen führt!)
Nachteile der "Auswertung von Hand" sind vor allem:
a) Umständliche Ermittlung statistischer Daten zum Test (z.B. erreichte Punkte der einzelnen Testpersonen für eine bestimmte Auf-

gabe, Notenüberblick, Mittelwertberechnung, Streuung),
b) fehlende Flexibilität gegenüber eventuell notwendig werdenden Änderungen , etwa in der Aufgabengewichtung,
c) mühsame Erstellung von Listen für den eigenen Bedarf und von Formularen mit den notwendigen Informationen für die Testpersonen,
d) Auswertungsirrtümer.

Bei diesen Nachteilen hat ein Computerprogramm anzusetzen!
Ein maschineller Vergleich der Lösungen würde allein noch keine Programmentwicklung rechtfertigen!
Statistische Daten - beispielsweise die Ausgabe des Prozentsatzes derjenigen Personen, die eine bestimmte Aufgabe falsch gelöst haben - können dem Testleiter Hinweise auf das gesamte Testergebnis in Abhängigkeit von verschiedenen Gewichtungen geben. So sollte es auch möglich sein, eine Aufgabe, die von fast allen Testpersonen falsch bearbeitet wurde (möglicherweise durch schlechte Fragestellung), aus der Bewertung herauszunehmen. Selbstverständlich soll der gesamte Auswertungsvorgang automatisch geschehen, bis hin zur Ausgabe von Formularen für die Testpersonen.
Zur Eingabe der Lösungen der Testpersonen wäre ein Belegleser, der die markierten Lösungskarten liest, vorteilhaft. Eine weitere Möglichkeit ist die Eingabe der Lösungen durch Testperson oder Testleiter am Bildschirm. Dabei sind Korrekturmöglichkeiten vorzusehen. Wichtige Daten müssen aufbewahrt werden können. So kann ja z.B. der gleiche Test von weiteren Klassen geschrieben werden (Speicherung der richtigen Lösungen) oder eine Klasse schreibt später weitere Tests (Speicherung der Namen der Lerngruppe). Damit wird auch die Ausgabe verschiedener Listen möglich. Weiterhin sind Änderungsmöglichkeiten an den gespeicherten Daten einzuplanen. Es ist weiterhin zu berücksichtigen, daß das Programm außer in Mathematik auch in anderen Fächern eingesetzt werden soll, ggf. von Lehrern, die Computerlaien sind.
Alle diese Überlegungen finden ihren Niederschlag in der Zielsetzung des Projekts, die ein Teil der sogenannten Anforderungsdefinition ist. Wir nennen die wichtigsten zur Definition eines Softwareprodukts gehörenden Tätigkeiten:

Aktivitäten während der Problemanalyse (Voruntersuchung)
a) Arbeitsorganisation: Vorschlagen des Projektleiters und der Projektteammitglieder, Beschaffen von Hilfsmitteln, Regeln des Schriftverkehrs, Festlegen der einzubeziehenden Stellen.
b) Aufstellen eines Vorgehensplans: Zusammenstellen der in der Voruntersuchung zu erarbeitenden Ergebnisse, Schätzen des Zeitaufwands für die in dieser Phase mitarbeitenden Personen, Verteilen von Aufgaben, Planen und Festlegen der Erhebungsmethoden, Aufstellen von Regeln für die Auswertung der Erhebungsergebnisse, Terminvereinbarungen, Entwurf von Fragebögen,...
c) Feststellen des Istzustands: Organisatorische Zusammenhänge und Abläufe im Untersuchungsbereich, so wie sie zur Zeit vorgefunden werden, Beschaffung von Unterlagen, Durchführung von Interviews, Ermitteln der Informationskanäle, Ermitteln von Input und Output,...
d) Projektabgrenzung: Schnittstellen zu anderen Systemen,...
e) Zielsetzungen und Anforderungen: Definition der Anforderungen an das zu entwickelnde System, Angabe der konkreten Voraussetzungen, Bedingungen und Tatsachen, Besprechen und Abstimmen der Ziele,...
f) Wirtschaftlichkeitsrechnung: Ermitteln der voraussichtlichen Entwicklungskosten des Gesamtsystems und der sich anschließenden laufenden Kosten, Kosten für Personal, Datenerfassung und Geräte, Durchführen eines qualitativen Vergleichs zwischen altem und neuem System,...
g) Gesamtvorgehensplan
h) Präsentation: Abstimmen der erarbeiteten Ergebnisse mit dem Anwender, Durchführung der Präsentation und Diskussion der Arbeitsergebnisse, Phasenfreigabe,...

Am Ende dieser Phase soll das Dokument DOK1: Anforderungsdefinition,vorliegen. Sie macht Aussagen zu folgenden Punkten:

DOK1 : ANFORDERUNGSDEFINITION	
Aussagen zu	Erläuterungen
A1) Aufgabenstellung, Anforderungen der Anwender	Einsatzzweck und gewünschte Leistungen des zu entwickelnden Systems werden zusammengestellt, der Benutzerkreis mit seinen Anforderungen wird genannt
A2) Anforderungen an die Arbeitsweise des Systems	Wie soll die Benutzung des Systems organisiert sein? Wie soll es auf Fehleingaben reagieren?
A3) Qualitätsanforderungen der Benutzbarkeit, der Zuverlässigkeit, der Leistungsfähigkeit	Lesbarkeit, Anpaßbarkeit, Übertragbarkeit, Ausfallsicherheit, Verfügbarkeit, Robustheit
A4) Datenschutzforderungen	Beachtung gesetzlicher Vorschriften
A5) Ergonomische Forderungen	Schaffung möglichst günstiger Arbeitsbedingungen für den Benutzer oder Betroffenen
A6) Dokumentationsanforderungen	Art, Umfang und Qualität der zu erstellenden Dokumente werden festgelegt
A7) Anforderungen an den zur Realisierung des Vorhabens nötigen Rechner (Basismaschine)	

Für das Multiple Choice-Projekt legen wir folgende knapp formulierte Anforderungsdefinition fest:

ANFORDERUNGSDEFINITION FÜR DAS MULTIPLE CHOICE-PROJEKT

A1) Aufgabenstellung und Anforderungen der Anwender

Es ist ein Software-Produkt (Projektname MUCHO) zu erstellen, mit dem sogenannte Multiple Choice-Tests ausgewertet werden können. (Beispiel für einen derartigen Test siehe Kapitel 2.1)

Auf den bereitszustellenden

- Daten über die Testpersonen
- Daten über den gestellten Test
- Daten über die Testbearbeitung durch die Testpersonen
- Daten über Bewertungsmaßstäbe
- Daten zum Formularkopf

sind Verarbeitungsverfahren anzuwenden, die diese Daten in geeigneter Weise verknüpfen.

(a) Ziel ist die Herstellung und Ausgabe diverser Listen:

Liste 1 : Personenliste
Liste 2 : Richtige Lösungen der Testaufgaben
Liste 3 : Lösungen der Testpersonen
Liste 4 : Überblick über die von den Testpersonen erreichten Prozentsätze, Punkte, Noten mit Mittelwert, Streuung Punkte- und Notenspiegel
Liste 5 : Für jede Testperson: Alle Lösungen, erreichter Prozentsatz
Liste 6 : Für alle Aufgaben: Wieviel Prozent der Testpersonen haben eine bestimmte Aufgabe falsch gelöst?
Liste 7 : Formular für einen bestimmten Schüler
Liste 8 : Formulare für die gesamte Testgruppe.

(b) Die benötigten Daten müssen jederzeit eingegeben, ergänzt und korrigiert werden können (Änderungsdienst). Insbesondere muß der Testleiter die Möglichkeit haben, Änderungen an den Testvorgaben vorzunehmen, z.B. eine Aufgabe anders gewichten oder aus der Wertung nehmen.

(c) Es muß möglich sein, mehrere Dateien der gleichen Art (für mehrere Testgruppen, für mehrere Tests) anzulegen und nacheinander zu bearbeiten.

A2) Anforderungen an die Arbeitsweise des Systems

(a) Das System soll im Dialogbetrieb am Bildschirm arbeiten, d.h. alle Eingaben und Korrekturen sollen im Dialog erfolgen.

(b) Der Benutzer soll mit Hilfe leicht verständlicher, aussagekräftiger Menüs durch das System dirigiert werden.

(c) Von den Untermenüs soll sowohl eine Rückkehr zum Hauptmenue als auch eine Beendigung der Arbeit mit dem System möglich sein.

(d) Ausgaben sollen auf den Bildschirm erfolgen und auf Wunsch auf einen Drucker gelegt werden können.

A3) Qualitätsanforderungen

(a) Das Programmsystem muß inhaltlich und optisch klar gegliedert sein, um eventuell notwendig werdende Programmodifikationen leicht durchführen zu können.

(b) Abweichungen von Standard-Sprachelementen sind möglichst zu vermeiden und ggf. zu kennzeichnen.

(c) Zwecks leichterer Übertragbarkeit auf andere Rechner ist mit sequentiellen Dateien zu arbeiten.

A4) Datenschutzforderungen

(a) Die Programmbenutzung soll nur Testleitern möglich sein, d.h. dieser hat auch alle benötigten Daten einzugeben.

(b) Die verwendeten Daten müssen gegen unbefugte Benutzung gesperrt werden können. So darf z.B. kein Einblick von Testpersonen in die Datei mit den richtigen Lösungen möglich sein.

A5) Ergonomische Anforderungen

Die Ausgaben am Bildschirm sind klar zu strukturieren, um eine leichte Arbeit mit dem System zu ermöglichen.

A6) Dokumentationsanforderungen

Folgende Dokumente sind zu erstellen:

DOK 1 : Anforderungsdefinition
DOK 2 : Funktionelle Spezifikation
DOK 3 : Entwurfsspezifikation
DOK 4 : Listing der Modulprogramme, Testprotokolle
DOK 5 : 5.1 Protokoll der Integrationsstufen
5.2 Listing des integrierten Programmsystems
5.3 Testprotokolle mit Benutzerhinweisen
5.4 Benutzerhandbuch für Testleiter
DOK 6 : Änderungshandbuch

A7) Anforderungen an die Basismaschine

Das System soll auf einem Siemens-Rechner der Serie 700 (Betriebssystem BS2000)laufen.

....

2.3 Funktionelle Analyse

In der Anforderungsdefinition wurden die grundsätzlichen Forderungen des Auftraggebers (Benutzers) an das geplante System formuliert. Die nun folgenden Untersuchungen dienen den Realisierungsmöglichkeiten der einzelnen Anforderungen und münden ggf. in einen groben Lösungsvorschlag, in dem die elementaren Funktionen des Systems aus der Sicht des Benutzers deutlich werden, oder auch in einer Ablehnung des Projekts. Anforderungsdefinition und funktionelle Analyse haben als oberstes Ziel, die Durchführbarkeit des Projekts zu überprüfen und ggf. zu skizzieren. Die Durchführbarkeit ist abhängig von den technischen und ökonomischen Gegebenheiten sowie dem Grad der logischen Bewältigung des Problems.
Die funktionelle Spezifikation als Dokumentationsergebnis dieser Phase ist das Bindeglied zwischen Systementwickler und Auftraggeber/Benutzer. Damit kommt der Schnittstellenbeschreibung (z.B. der Beschreibung der Kommandoebene) zwischen System und Umgebung besondere Bedeutung zu. In der funktionellen Spezifikation wird vom Systementwickler verpflichtend festgelegt (Pflichtenheft), welche Leistungen das System erbringen soll. Sie ist damit Grundlage für den Entwurf und die Implementierung des Systems. Dabei kann es durchaus möglich sein, daß nicht alle vom Auftraggeber aufgestellten Forderungen an das System realisierbar sind.

Aktivitäten während der funktionellen Analyse

a) Detaillierte Analyse des Istzustands: Ggf. Organisieren und Durchführen von Interviews, Ergänzen des Problemkatalogs, Beschaffen von Fachliteratur,...
b) Aufgabenstruktur: Erste Auflösung der Aufgabenstellung in Teilaufgaben, Konstruktion einer hierarchischen Struktur der Teilaufgaben (graphische Darstellung), grobe Aufgabenbeschreibung.
c) Methoden und Verfahrensvarianten: Sichten von Fachliteratur, Überblick über die in Frage kommenden Methoden und Verfahren, ggf. deren Darstellung durch mathematische Funktionen oder Formeln, dabei Berücksichtigung von Input,Verarbeitung, Output, Datenübermittlung, Voraussetzungen für die Realisierung einzelner Methoden und Verfahren, Untersuchung der Lösungsideen,... schließlich Auswahl der Methoden und Verfahren.

d) Zusammenstellen der Daten: Dateneingabe, Datenausgabe, Datenorganisation, Datenbankentwurf,...
e) Schnittstellenbeschreibung: Anschlußpunkte zu anderen Systemen bzw. Aufgabenbereichen, Festlegen der Eingabe- und Ausgabedaten, Abgrenzung zu anderen Arbeitsbereichen,...
f) Einsatz vorhandener Lösungen untersuchen: Sichten bestehender Systeme im eigenen und anderen Unternehmen, Einsatz von Anwendungssoftware prüfen,...
g) Arbeitsablaufplan: Informationsfluß,...
h) Organisatorische Auswirkungen: Darstellung der Zusammenhänge mit anderen Bereichen, Anpassungen, Konsequenzen,...
i) Anforderungen an die Hilfsmittel, deren Auswahl: Speicherbedarf, Software-Anforderungen, Datenerfassung, Datenübertragung,...
j) Wirtschaftlichkeitsrechnung: Entwicklungskosten, Testkosten, Durchführen eines qualitativen Vergleichs des alten mit dem neuen System,...
k) Gesamtvorgehensplan (überarbeitet)
l) Vorgehensplan bei dem Detailentwurf
m) Präsentation: Abstimmen der erarbeiteten Ergebnisse mit dem Anwender, Durchführung der Präsentation und Diskussion der Arbeitsergebnisse, Phasenfreigabe.

Am Ende dieser Phase soll das Dokument DOK2: Funktionelle Spezifikation (Pfichtenheft) vorliegen. Für die Schule ist es selbstverständlich nicht möglich,alle oben genannten Punkte in der Dokumentation aufzugreifen. Das wird u.a. vom Projektthema abhängig sein. Für den Schulbereich sind die im folgenden genannten Bereiche von besonderer Bedeutung.

DOK2 : FUNKTIONELLE SPEZIFIKATION (PFLICHTENHEFT)	
Aussagen zu	Erläuterungen
FS1) Benutzerschnittstellen, Systemfunktionen	Kommunikationsebenen zwischen Benutzer und System: Systemanstoß, Kommandobeschreibung, Verhalten bei Fehlern
FS2) Datenbereiche, Datenorganisation, Dateneingabe,	Festlegung der Datenstruktur, Eingabeart, z.B. am Bildschirm, Lochkarteneingabe, Eingabe vom Band

Aussagen zu	Erläuterungen
Datenausgabe	Ausgabenumfang (Zwischenergebnisse, Endergebnisse), Ausgabeart, z.B. auf Formular, Bildschirm, Band, Platte
Testdaten, Abnahmekriterien	Zum späteren Nachweis der Funktions- und Leistungsfähigkeit des Systems werden Testdaten festgelegt, für die Übergabe des Systems werden Kriterien formuliert
FS3) Basismaschine	Kennzeichnung des benutzten Rechners, Betriebsbedingungen
FS4) Änderungsmöglichkeiten	Mögliche Änderungen von Systemfunktionen, Beschreibung von Ausbaustufen

Hier (wie auch in anderen Phasen) ist wieder zu beachten, daß die einzelnen genannten Dokumentationsbereiche in verschiedenen Projekten von unterschiedlichem Gewicht sein können!
Ein gelegentlich verwendetes Hilfsmittel zur Darstellung der Systemfunktionen sind SADT-Diagramme (-➧).
Wir wenden uns nun der funktionellen Analyse unseres Beispielprojekts MUCHO zu.

FUNKTIONELLE ANALYSE FÜR DAS MULTIPLE CHOICE-PROJEKT

FS1) Systemfunktionen, Benutzerschnittstellen

Die Funktionen des Systems werden an den Schnittstellen zwischen System und Benutzer sichtbar. In der Realisierung sollen dazu Benutzermenüs angeboten werden:

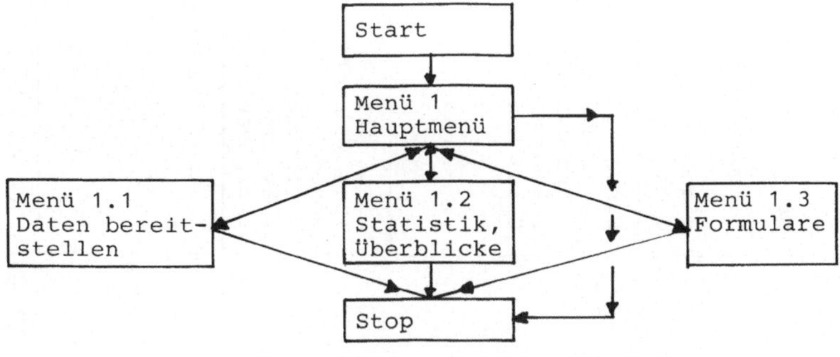

Figur 2.1

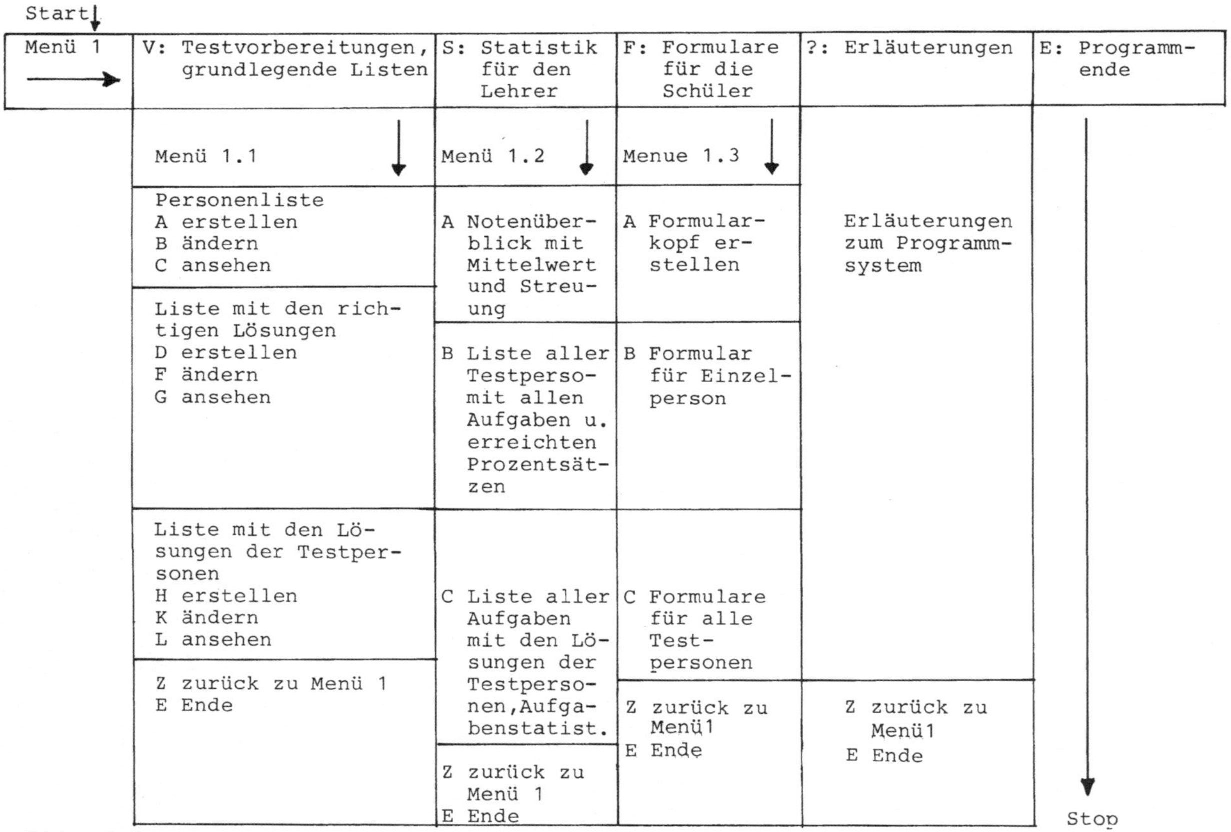

Start

Menü 1	V: Testvorbereitungen, grundlegende Listen	S: Statistik für den Lehrer	F: Formulare für die Schüler	?: Erläuterungen	E: Programmende
	Menü 1.1	Menü 1.2	Menue 1.3	Erläuterungen zum Programmsystem	Stop
	Personenliste A erstellen B ändern C ansehen	A Notenüberblick mit Mittelwert und Streuung	A Formularkopf erstellen		
	Liste mit den richtigen Lösungen D erstellen F ändern G ansehen	B Liste aller Testperso- mit allen Aufgaben u. erreichten Prozentsätzen	B Formular für Einzelperson		
	Liste mit den Lösungen der Testpersonen H erstellen K ändern L ansehen	C Liste aller Aufgaben mit den Lösungen der Testpersonen, Aufgabenstatist.	C Formulare für alle Testpersonen		
	Z zurück zu Menü 1 E Ende	Z zurück zu Menü 1 E Ende	Z zurück zu Menü1 E Ende	Z zurück zu Menü1 E Ende	

Figur 2.2:
Funktionen von MUCHO innerhalb der einzelnen Menüebenen

FS2) Datenorganisation für MUCHO, Testdaten

Die Problemanalyse und die Darstellung der Funktionen des Systems zeigten, daß das Anlegen von drei Dateien sinnvoll ist:

(1) Datei mit den Personendaten (Schülerdatei SDAT)

(2) Datei mit den richtigen Lösungen und der Gewichtung der Testaufgaben (LGDAT),

(3) Datei mit den Lösungen der Testpersonen (Schülerlösungsdatei SLDAT).

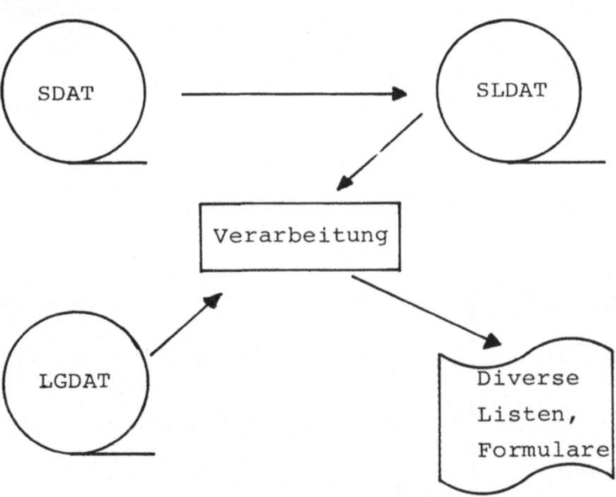

Figur 2.3: Dateien von MUCHO

Für die einzugebenden Daten werden Eingaberoutinen und Änderungsmöglichkeiten vorgesehen. Geeignete Datenstrukturen und ihre gegenseitigen Verknüpfungen zeigt Figur 2.3.

Als Testdaten wählen wir für

SDAT

Meier	Klaus	3.11.69
Lutz	Günter	4. 4.68
Abitz	Karl	1. 1.70

SLDAT

J	a	a	b	c	d	b
N						
J	a	b	c	c	d	a

LGDAT

a	3
b	2
c	5
c	1
d	2
b	3

Diese Daten sollen sowohl beim Testen der Module als auch beim Testen des integrierten Systems benutzt werden. Dabei sind von den zahlreichen Wegen durch das System möglichst repräsentative Wege auszuwählen. Insbesondere sind die Testwege zu untersuchen, die Änderungen an den Dateien enthalten. Die Testwege können übersichtlich dokumentiert werden, indem eine abstrahierende Darstellung von Figur 2.4 benutzt wird:

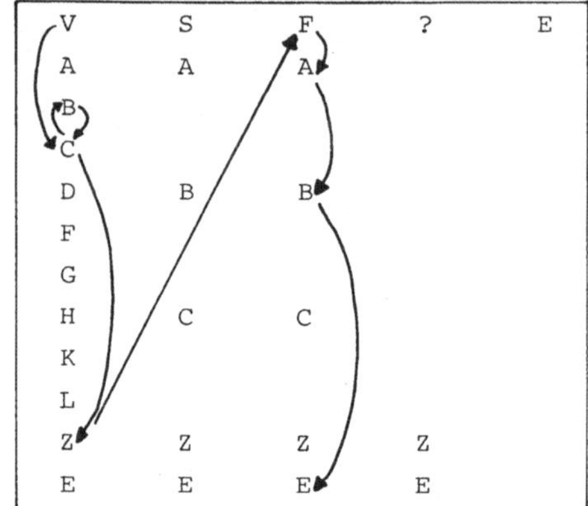

Figur 2.4: Beispiel für einen Testweg

V C B C Z F A B E

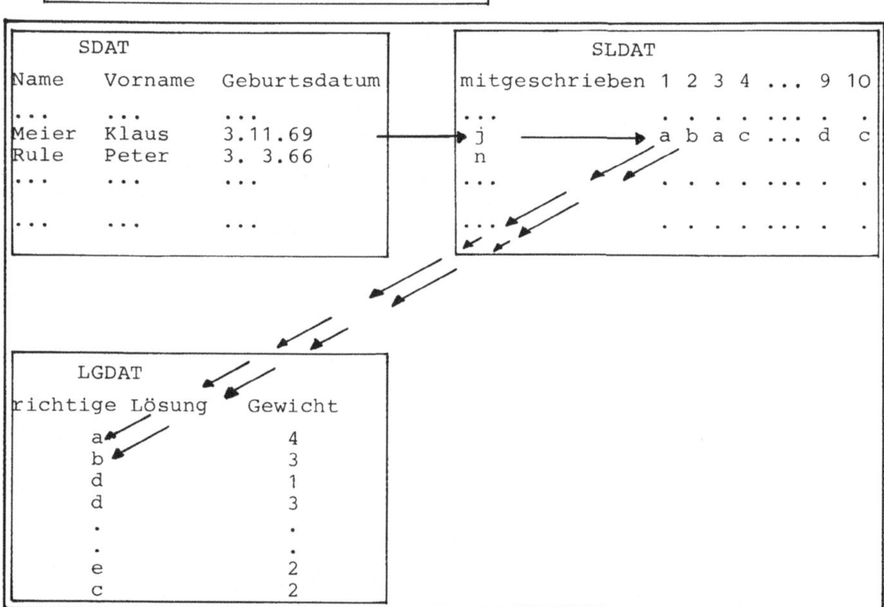

Figur 2.5: Datenstrukturen von MUCHO, gegenseitige Verknüpfung

FS3) Basismaschine

Bei der zur Verfügung stehenden Basismaschine handelt es sich um einen Siemens-Rechner der Serie 7000 mit dem Betriebssystem BS2000. Es wird im Dialogbetrieb gearbeitet. Das Programmsystem und die benötigten Dateien sollen jederzeit greifbar auf dem Plattenspeicher bereitstehen. Außerdem sind Programm und mehrfach benötigte Dateien auf ein Band zu legen. Wie bereits oben erwähnt, sind möglichst nur Standard-Pascal-Befehle zu verwenden. Spezielle Eigenschaften des Betriebssystems sollen nicht benutzt werden.

FS4) Änderungsmöglichkeiten

(1) Grundsätzlich sollen Änderungen am System leicht möglich sein. Das Programm ist so zu konstruieren, daß dieser Anspruch erfüllt wird. Auf die Bedeutung einer guten Dokumentation wurde in diesem Zusammenhang bereits hingewiesen. Als besonders nützlich für eventuelle Änderungen werden sich die Überblicksdarstellungen erweisen.

(2) Notwendig könnten Änderungen werden, die mit den verwendeten Notenskalen für die Sekundarstufen 1 bzw. 2 zusammenhängen. Diese Skalen werden zunächst in das Programm aufgenommen. Eine Auslagerung auf Dateien könnte später wünschenswert sein.

(3) Eine Ausweitung der Systemfunktionen könnte besonders im statistischen Bereich nötig werden. Denkbar wäre z.B. eine Unterscheidung zwischen weiblichen und männlichen Testbearbeitern mit getrennter statistischer Auswertung oder eine Einteilung nach Geburtsjahrgängen.

....

2.4 Entwurf – Modulprogrammierung – Test

Ausgehend von dem in der funktionellen Spezifikation bereits skizzierten Grobentwurf (Figur 2.1) wird nun durch zunehmende Verfeinerung (Modularisierung -→) ein Netz von Modulen erarbeitet, bis schließlich eine Codierung in der vorgesehenen Programmiersprache möglich ist. Durch die Zerlegung eines Problems in Teilprobleme soll die Problemlösung leichter verständlich und leichter nachprüfbar werden. Durch die voneinander unabhängige Bearbeitung der Teilprobleme ist auch ein getrennter Test möglich. Die Integration zu einem Gesamtsystem erfolgt erst später. An dieser Stelle ist es nötig, den Begriff des Moduls - ausgerichtet auf die Entwurfsphase - präziser zu fassen.

Kennzeichnende Eigenschaften eines Moduls (in der Entwurfsphase)
(1) Möglichst weitgehende Unabhängigkeit von anderen (benachbarten) Modulen, um getrennt entwickelbar, übersetzbar, testbar und wartbar zu sein. Möglichst minimale Bindung von Modulen über die Schnittstellenparameter (exportierte und importierte Größen, Datenfluß- und Steuerflußkopplungen).
(2) Überschaubarkeit: Der Umfang eines Moduls soll nicht zu groß sein (Beispiel: Etwa 40 bis 50 Zeilen im Quellcode, ca. eine din A4- Seite.
(3) Verstecken von Informationen, die nur innerhalb des Moduls von Bedeutung sind (Geheimnisprinzip, information hiding).

In der Entwurfsphase erfolgen wieder zahlreiche Aktivitäten, von denen einige im folgenden aufgezählt werden. Eine Auswahl davon ist dann für die Dokumentation dieser Phase bei Projekten in der Schule von besonderer Bedeutung.

Aktivitäten in der Entwurfsphase
a) Stufenweise Aufteilung der Aufgaben in niedrigere Aufgabenebenen mit höherem Detaillierungsgrad. b) Zusammenstellen der Ausgabedaten des Gesamtsystems, Prüfung auf Verfügbarkeit der Daten, Ausgabeformate, Ausgabemedium. c) Festlegung der Funktionen der einzelnen Module.

d) Zusammenstellen der Eingabedaten des Gesamtsystems, Inhalt der Eingabebelege, Verfügbarkeit der Daten, Festlegen der Bildschirmeingaben, Muster für Eingabebeleg, Abstimmung mit dem Anwender.
e) Analyse der Datenelemente auf mögliche Fehler, Festlegen der Prüfverfahren, Korrekturmöglichkeiten erarbeiten
f) Zugriffsberechtigung regeln.
g) Nachträgliche Eingabekontrollen ermöglichen.
h) Beachten der Datenschutzbestimmungen.
i) Endgültige Festlegung der Maschinenkonfiguration und der einzusetzenden Standardsoftware.
j) Detailliertere Wirtschaftlichkeitsrechnung.
k) Gesamtvorgehensplan überarbeiten, z.B. Anpassen der Projektorganisation.
l) Abstimmen der Ergebnisse mit dem Anwender, Präsentation, Phasenfreigabe.

Am Ende dieser Phase soll das Dokument DOK3: Entwurfsspezifikation, vorliegen.

DOK3 : ENTWURFSSPEZIFIKATION	
Aussagen zu	Erläuterungen
ES1) Darstellung des Systems als Modulhierarchie	Mit der Hierarchisierung werden die Strukturen des Systems festgelegt. Besonders geeignet sind baumartige Darstellungen, z.B. mit Beziehungen wie Modul Mi ruft Modul Mk auf (hat Zugriff auf), Modul Mi delegiert Arbeit an Mk, Modul Mk ist Teilproblem von Mi. Bei baumartiger Hierarchie werden zwangsläufig Modulen Untermodule zugeordnet. M1 → M11, M1 → M12; M2 M1 und M2 sind Nachbarmodule, sie liegen in einer Schicht, M11 und M12 sind Untermodule zu M1. Da in niedrigeren Ebenen (Schichten) vorkommende Module gelegentlich identisch sind, ist es oft zweckmäßig, in einem zweiten

Aussagen zu	Erläuterungen
	Hierarchisierungsschritt zu einer netzorientierten Darstellung überzugehen, die den gemeinsamen Zugriff auf ein mehrfach benötigtes Modul ermöglicht.
ES2) Beschreibung der Module Aufgaben des Moduls	Es wird beschrieben, welche Funktionen das Modul ausübt.
Importschnittstellen	Welche Operationen (Prozeduren, Teilalgorithmen) und Datentypen werden aus anderen Modulen benutzt?
Exportschnittstellen	Welche Operationen (Prozeduren, Teilalgorithmen) und Datentypen werden an andere Module geliefert?
Prozeduren und ihre Auswirkungen	Ggf. Beschreibung der im Modul verwendeten Prozeduren (Prozeduraufruf, Parameterversorgung)

Eine Modulbeschreibung kann z.B. nach folgendem Muster erfolgen:

<table>
<tr><td colspan="3">MODULNAME</td></tr>
<tr><td colspan="3">Funktionen:</td></tr>
<tr><td rowspan="2"></td><td colspan="2">Schnittstellen</td></tr>
<tr><td>importiert</td><td>exportiert</td></tr>
<tr><td>Paramater</td><td></td><td></td></tr>
<tr><td>globale Variable</td><td></td><td></td></tr>
<tr><td>Prozeduren und ihre Funktionen</td><td></td><td></td></tr>
<tr><td colspan="3">Lokale Variable und Typen des Moduls</td></tr>
<tr><td colspan="3">Verborgene Eigenschaften des Moduls</td></tr>
</table>

Figur 2.6: Muster für Modulbeschreibungen

ENTWURF FÜR DAS MULTIPLE CHOICE-PROJEKT

Im folgenden werden wir die Elemente der HIPO-Technik (→) verwenden (HIPO: Hierarchy plus Input, Process,Output), die eine von der Firma IBM eingeführte Methode für den Entwurf und die Dokumentation von EDV-Projekten ist. Die wichtigsten Elemente dieser Technik bestehen in einer hierarchischen Gliederung des Systems und seiner Funktionen, Übersichts- und Detaildiagrammen.
Für das Projekt MUCHO orientieren wir uns an dem in Figur 2.2 dargestellten Systemfunktionen, die als Grundlage für die weiteren Entwurfsarbeiten dienen können.

ES1) Darstellung von MUCHO als Modulhierarchie

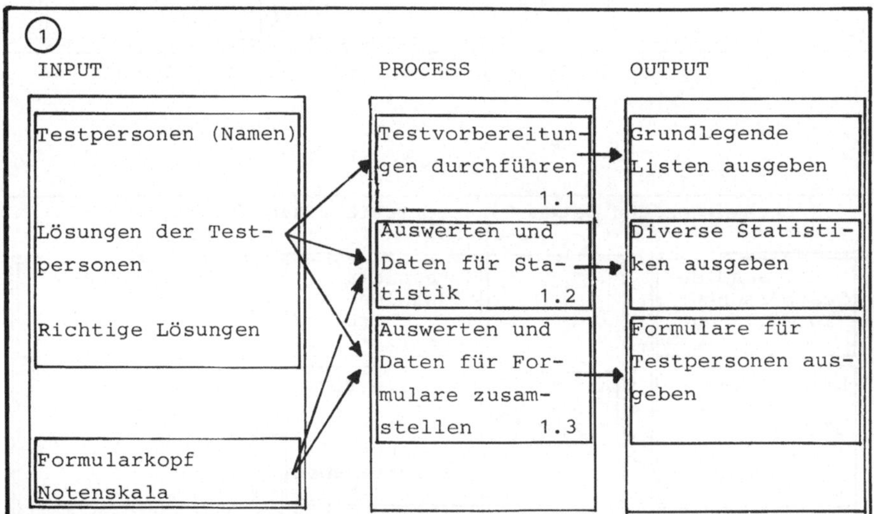

Figur 2.7: Modul M1 mit den Untermodulen M1.1,M1.2 und M1.3

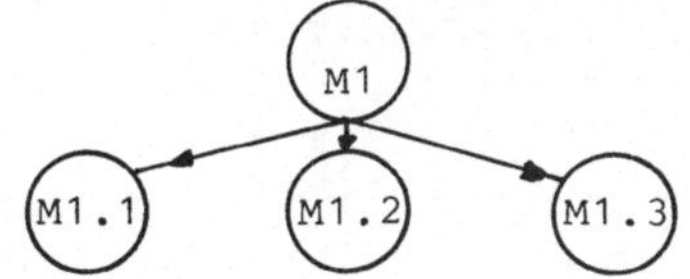

Die Untermodule werden nun weiter zerlegt.

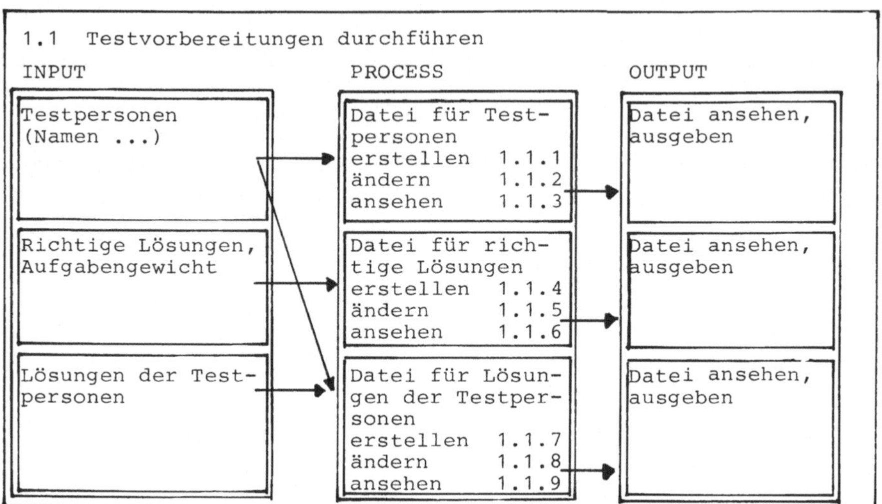

Figur 2.8: Modul M1.1 mit den Untermodulen M1.1.1 - M1.1.9

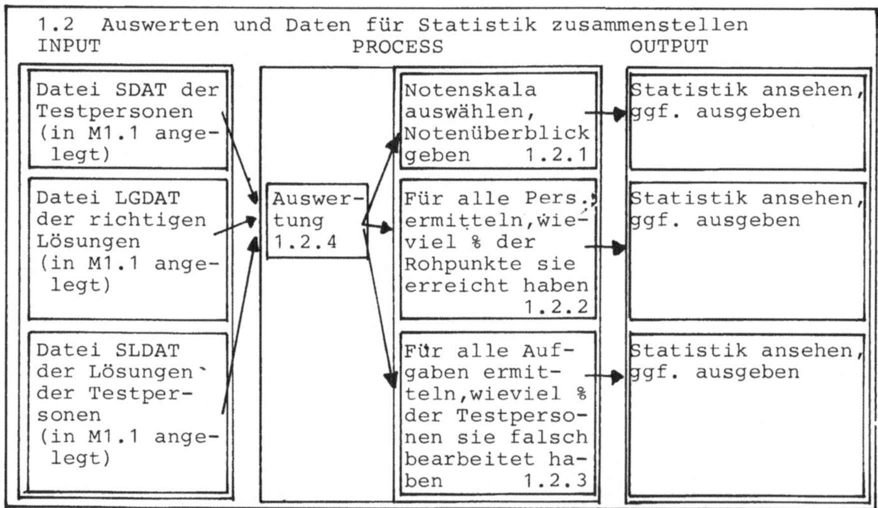

Figur 2.9: Modul M1.2 mit den Untermodulen M1.2.1-M1.2.4

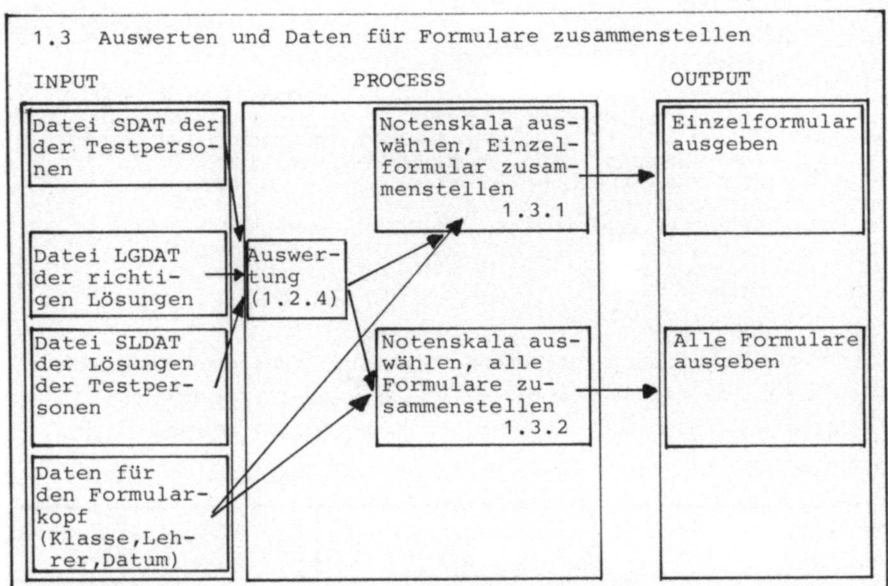

Figur 2.10: Modul M1.3 mit den Untermodulen M1.3.1-M1.3.2

Die bisherige Hierarchisierung nach der HIPO-Methode ergibt somit folgende Modulhierarchie:

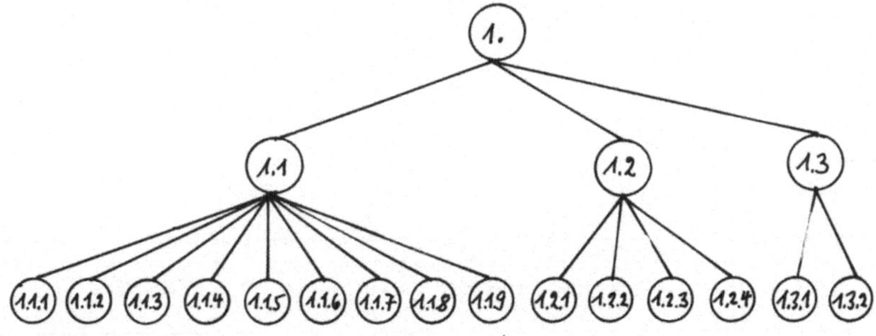

Figur 2.11: Modulhierarchie von MUCHO

Im Detailentwurf muß die unterste Ebene noch weiter verfeinert werden. Damit sind die größeren Bausteine des Systems festgelegt.

Bezeichnung der Module:

M1 : MUCHO

M1.1 : TESTVORBEREITUNGEN		M1.2 : STATISTIK	
M1.1.1 : SDATERSTELLEN		M1.2.1 : NOTENÜBERBLICK	
M1.1.2 : SDATAENDERN		M1.2.2 : RICHTIGBEARBEITET	
M1.1.3 : SDATANSEHEN		M1.2.3 : PROZFALSCH	
M1.1.4 : LGDATERSTELLEN		M1.2.4 : EINEAUSWERTUNG	
M1.1.5 : LGDATAENDERN			
M1.1.6 : LGDATANSEHEN		M1.3 : FORMULARE	
M1.1.7 : SLDATERSTELLEN		M1.3.1 : EINFORMULAR	
M1.1.8 : SLDATAENDERN		M1.3.2 : ALLEFORMULARE	
M1.1.9 : SLDATANSEHEN			

Diese Module werden anschließend durch Schülergruppen bearbeitet. Dazu wird eine Planung erstellt,die die Phasen IV (Entwurf), V (Modulprogrammierung und Test) und VI (Integration) umfaßt.

Planung der Modulbearbeitung durch Schülergruppen:

Teil-Phase	Modul	Gruppe 1	Gruppe 2	Gruppe 3	Bemerkungen	zu Phase
A	1.1	x			Menue 11	IV
	1.2		x		Menue 12	
	1.3			x	Menue 13	
	Informationsaustausch A (Entwurf, Schnittstellen ...)					
B	1.1.1	x				IV
	1.1.2	x				
	1.1.3	x				
	1.1.4		x			
	1.1.5		x			
	1.1.6		x			
	1.1.7			x		
	1.1.8			x		
	1.1.9			x		
	Informationsaustausch B					
C	Programmierung zu den Phasen A und B, Test					
	Informationsaustausch C					V
D	Integration der bisher erarbeiteten Modulprogramme (gemeinsam), damit Abschluß von Modul 1.1 (Projekt-Teillösung 1, MENUE 1)					V/VI
E	1.2.1	x				IV
	1.2.2		x			
	1.2.3		x			
	1.2.4			x		
	Informationsaustausch E					
F	Programmierung zu Teilphase E, Test					
	Informationsaustausch F					V

Teil-phase	Modul	Gruppe 1	Gruppe 2	Gruppe 3	Bemerkungen	zu Phase
G	Integration zu Modul 1.2, damit Abschluß dieses Moduls und Projekt-Teillösung 2					V
H	1.3.1		x			IV
	1.3.2			x		
	Gruppe 1 bereitet die Gesamtintegration vor Informationsaustausch H					
I	Programmierung zu Teilphase G, Test Integration zu Modul 1.3, damit Abschluß dieses Moduls, Projekt-Teillösung 3					V
J	1	Gemeinsamer Entwurf des Hauptprogramms, Menue 1				IV/V
K	Integration der Module zum Gesamtsystem					VI

Unsere Planung A-K umfaßt also im Wechsel

- Entwurf (Struktogramme, verbal),
- Programmierung mit Test,
- Informationsaustausch,
- Integrationsphasen,
- begleitende Dokumentation,

also die Phasen IV und V (VI). Die Ebenen IV und V werden hier nicht streng voneinander getrennt durchlaufen:
Für die Motivation der Schüler ist es günstig, in Phase IV nicht zu lange hintereinander zu verweilen. Die Schüler sind i.a. mit Schreibtischtests für ihre Entwürfe nicht zufrieden, sondern möchten auch ein lauffähiges (Teil-)Programm sehen. Von besonderer Bedeutung ist nach bestimmten Zeiträumen der gemeinsame <u>Informationsaustausch</u>. Die Schüler müssen den Überblick über das bisher Geleistete behalten. Insbesondere geht es dabei um die Schnittstellen zwischen den Modulen oder um die Frage, welche Prozeduren mehrfach benötigt werden.
Durch <u>verschiedene Integrationsstufen</u> erkennen die Schüler, wie sich Einzelmodule schrittweise zu einem Gesamtsystem zusammenfügen. Auch ist dadurch ein völliges Scheitern der Projektarbeit weitgehend ausgeschlossen. Zumindest liegt ein lauffähiges Teilsystem vor. Aus diesen Gründen wird von der auf Seite 36/37 festgelegten Phaseneinteilung abgewichen, d.h. es wird auch in anderer Reihenfolge dokumentiert. Insgesamt durchlaufen wir die Phasen IV/V dreimal mit jeweiliger Zwischenintegration.

Noch einige Bemerkungen zur Aufteilung der Module auf die Schülergruppen:
Da im Modul M1.1 drei Dateien anzulegen und zu verwalten sind, also dreimal ähnliche Probleme anfallen, soll nicht eine Arbeitsgruppe auf das gesamte Modul angesetzt werden, wie es aus ökonomischen Gründen sinnvoll wäre. An dieser grundlegenden Arbeit sollen alle Schüler beteiligt sein. Das Projektthema weist ja gerade den Vorzug auf, daß der Benutzer mit mehreren Dateien arbeiten muß. Das Anlegen und Verwalten von Dateien gehört zu den grundlegenden Kenntnissen, die jeder Schüler in einem weiterführenden Informatikunterricht beherrschen muß. Daher die Organisation in Phase B. Alle Arbeitsgruppen können sich auf die Dateiverarbeitungslösungen des in Kapitel 1 dargestellten Systems ZINSY stützen. Innerhalb jeder Gruppe sind dann noch detaillierte Arbeitsaufträge an Teilgruppen oder Einzelpersonen möglich (Organisationsmöglichkeiten im Unterricht →).
Nachdem oben die Bausteine des geplanten Systems festgelegt wurden, einigen wir uns nun noch auf die zugrundeliegende Datenstruktur.
Aus dem Grobentwurf und den bereits in der funktionellen Analyse notierten Überlegungen zur Datenstruktur ergibt sich die Einrichtung von 3 Dateien, die oben schon bezeichnet wurden:

- SDAT : Datei mit den Daten der Testpersonen,
- LGDAT: Datei mit den richtigen Lösungen der Testaufgaben und deren Gewichtung,
- LSDAT: Datei mit den Lösungsdaten der Testpersonen.

Zwecks einheitlicher Sprechweise beim Detailentwurf legen wir bereits hier die benötigten Komponenten fest (in der später verwendeten Programmiersprache):

```
var sdat       : file of snamen;      mit
type snamen    = record
                 name, vorname : array(1..20) of char;
                 geburtstag    : array(1..20) of char;
                 end;

var lgdat      : file of rloesungen; mit
type rloesungen=record
                 rloes         : char;
                 gewicht       : real;
                 end;
```

```
var sldat        : file of sloesungen;      mit
type sloesungen = record
                  mitgeschrieben:char;
                  sloes          :array(1..maxaufgaben) of char;
                  end;
```

oder in anderer Darstellung

snamen

name	vorname	geburtstag
array(1..20) of char	array(1..20) of char	array(1..20)of char

rloesungen

rloes	gewicht
char	real

sloesungen

mitgeschrieben	sloes
char	array(1..maxaufgaben) of char

An dieser Stelle muß die Frage gestellt werden, bis in welche Tiefe die Modularisierung fortgesetzt werden soll, wie tief zu verfeinern ist. Bei der Formulierung der Moduleigenschaften (s.o.) wurde als erwünschte maximale Länge eines Moduls ein Wert von ca. 5o Zeilen im Quellcode angegeben. Ein Problem besteht nun darin, daß bei der Programmierung eines derartigen Moduls Prozeduren eingeführt werden, die auch für andere Module Verwendung finden könnten. Dazu:

a) Mehrfach programmierte Prozeduren mit gleicher Funktion werden erst bei der Integration der Module gesucht und dann möglichst auf eine reduziert.

b) Die einzelnen Arbeitsgruppen überlegen zunächst eine grobe Lösung für das von ihnen bearbeitete Modul. Sie stellen dabei insbesondere fest, welche Prozeduren und Variable (Schnittstellen) sie zu verwenden gedenken, die sie damit auch nach außen abgeben könnten und welche Prozeduren oder Variable sie von außen geliefert haben möchten.

Beispiel:

Modul M1.3.1 EINFORMULAR und
Modul M1.1.1 SDATERSTELLEN

benötigen eine gemeinsame Prozedur zum Eingeben der Personendaten einer Testperson. Dieser Sachverhalt wird aus den Grobentwürfen deutlich:

Modul M1.3.1 EINFORMULAR
1a) Prüfung, ob Formularkopf bereits vorhanden
b) ggf. erstellen (dann exportierbar)
2a) Personendaten (Namen,..) eingeben
b) Prüfen, ob Daten für diese Person in der Datei SDAT vorhanden
3) Formularkopf ausgeben
4) Testergebnis für diese Person ausgeben

Modul M1.1.1 SDATERSTELLEN
1) Eingabeerläuterungen
2) Datei SDAT zum Schreiben öffnen
3) Personendaten (Namen,...) eingeben
4) Daten in Datei SDAT übernehmen

Es ist also zweckmäßig, wenn sich alle Mitglieder des Projektteams, die mit dem Modulentwurf und der Modulprogrammierung betraut sind, nach dem ersten Entwurf für das von ihnen bearbeitete Modul zusammenfinden, um gemeinsam Schnittstellen (Prozeduren, Parameter) zwischen den Modulen festzulegen. Daraufhin kann bestimmt werden, welche Gruppe eine mehrfach verwendete Prozedur bearbeitet.Auf diese Weise ist auch sichergestellt, daß alle Schüler zumindest einige grobe Entwürfe anderer Gruppen kennen.

M O D U L B E A R B E I T U N G : T E I L P H A S E A

In Teilphase A entwerfen die Schüler die Menüs 1.1,1.2 und 1.3.

Diese wurden bereits in der funktionellen Analyse weitgehend festgelegt (siehe Seite 52).

Menü 1.1:

solange WAHL11=true	
	Menü11 Personenliste: A)erstellen, B)ändern, C) ansehen; Liste mit den richtigen Lösungen: D)erstellen, F)ändern, G) ansehen Liste mit Lösungen der Testpersonen: H)erstellen, K)ändern, L) ansehen Z) Zurück zu Menü 1, E) Ende des Programms

Menü 1.2:

<table>
<tr><td colspan="2">Alle Daten bereitstellen (Personendaten, Testdaten,Lösungsdaten)</td></tr>
<tr><td colspan="2">solange WAHL12=true</td></tr>
<tr><td></td><td>Menü12
A) Notenüberblick mit Mittelwert und Streuung
B) Alle Testpersonen- % der Punkte erreicht
C) Alle Aufgaben - wieviel % haben Aufgabe falsch?
Z) Zurück zu Menü 1
E) Ende des Programms</td></tr>
</table>

Menü 1.3:

<table>
<tr><td colspan="2">Alle Daten bereitstellen (Personendaten, Testdaten,Lösungsdaten)</td></tr>
<tr><td colspan="2">solange WAHL13=true</td></tr>
<tr><td></td><td>Menü13
A) Formularkopf erstellen
B) Formular für Einzelperson
C) Formular für alle Testpersonen
Z) Zurück zu Menü 1
E) Ende des Programms</td></tr>
</table>

Der Informationsaustausch für Teilphase A erbringt den für alle Beteiligten notwendigen Überblick über wesentliche Schnittstellen Mensch-Maschine.

M O D U L B E A R B E I T U N G : T E I L P H A S E B
(Detailbearbeitung von Modul M1.1 : TESTVORBEREITUNGEN)

Vorüberlegung: Wenn eine Datei in einem Programmsystem oft benötigt wird, kann es nützlich sein, die Daten in ein Feld mit gleicher Struktur zu schreiben. Dort sind sie leichter abrufbar und änderbar. Sie können dann am Ende der Arbeit wieder in die Datei geschrieben werden. Gerade bei Zugriff auf mehrere Dateien und bei Benutzung von Mikrocomputern ist diese Lösung empfehlenswert. Man erspart sich so das ständige Öffnen von Dateien zum Lesen und Schreiben sowie die Verwendung einer Hilfsdatei (wie z.B. bei dem in Kapitel 1 betrachteten System ZINSY). Mit dieser Idee arbeiten wir auch hier. Wir kommen nun zur Bearbeitung der Module M1.1.1 bis M1.1.3 von Arbeitsgruppe 1.

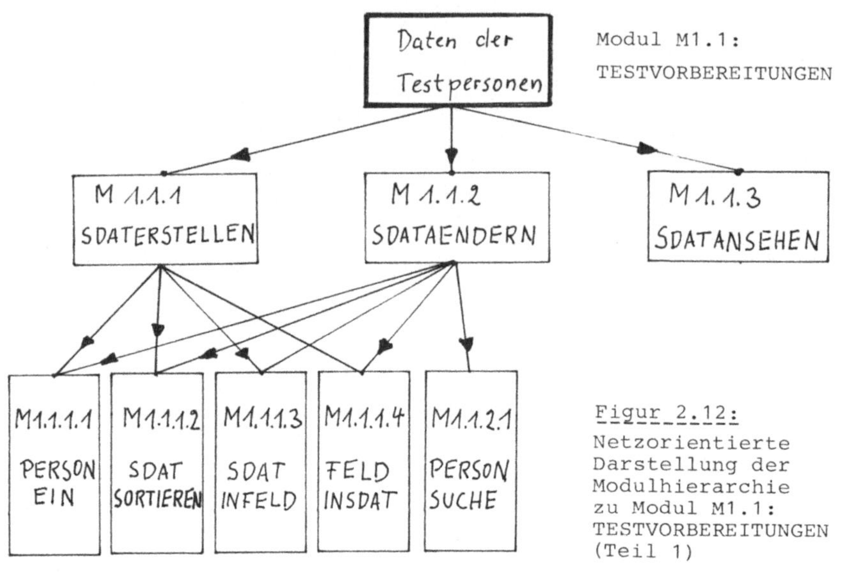

Figur 2.12: Netzorientierte Darstellung der Modulhierarchie zu Modul M1.1: TESTVORBEREITUNGEN (Teil 1)

Modul M1.1.1 : SDATERSTELLEN

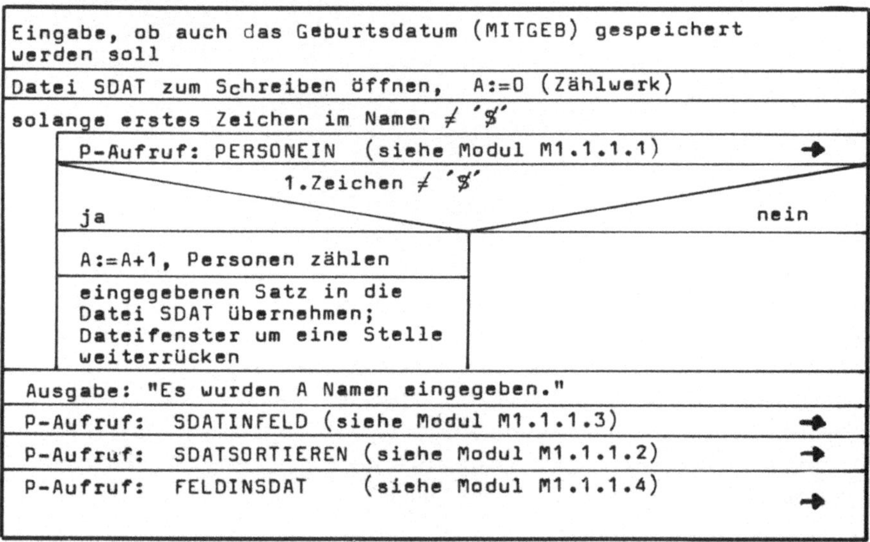

Modulbeschreibung von Modul M1.1.1: SDATERSTELLEN

Funktionen: Die Datei mit den Daten der Testpersonen (Name,Vorname, Geburtstag (nach Wahl)) wird erstellt. Die Daten werden alphabetisch sortiert (Namen) in die Datei SDAT übernommen,SDAT steht damit zum Export bereit.

Parameter : ---

Globale Variable: Komponenten von SDAT, MITGEB:char;

Prozeduren: Folgende Prozeduren werden aufgerufen:
PERSONEIN (M1.1.1.1), SDATINFELD (M1.1.1.3),
SDATSORTIEREN (M1.1.1.2),FELDINSDAT(M1.1.1.4)
(Funktionen dieser Prozeduren werden unten beschrieben).

Lokale Variable: A, zählt die Anzahl der eingegebenen Personen

Verborgene Eigenschaften: ---

M1.1.1.1 : PERSONEIN

AX.NAME, AX.VORNAME, AX.GEBURTSDATUM mit Leerstellen füllen
Text: "Eingabe des Nachnamens", B:=1 (Zählwerk)
    Eingabe: AX.NAME(B) (nächster Buchstabe)
    B:=B+1
wiederhole bis B=21 oder Eingabeende

AX.NAME(1) = '$'
nein: —
ja: zum Ende --➔-➔

Text: "Eingabe des Vornamens", B:=1 (Zählwerk)
    Eingabe: AX.VORNAME(B) (nächster Buchstabe)
    B:=B+1
wiederhole bis B=21 oder Eingabeende

MITGEB = 'B'
nein:
für B von 1 bis 20
    AX.GEBURTSDATUM:='.'
    —
ja:
B:=1 (Zählwerk)
    Eingabe: AX.GEBURTSDATUM(B)
    B:=B+1
wiederhole bis B=21 oder Eingabeende

Modulbeschreibung von Modul M1.1.1.1: PERSONEIN

Funktionen: Nach Vorgabe der maximal möglichen Länge können Name, Vorname und Geburtstag (je nach Wunsch) eingegeben werden.

Parameter : var AX:snamen

Globale Variable: Importiert wird der Wert von MITGEB.

Prozeduren: ---

Lokale Variable: B, zählt die Anzahl der jeweils eingegebenen Zeichen.

Verborgene Eigenschaften: Mit Hilfe einer Prozedur KLEININGROSS werden alle Kleinbuchstaben in Großbuchstaben verwandelt.

M1.1.1.2 : SDATSORTIEREN

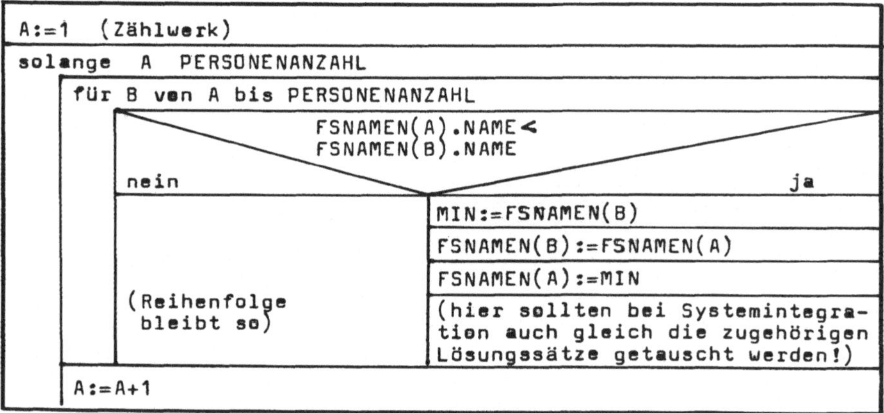

Modulbeschreibung von Modul M1.1.1.2: SDATSORTIEREN

Funktionen: Die Sätze, bestehend aus Name, Vorname, Geburtsdatum, werden nach den Namen sortiert.

Parameter : ---

Globale Variable: Importiert werden das Feld FSNAMEN (enthält den Inhalt der Datei SDAT) und die Integer-Variable PERSONENANZAHL (gibt die Anzahl der Personen in der Datei SDAT an). Das Feld FSNAMEN steht nach dem Sortiervorgang wieder zum Export bereit.

Lokale Variable: A (zählt die Anzahl der Personen), B (weiteres Zählwerk), MIN:snamen (Hilfsvariable zum Satztausch)

M1.1.1.3 : SDATINFELD

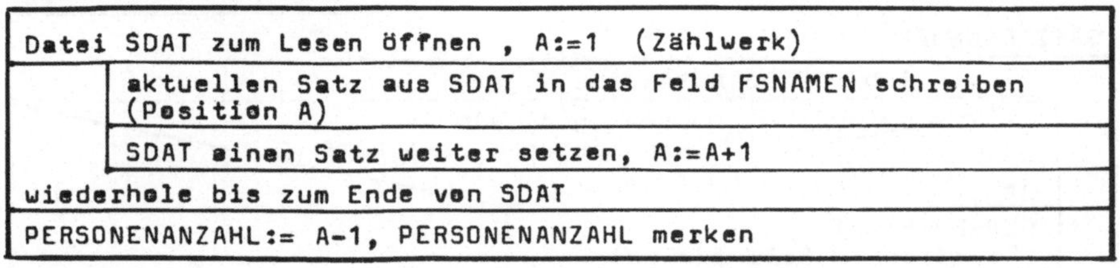

Datei SDAT zum Lesen öffnen , A:=1 (Zählwerk)	
	aktuellen Satz aus SDAT in das Feld FSNAMEN schreiben (Position A)
	SDAT einen Satz weiter setzen, A:=A+1
wiederhole bis zum Ende von SDAT	
PERSONENANZAHL:= A-1, PERSONENANZAHL merken	

Modulbeschreibung von Modul M1.1.1.3: SDATINFELD

Funktionen: Die in der Datei SDAT enthaltenen Sätze, bestehend aus Name, Vorname, Geburtsdatum, werden in das Feld FSNAMEN geschrieben. Die Anzahl der in der Datei vorhandenen Personen wird festgehalten (PERSONENANZAHL).

Parameter : ---

Globale Variable: Importiert wird der Inhalt der Datei SDAT, das Feld FSNAMEN wird zum Export bereitgestellt. PERSONENANZAHL (Import).

Prozeduren: ---

Lokale Variable: A bestimmt Position eines Satzes in der Datei.

M1.1.1.4 : FELDINSDAT

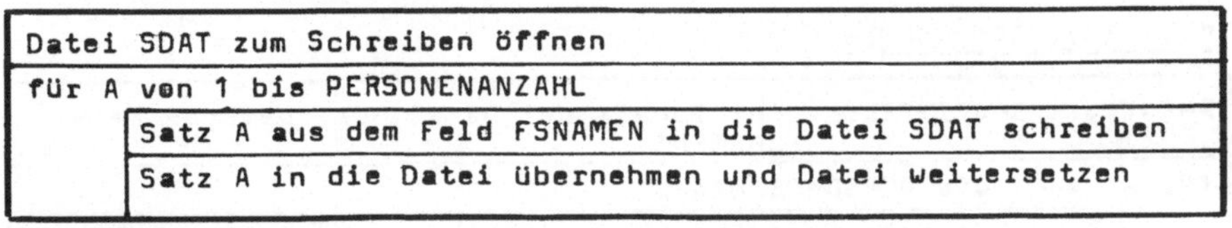

Datei SDAT zum Schreiben öffnen	
für A von 1 bis PERSONENANZAHL	
	Satz A aus dem Feld FSNAMEN in die Datei SDAT schreiben
	Satz A in die Datei übernehmen und Datei weitersetzen

Modulbeschreibung von Modul M1.1.1.4: FELDINSLDAT

Funktionen: Die im Feld FSNAMEN enthaltenen Sätze, bestehend aus Name, Vorname, Geburtsdatum, werden in die Datei SDAT geschrieben. Die Anzahl der Sätze wird durch PERSONENANZAHL angegeben.

Parameter : ---

Globale Variable: Das Feld FSNAMEN wird importiert. Die Datei SDAT exportiert. PERSONENANZAHL bestimmt die Anzahl der zu übertragenen Sätze.

Prozeduren: ---

Lokale Variable: A zählt die Anzahl der Übertragungen vom Feld in die Datei.

M1.1.2.1 : PERSONSUCHE

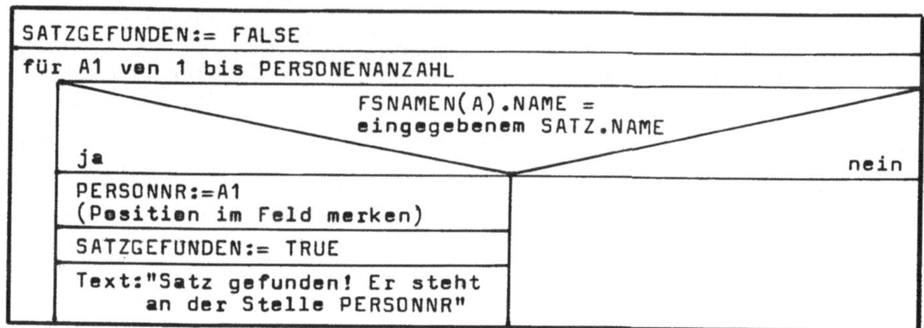

Modulbeschreibung von Modul M1.1.2.1: PERSONSUCHE

Funktionen: Sucht innerhalb des Feldes FSNAMEN nach einem bestimmten Namen.

Parameter : ---

Globale Variable: Import: PERSONENANZAHL, FSNAMEN, SATZ.NAME;
Export: SATZGEFUNDEN, PERSONNR

Prozeduren: ---

Lokale Variable: A1 (Zählwerk)

M1.1.3 : SDATANSEHEN

P-Aufruf: SDATINFELD (gibt Inhalt der Datei SDAT auf das Feld FSNAMEN) →	
für A von 1 bis PERSONENANZAHL	
	Ausgabe: Name, Vorname, Geburtsdatum des jeweils aktuellen Feldelements FSNAMEN(A)

Modulbeschreibung von Modul M1.1.3: SDATANSEHEN

Funktionen: Der aktuelle Inhalt der Datei SDAT wird ausgegeben.

Parameter : ---

Globale Variable: Import: FSNAMEN, PERSONENANZAHL

Prozeduren: Aufruf von SDATINFELD; damit wird der Inhalt der Datei SDAT in das Feld FSNAMEN übertragen.

Lokale Variable: A (Zählwerk)

M1.1.2 : SDATAENDERN

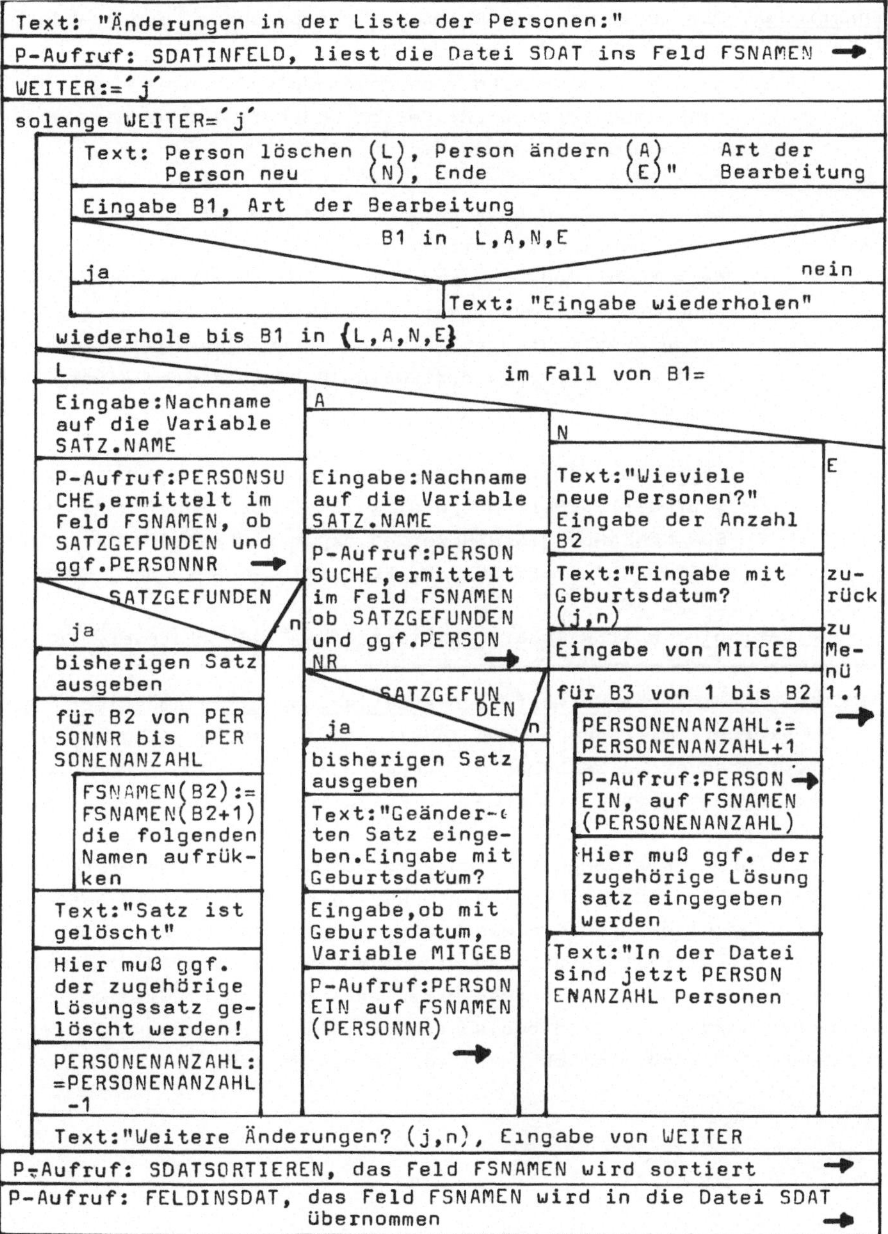

Modulbeschreibung von Modul M1.1.2: SDATAENDERN

Funktionen: Die Datei mit den Daten der Testpersonen kann geändert werden. Nach Übertragung der Daten von der Datei SDAT in das Feld FSNAMEN sind folgende Änderungen möglich:
L: Person löschen; A: Person ändern; N: Neue Person;
E: Ende der Änderungen.
Nachdem alle Änderungen durchgeführt wurden, werden die Daten vom Feld FSNAMEN wieder in die Datei SDAT geschrieben (sortiert).
Bemerkung: Jede Änderung mit L oder N zieht i.a. eine Änderung der Lösungsdaten mit sich! Das ist bei der späteren Systemintegration zu beachten. Zweckmäßigerweise wird dann die Prozedur SDATAENDERN in diesem Sinne korrigiert.

Parameter : ---

Globale Variable: SDAT (Datei), PERSONNR (integer), PERSONENANZAHL (integer), FSNAMEN (Feld) werden importiert; SDAT, PERSONENANZAHL, FSNAMEN werden exportiert;MITGEB,SATZ.NAME

Prozeduren: SDATINFELD, PERSONSUCHE, PERSONEIN, FELDINSDAT, SDATSORTIEREN

Lokale Variable: WEITER (char), B1 (char), A,B2,B3 (integer)

Damit sind sämtliche Entwürfe von Arbeitsgruppe 1 dokumentiert. Auf die Modulprogrammierung und den Modultest wird später eingegangen. In entsprechender Weise haben die anderen Arbeitsgruppen vorzugehen. Für Arbeitsgruppe 2 werden die Entwurfsergebnisse hier nicht dargestellt. Der Leser kann sie aus dem späteren Programmlisting rekonstruieren. Wir geben hier nur die von dieser Gruppe erstellte Modulhierarchie und die Modulfunktionen in Kurzform an, so daß dennoch ein Überblick über die wichtigsten Ergebnisse gegeben ist.
Die bisherige Arbeit zeigt, daß offenbar die Entwürfe, die sich mit Änderungen an den gespeicherten Daten befassen, am schwierigsten sind. Das wird immer dann besonders der Fall sein, wenn viele verschiedene Änderungsmöglichkeiten vorgesehen werden.

Arbeitsgruppe 2 hat sich mit den Modulen M1.1.4-M1.1.6 zu befassen: Richtige Lösungen mit Gewichten eingeben, in der Datei LGDAT speichern und verwalten.

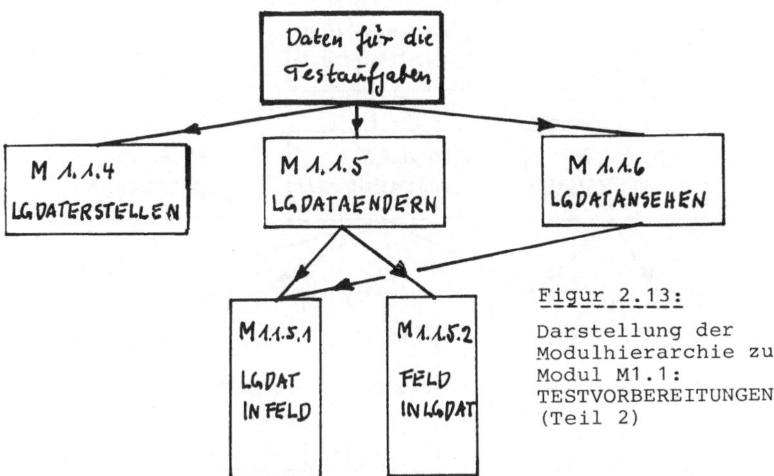

Figur 2.13:
Darstellung der Modulhierarchie zu Modul M1.1: TESTVORBEREITUNGEN (Teil 2)

Modul	Funktion
1.1.4 LGDATERSTELLEN	Die Datei LGDAT wird eingerichtet. Ihre Sätze bestehen aus den richtigen Aufgabenlösungen und deren Gewichtung. Die entsprechenden Eingaben werden durchgeführt.
1.1.5 LGDATAENDERN	Die Sätze der Datei LGDAT können geändert werden durch Löschen, Ändern und Anfügen von Lösungen und Gewichten. Als Hilfsmittel dient das Feld FRLOES.
1.1.6 LGDATANSEHEN	Die Sätze der Datei LGDAT, bestehend aus Lösung/Gewicht werden ausgegeben.
1.1.5.1 LGDATINFELD	Die Sätze der Datei LGDAT, bestehend aus Lösung/Gewicht werden auf das Feld FRLOES geschrieben. Dabei werden die AUFGABENANZAHL und die maximal erreichbare Punktzahl (SUMGEWICHT) bereitgestellt.
1.1.5.2 FELDINLGDAT	Aus dem Feld FRLOES werden alle Sätze in die Datei LGDAT geschrieben.

Arbeitsgruppe 3 beschäftigt sich mit den Modulen M1.1.7 - M1.1.9, einschließlich eventueller Untermodule.

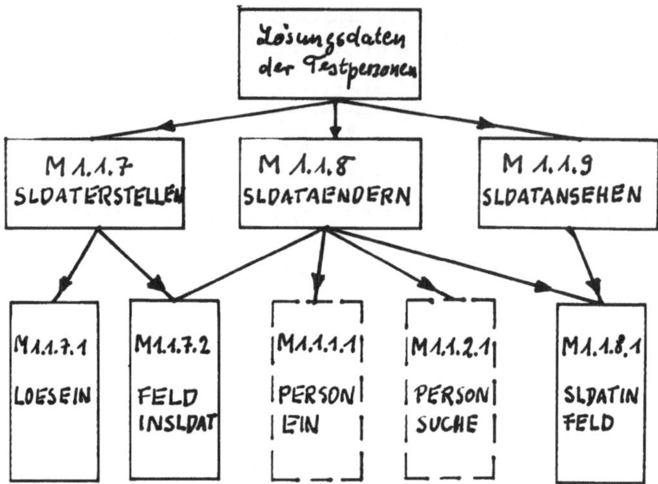

Figur 2.14: Darstellung der Modulhierarchie zu Modul M1.1: TESTVORBEREITUNGEN (Teil 3)

Modulbeschreibung von Modul M1.1.7: SLDATERSTELLEN

Funktionen: Die Lösungen aller Testpersonen können eingegeben werden. Die jeweilige Person wird genannt, und es wird zunächst abgefragt, ob sie den Test mitgeschrieben hat. Ist das der Fall, können die Lösungen eingegeben werden. Andernfalls wird zur nächsten Person übergegangen. Zuletzt werden die vorläufig in einem Feld gespeicherten Lösungen aller Personen in die Datei SLDAT geschrieben.

Parameter : ---

Globale Variable: SDAT (Import), ANZINLISTE, FSLOES, SLDAT (Export

Prozeduren: LOESEIN, FELDINSLDAT

Lokale Variable: D (integer),Zählwerk

M1.1.7 : SLDATERSTELLEN

Öffne Datei SDAT zum Lesen

Text:"Lösungen der Testpersonen eingeben. Es werden jeweils bis zu 5 Aufgaben in eine Zeile geschrieben. In diesem 5-er Block kann korrigiert werden."

D:=0 (Zählwerk)

solange noch Namen in der Datei SDAT

- D:=D+1
- Ausgabe des aktuellen Namens aus der Datei SDAT
- Eingabe, ob die Person mitgeschrieben hat (in die Feldkomponente FSLOES(D).MITGESCHRIEBEN)
- mitgeschrieben
  - ja: P-Aufruf: LOESEIN → Eingabe der Lösungen von Person D in das Feld FSLOES
  - nein: —
- Datei SDAT auf den nächsten Satz positionieren

ANZINLISTE:=D, Anzahl der Sätze in der Datei SDAT und im Feld FSLOES merken

P-Aufruf: FELDINSLDAT, übertragen der Lösungen aus Feld FSLOES in die Datei SLDAT →

M1.1.7.2 : FELDINSLDAT

Öffne Datei SLDAT zum Schreiben

für A von 1 bis ANZINLISTE (Anzahl der Personen in der Liste)

- schreibe den aktuellen Satz aus dem Feld FSLOES in die Datei SLDAT
- SLDAT um 1 weiter positionieren

Modulbeschreibung von Modul M1.1.7.2: FELDINSLDAT

Funktionen: Alle Sätze aus dem Feld FSLOES werden in die Datei SLDAT geschrieben. Die Anzahl der Sätze ist durch die Größe von ANZINLISTE bestimmt.

Parameter : ---

Globale Variable: SLDAT (Export), ANZINLISTE und FSLOES (Import)

Prozeduren: ---

Lokale Variable: A (Zählwerk)

M1.1.7.1 : LOESEIN

```
A:=0, Zählwerk für Aufgabenanzahl
B:=0, Zählwerk für 5-er Blöcke
ANTWORT:='j'
solange A AUFGABENANZAHL des Tests
    A:=A+1; C:=A (letztes A merken)
        Ausgabe: Formatzeichen 'v'
        A:=A+1
    wiederhole bis A=B+6 (bei 5-er Block) oder
                   A=AUFGABENANZAHL+1 (letzter Aufgabenblock)
    A:=C (A wieder zurücksetzen auf Anfang des Blocks)
                         B+6<AUFGABENANZAHL
    nein                                                      ja
    Ausgabe der Aufgabennummern B+1  | Ausgabe der Aufgabennummern
    bis AUFGABENANZAHL               | B+1 bis B+6 (ein 5-er Block)
        Eingabe der Aufgabenlösungen auf das Feldelement
        SL(PERS).SLOES(A)
        A:=A+1, Zählwerk für Aufgabennummer
    wiederhole bis A=B+6 (bei 5-er Block) oder
                   A=AUFGABENANZAHL+1 (letzter Aufgabenblock)
    Eingabe, ob Korrektur des eben eingegebenen Blocks
    gewünscht (ANTWORT)
                         ANTWORT='j'
    nein                                                      ja
              —                      | A:=C
    wiederhole bis ANTWORT='n'
    B:=B+5 ; A:=B (Vorbereitungen für den nächsten Block)
```

Modulbeschreibung von Modul M1.1.7.1: LOESEIN

Funktionen: Die Aufgabenlösungen einer bestimmten Testperson, deren Nummer PERS übergeben wurde, wird in 5-er Blöcken (letzter Block ggf. kürzer) eingelesen. Dabei besteht für einen gerade eingelesenen Block Korrekturmöglichkeit.

Parameter : An LOESEIN werden die Parameter var SL (fsloesungen) und var PERS (integer) übergeben.

Globale Variable: Importiert wird die AUFGABENANZAHL. Zum Export werden die Aufgabenlösungen SL(PERS).SLOES(A) bereitgestellt.

Prozeduren: ---

Lokale Variable: A,B,C (integer), ANTWORT1 (char)

Prozeduren: SLDATINFELD, SDATINFELD, PERSONVERGLEICH, LOESEIN, FELDINSLDAT

Lokale Variable: AENDERN (char), ANTWORT (char), E und D (Zählwerke), P (merkt sich PERSONNR).

M1.1.8.1 : SLDATINFELD

Öffne Datei SLDAT zum Lesen, ersten Satz bereitstellen

A:=1 (Zählwerk), TESTMITG:=0 (zählt die Personen, die den Test mitgeschrieben haben)

Schreibe den aktuellen Satz aus der Datei SLDAT in das Feld FSLOES, Index A

mitgeschrieben

ja | nein

TESTMITG:=TESTMITG+1 | —

A:=A+1; Datei SLDAT auf den nächsten Satz positionieren

wiederhole bis zum Ende der Datei SLDAT

Modulbeschreibung von Modul M1.1.8.1: SLDATINFELD

Funktionen: Alle Sätze der Datei SLDAT werden in das Feld FSLOES geschrieben.

Parameter : ---

Globale Variable: SLDAT (Import), TESTMITG (Anzahl der Personen, die den Test mitgeschrieben haben, Export), FSLOES (Export).

Prozeduren: ---

Lokale Variable: A (Zählwerk)

1.1.9 : SLDATANSEHEN

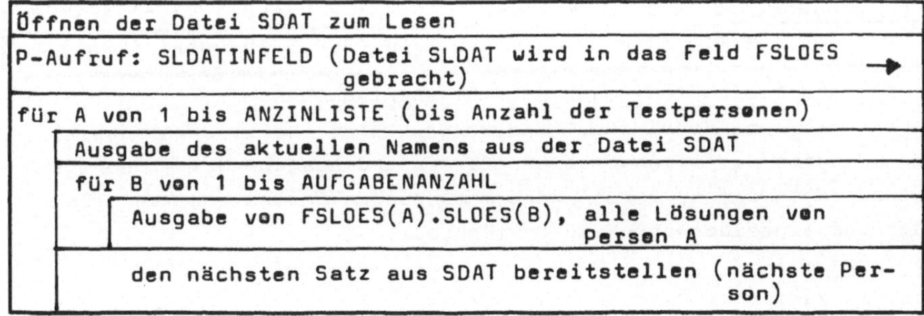

M1.1.8 : SLDATAENDERN

P-Aufruf: SLDATINFELD (liest Datei SLDAT ins Feld FSLOES) →

P-Aufruf: SDATINFELD (liest Datei SDAT ins Feld FSNAMEN) →

AENDERN:='j'

solange AENDERN='j'

- Eingabe des Nachnamens (Person, für die geändert werden soll)
- P-Aufruf: PERSONVERGLEICH (prüft, ob die eingegebene Person im Feld FSLOES vorhanden, falls ja, erhält sie die PERSONNR) →
- SATZGEFUNDEN — n / ja
  - ja:
    - P:=PERSONNR
    - Ausgabe von FSLOES(P).MITGESCHRIEBEN zur Feststellung, ob die Person den Test mitgeschrieben hat
    - mitgeschrieben — n / ja
      - ja: für D von 1 bis AUFGABENANZAHL
        - Aufgabennummern und Aufgabenlösungen dieser Person in 10-er-Gruppen ausgeben
    - (ab hier Änderungen:) Eingabe, ob mitgeschrieben
    - mitgeschrieben — n / ja
      - n: für E von 1 bis AUFGABENANZAHL
        - FSLOES(P).SLOES(E):=' ' (Leerstelle)
      - ja:
        - Eingabe, ob viele oder wenige Änderungen (v,w), Variable ANTWORT
        - ANTWORT='v' — n / ja
          - n: solange ANTWORT='w'
            - Eingabe der Aufgabennummer E, bei der Änderung
            - Eingabe der Lösung, speichern in FSLOES(P).SLOES(E)
            - Eingabe, ob noch eine Aufgabe zu ändern
          - ja: P-Aufruf: LOESEIN (FSLOES,P), liest alle Lösungen von Person P ein →
- Eingabe, ob noch eine Änderung (andere Person),(j,n),AENDERN

P-Aufruf: FELDINSLDAT (schreibt Feld FSLOES in Datei SLDAT) →

Modulbeschreibung von Modul M1.1.8: SLDATAENDERN

Funktionen: Das Modul führt Änderungen in der Datei SLDAT durch. Nach Eingabe des Nachnamens der Person und Ausgabe der bisherigen Lösungsdaten dieser Person kann entschieden werden, ob man alle oder nur einzelne Daten ändern möchte.

Parameter: ---

Globale Variable: Eingabe von SATZ.NAME, Import von PERSONNR, SATZGEFUNDEN, FSLOES, FSNAMEN, Export von FSLOES.

Modulbeschreibung von Modul M1.1.9: SLDATANSEHEN

Funktionen: Man kann sich alle Lösungen aller Testpersonen in einer Überblickdarstellung ansehen.

Parameter : ---

Globale Variable: Importiert werden SDAT, FSLOES, ANZINLISTE (Anzahl der Testpersonen) und AUFGABENANZAHL (Anzahl der Testaufgaben).

Prozeduren: SLDATINFELD

Lokale Variable: A,B (Zählwerke)

Damit sind die Ergebnisse der Arbeitsgruppen 1-3 aus der Teilphase B der Entwurfsphase dokumentiert. Die Phase wird mit einem Informationsaustausch abgeschlossen. Dabei werden die Ergebnisse ausgetauscht. Die einzelnen Modulhierarchien zeigen, daß einige Prozeduren von verschiedenen Arbeitsgruppen gemeinsam benutzt werden können: M1.1.1.1 - PERSONEIN und M1.1.2.1 - PERSONSUCHE. Die Zusammenfassung der einzelnen Modulhierarchien ergibt das folgende Zwischenergebnis:

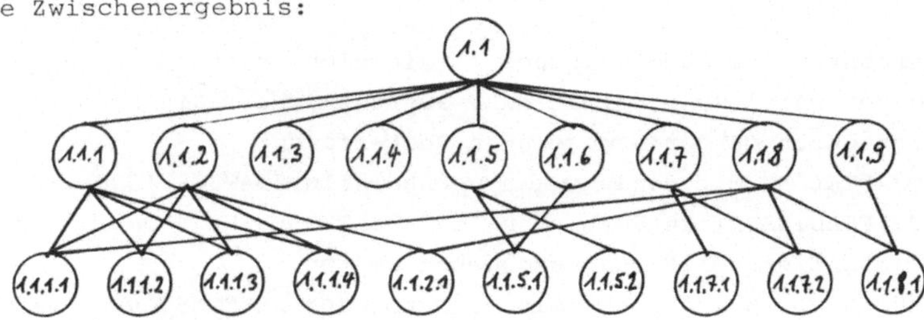

Figur 2.15

M1.1 : MENUE1.1, TESTVORBEREITUNGEN
M1.1.1 : SDATERSTELLEN
M1.1.1.1 : PERSONEIN
M1.1.1.2 : SDATSORTIEREN
M1.1.1.3 : SDATINFELD
M1.1.1.4 : FELDINSDAT
M1.1.2 : SDATAENDERN
M1.1.2.1 : PERSONSUCHE
M1.1.3 : SDATANSEHEN
M1.1.4 : LGDATERSTELLEN
M1.1.5 : LGDATAENDERN
M1.1.5.1 : LGDATINFELD
M1.1.5.2 : FELDINLGDAT
M1.1.6 : LGDATANSEHEN
M1.1.7 : SLDATERSTELLEN
M1.1.7.1 : LOESEIN
M1.1.7.2 : FELDINSLDAT
M1.1.8 : SLDATAENDERN
M1.1.8.1 : SLDATINFELD
M1.1.9 : SLDATANSEHEN

Weiterhin wird die Verwendung der globalen Variablen und der Parameter überprüft, ggf. finden Angleichungen statt. Durch Kontakte der Arbeitsgruppen während der Entwurfsarbeit können allerdings derartige Integrationsschwierigkeiten von vornherein verringert werden.
Aus den oben genannten Gründen wird nun die Entwurfsarbeit zunächst nicht fortgesetzt, sondern wir gehen zur Programmierung der bisher entworfenen Module über (Teilphase C), Testen im Detail und kommen zur Integration des Teilsystems (Teilsphase D).

DOK 4 : MODULPROGRAMME, TESTPROTOKOLLE
für das MULTIPLE CHOICE-PROJEKT

Zu dieser Dokumentation sind hier keine allgemeinen Erläuterungen erforderlich. Für das Vorgehen beim Testen beachte man die Ausführungen unter dem Stichwort "Test" im Lexikon, Kapitel 5; Test(-→).

M O D U L B E A R B E I T U N G : T E I L P H A S E C

(Programmierung der in den Teilphasen B und A entworfenen Algorithmen , Test der Prozeduren)

Wir betrachten nur Arbeitsgruppe 1, die sich zuletzt mit der Bearbeitung der Datei SDAT befaßt hat, ausführlicher. Die Gruppe testet ihre Prozeduren in der angegebenen Reihenfolge:

1) SDATERSTELLEN mit den Prozeduren PERSONEIN, SDATSORTIEREN, SDATINFELD, FELDINSDAT in Verbindung mit SDATANSEHEN. - Damit kann die Datei SDAT erstellt und ausgegeben werden.
2) Einfügen von SDATAENDERN mit der Prozedur PERSONSUCHE. Zum Test muß ja die Datei SDAT bereitstehen!
   Dabei ist die notwendige Testumgebung (-→) zu schaffen. Sie besteht aus
   a) einem passenden Deklarationsteil,
   b) einem Hauptprogramm mit den Aufrufen, die die einzelnen Prozeduren testen,
   c) einer Ersatzprozedur für MENUE11, das von SDATAENDERN aufgerufen wird.

Da hier aus Platzgründen nicht alle Programmier- und Testschritte wiedergegeben werden können, wird im folgenden nur der Stand nach Punkt 2) dokumentiert:

Programm zum Testen der Module M1.1.1-M1.1.3 (Arbeitsgruppe 1)

```
1. PROGRAM SDAT (INPUT,OUTPUT,SDAT);
2. CONST CON=50;
3.  C=50;
4. TYPE SNAMEN= RECORD
5.       NAME,VORNAME: ARRAY[1..20] OF CHAR;
6.       GEBURTSDATUM: ARRAY[1..20] OF CHAR;
7.       END;
8. VAR SDAT: FILE OF SNAMEN;
9.     MITGEB: CHAR;
10.    FSNAMEN     : ARRAY[1..CON] OF SNAMEN;
11.    SATZ : SNAMEN;
12.    PERSONENANZAHL,PERSONNR :INTEGER;
13.    SATZGEFUNDEN: BOOLEAN;
```

Testumgebung Deklarationsteil (Zeile 1-13)

```
14. (* ############################################################ *)
15. PROCEDURE MENUE11;
16. BEGIN
17. WRITELN('SPAETER MUSS MENUE11 EINGEFUEGT WERDEN!');
18. END;
```

Testumgebung Ersatzprozedur für MENUE11

```
19. PROCEDURE ZEICHENREIHE(ZEICHEN:CHAR; REIHE:INTEGER);
20. (* DRUCKT ZEICHENREIHEN. WAEHLBAR SIND ZEICHEN UND LAENGE. *)
21. VAR ZR: INTEGER;
22. BEGIN
23. FOR ZR:=1 TO REIHE DO WRITE(ZEICHEN);
24. WRITELN;
25. END (* OF  ZEICHENREIHE *);
```

Prozedur zur "Kosmetik" (wurde nebenbei programmiert)

```
26. (* ############################################################ *)
27. PROCEDURE KLEININGROSS(VAR CH:CHAR);
28. (* VERWANDELT KLEINE IN GROSSE BUCHSTABEN *)
29. BEGIN
30. IF CH IN ['a'..'z'] THEN CH:=CHR(ORD(CH)+64);
31. END (* OF  KLEININGROSS *);
```

Ein zweckmäßiger Service!

```
32. (* ############################################################ *)
33. PROCEDURE PERSONEIN (VAR AX:SNAMEN);
34. (* EINGABE DER DATEN EINER TESTPERSON *)
35. LABEL 12;
36. VAR B: INTEGER;
37. BEGIN
38. WITH AX DO
39. BEGIN
40. FOR B:=1 TO 20 DO
41. BEGIN
42.    NAME[B]       :=' ';
43.    VORNAME[B]    :=' ';
44.    GEBURTSDATUM[B]:=' ';
45. END;
46. WRITELN('NACHNAME:');
47. ZEICHENREIHE('.',20);READLN;B:=1;
48. REPEAT
49.    READ(NAME[B]);KLEININGROSS(NAME[B]); B:=B+1;
50. UNTIL EOLN OR (B=21);
51. IF NAME[1]='*' THEN GOTO 12;
52. WRITELN('VORNAME:');
53. ZEICHENREIHE('.',20); READLN; B:=1;
```

M1.1.1.1

```
REPEAT
   READ(VORNAME[B]);KLEININGROSS(VORNAME[B]); B:=B+1;
UNTIL EOLN OR (B=21);
IF MITGEB='J' THEN
BEGIN
   WRITELN('GEBURTSDATUM:');
   ZEICHENREIHE('.',20); READLN; B:=1;
REPEAT
   READ(GEBURTSDATUM[B]);KLEININGROSS(GEBURTSDATUM[B]);B:=B+1;
UNTIL EOLN OR (B=21);
END
ELSE
FOR B:=1 TO 20 DO GEBURTSDATUM[B]:='.';
END (* OF WITH *);
12: END (* OF  PERSONEIN *);
(* ############################################################### *)
PROCEDURE SDATINFELD;
(* HOLT ALLE SAETZE AUS DER DATEI "SDAT" IN DAS FELD "FSNAMEN" *)
VAR A: INTEGER;
BEGIN
RESET(SDAT); A:=1;
REPEAT                                                M1.1.1.3
   FSNAMEN[A]:=SDAT@;
   A:=A+1;
   GET(SDAT);
UNTIL EOF(SDAT);
PERSONENANZAHL:=A-1;
END (* OF  SDATINFELD *);
(* ############################################################### *)
PROCEDURE FELDINSDAT;
(* SCHREIBT SAETZE AUS DEM FELD "FSNAMEN" IN DIE DATEI "SDAT" *)
VAR A: INTEGER;
BEGIN
REWRITE(SDAT);                                        M1.1.1.4
FOR A:=1 TO PERSONENANZAHL DO
BEGIN
   SDAT@:=FSNAMEN[A];
   PUT(SDAT);
END;
END (* OF  FELDINSDAT *);
(* ############################################################### *)
PROCEDURE SDATSORTIEREN;
(* SORTIERT NAMEN (MIT DEN DAZUGEHOERIGEN LOESUNGEN) *)
VAR MIN:SNAMEN;
    A,B:INTEGER;
BEGIN                                                 M1.1.1.2
A:=1;
WHILE A<PERSONENANZAHL DO
BEGIN
   FOR B:=A TO PERSONENANZAHL DO
   BEGIN
IF FSNAMEN[B].NAME < FSNAMEN[A].NAME THEN
BEGIN
  MIN:=FSNAMEN[B];
  FSNAMEN[B]:=FSNAMEN[A];
```

```
   FSNAMEN[A]:=MIN;
END;
(* NAMEN GETAUSCHT *)
(* SPAETER  AUCH ZUGEHOERIGE LOESUNGEN TAUSCHEN ! *)
     END (* OF FOR *);
     A:=A+1;
END (* OF WHILE *);
END (* OF  SDATSORTIEREN *);
(* ************************************************************ *)
PROCEDURE SDATERSTELLEN;
(* ERSTELLT DIE DATEI "SDAT" MIT DEN NAMEN DER TESTPERSONEN *)
VAR A : INTEGER;
BEGIN
ZEICHENREIHE('-',65);
WRITELN('LISTE DER PERSONEN ERSTELLEN (SCHUELERLISTE)');
ZEICHENREIHE('-',65);
WRITELN('EINGABE WIE IM FOLGENDEN VERLANGT DURCHFUEHREN:');
WRITELN('WENN ALLE NAMEN EINGEGEBEN SIND, BEENDEN SIE DIE');
WRITELN('EINGABE DURCH EINGABE VON  *  BEI "NAMEN"!');
WRITELN('EINGABE MIT GEBURTSTAG? (J,N)');
READLN; READ(MITGEB);
KLEININGROSS(MITGEB);
REWRITE(SDAT); A:=0;
WHILE SDAT@.NAME[1]<>'*' DO                        M1.1.1
WITH SDAT@ DO
BEGIN
PERSONEIN(SDAT@);
IF SDAT@.NAME[1]<>'*' THEN
BEGIN
   A:=A+1;
   PUT(SDAT);
END;
END (* OF WITH/WHILE *);
WRITELN('SIE HABEN ',A:3,' NAMEN EINGEGEBEN!');
SDATINFELD; SDATSORTIEREN; FELDINSDAT;
END (* OF  SDATERSTELLEN *);
(* ************************************************************ *)
PROCEDURE SDATANSEHEN;
(* GIBT INHALT DES FELDS "FSNAMEN" (DER DATEI "SDAT") *)
(* MIT DEN NAMEN DER TESTPERSONEN AUS             *)
VAR A: INTEGER;
BEGIN
SDATINFELD;                                        M1.1.3
FOR A:=1 TO PERSONENANZAHL DO
WITH FSNAMEN[A] DO
BEGIN
WRITE(A:3,'.  ');
WRITE(NAME:22,',');
WRITE(VORNAME:22,',');
WRITE(GEBURTSDATUM);
WRITELN;
END (* OF FOR *);
END (* OF  SDATANSEHEN *);
(* ************************************************************ *)
PROCEDURE PERSONSUCHE;
```

```
(* SUCHT EINEN NAMEN IM FELD "FSNAMEN" (IN DER DATEI "SDAT") *)
VAR A1: INTEGER;
BEGIN
SATZGEFUNDEN:=FALSE;
FOR A1:=1 TO PERSONENANZAHL DO
    IF FSNAMEN[A1].NAME=SATZ.NAME THEN
    BEGIN
PERSONNR:=A1;
SATZGEFUNDEN:=TRUE;
WRITELN('SATZ GEFUNDEN!');
WRITELN('ER STEHT AN NUMMER ', PERSONNR:3);
    END (* OF IF *);
END (* OF  PERSONSUCHE *);
(* ++++++++++++++++++++++++++++++++++++++++++++++++++++ *)
PROCEDURE SDATAENDERN;
(* AENDERT DIE DATEI "SDAT" MIT DEN NAMEN DER TESTPERSONEN *)
VAR WEITER,B1: CHAR;
  A,B2, B3: INTEGER;
BEGIN
ZEICHENREIHE('-',65);
WRITELN('AENDERUNGEN AN DER LISTE DER PERSONEN');
ZEICHENREIHE('-',65);
SDATINFELD;
WEITER:='J';
WHILE WEITER='J' DO
BEGIN
    REPEAT
    WRITELN('PERSON LOESCHEN    :  L EINGEBEN,');
    WRITELN('PERSON AENDERN     :  A EINGEBEN,');
    WRITELN('PERSON NEU  :  N EINGEBEN,');
    WRITELN('ENDE           :  E EINGEBEN:');
    READLN;  READ(B1); KLEININGROSS(B1);
    IF NOT (B1 IN ['L','A','N','E']) THEN
WRITELN('FALSCHER BUCHSTABE, EINGABE WIEDERHOLEN!');
    UNTIL  (B1 IN ['L','A','N','E']);
    CASE B1 OF
    'L': BEGIN
     WRITELN('NACHNAME (NUR DIESER WIRD VERGLICHEN!) :');
FOR A:=1 TO 20 DO SATZ.NAME[A]:=' ';
     ZEICHENREIHE('.',20); READLN; A:=1;
     REPEAT
        READ(SATZ.NAME[A]);KLEININGROSS(SATZ.NAME[A]); A:=A+1;
     UNTIL EOLN OR (A=21);
     PERSONSUCHE;
     IF SATZGEFUNDEN (* AN POSITION "PERSONNR" *) THEN
     BEGIN
        WRITELN('SATZ BISHER :');
        WRITE(FSNAMEN[PERSONNR].NAME:22);
        WRITE(FSNAMEN[PERSONNR].VORNAME:22);
        WRITELN(FSNAMEN[PERSONNR].GEBURTSDATUM:22);
(* HIER SPAETER FRAGEN, OB LOESUNGSSATZ GELOESCHT WERDEN MUSS *)
(* UND GGF. LOESCHUNG DURCHFUEHREN                           *)
        FOR B2:=PERSONNR TO PERSONENANZAHL DO
        BEGIN
        FSNAMEN[B2]:=FSNAMEN[B2+1];(*NAMEN AUFGERUECKT*)
```

M1.1.2

```
            END;
            WRITELN('SATZ GELOESCHT!');
            PERSONENANZAHL:=PERSONENANZAHL-1;
            WRITELN('PERSONENANZAHL IST = ',PERSONENANZAHL:3);
        END;
  END (* OF 'L' *);
     'A': BEGIN
      WRITELN('NACHNAME (NUR DIESER WIRD VERGLICHEN!) :');
 FOR A:=1 TO 20 DO SATZ.NAME[A]:=' ';
      ZEICHENREIHE('.',20); READLN; A:=1;
      REPEAT
          READ(SATZ.NAME[A]);KLEININGROSS(SATZ.NAME[A]); A:=A+1;
      UNTIL EOLN OR (A=21);
      PERSONSUCHE;
      IF SATZGEFUNDEN (* AN POSITION "PERSONNR" *) THEN
      BEGIN
          WRITELN('SATZ BISHER :');
          WRITE(FSNAMEN[PERSONNR].NAME:22);
          WRITE(FSNAMEN[PERSONNR].VORNAME:22);
          WRITELN(FSNAMEN[PERSONNR].GEBURTSDATUM:22);
          WRITELN('GEAENDERTEN SATZ EINGEBEN:');
          WRITELN('EINGABE MIT GEBURTSTAG? (J,N)');
          READLN; READ(MITGEB);
          KLEININGROSS(MITGEB);
          PERSONEIN(FSNAMEN[PERSONNR]);
      END;
  END (* OF 'A' *);
     'N': BEGIN
  WRITELN('WIEVIELE NEUE PERSONEN?');
  READLN; READ(B2);
          WRITELN('EINGABE MIT GEBURTSTAG? (J,N)');
          READLN; READ(MITGEB);
          KLEININGROSS(MITGEB);
  FOR B3:=1 TO B2 DO
  BEGIN
      PERSONENANZAHL:=PERSONENANZAHL+1;
      PERSONEIN(FSNAMEN[PERSONENANZAHL]);
 (* HIER SPAETER FRAGEN, OB AUCH LOESUNGSSATZ EINZUGEBEN *)
 (* UND GGF. EINGABE DURCHFUEHREN                         *)
  END;
  WRITE('IN DER DATEI SIND JETZT ',PERSONENANZAHL:3);
  WRITELN(' PERSONEN !');
  END (* OF 'N' *);
     'E': MENUE11;
    END (* OF CASE *);
 WRITELN('WEITERE AENDERUNGEN? (J,N)');
 READLN; READ(WEITER); KLEININGROSS(WEITER);
 END (* OF WHILE WEITER='J' *);
 SDATSORTIEREN;
 FELDINSDAT  (* HIER SPAETER AUCH FELDINSLDAT *);
 END (* OF SDATAENDERN *);
 (* ++++++++++++++++++++++++++++++++++++++++++++++++++++++++++++ *)
 BEGIN (* TEST VON MODUL M1.1 *)
 SDATERSTELLEN;
 SDATANSEHEN;
 SDATAENDERN;
 SDATANSEHEN;
 END.
```

Testumgebung (vorläufiges Hauptprogramm)

Testprotokoll 1 zu Modul M1.1 (Arbeitsgruppe 1)

```
(OUT)   E(DIT),C(OMPILE),R(UN),O(THERS),EN(D) ?
(IN)    run
(OUT)   PASCAL PROGRAM SDAT      START AT 0002D8A0 BEGCODE =0002C000
(OUT)   ---------------------------------------------------------------
(OUT)   LISTE DER PERSONEN ERSTELLEN (SCHUELERLISTE)
(OUT)   ---------------------------------------------------------------
(OUT)   EINGABE WIE IM FOLGENDEN VERLANGT DURCHFUEHREN:
(OUT)   WENN ALLE NAMEN EINGEGEBEN SIND, BEENDEN SIE DIE
(OUT)   EINGABE DURCH EINGABE VON  *  BEI "NAMEN"!
(OUT)   EINGABE MIT GEBURTSTAG? (J,N)
(IN)    j
(OUT)   NACHNAME:
(OUT)   ....................
(IN)    meier
(OUT)   VORNAME:
(OUT)   ....................
(IN)    klaus
(OUT)   GEBURTSDATUM:
(OUT)   ....................
(IN)    3.11.69
(OUT)   NACHNAME:
(OUT)   ....................
(IN)    lutz
(OUT)   VORNAME:
(OUT)   ....................
(IN)    guenter
(OUT)   GEBURTSDATUM:
(OUT)   ....................
(IN)    4.4.68
(OUT)   NACHNAME:
(OUT)   ....................
(IN)    *
(OUT)   SIE HABEN   2 NAMEN EINGEGEBEN!
(OUT)     1.    LUTZ                 ,  GUENTER              ,4.4.68
(OUT)     2.    MEIER                ,  KLAUS                ,3.11.69
(OUT)   ---------------------------------------------------------------
(OUT)   AENDERUNGEN AN DER LISTE DER PERSONEN
(OUT)   ---------------------------------------------------------------
(OUT)   PERSON LOESCHEN    :  L EINGEBEN,
(OUT)   PERSON AENDERN     :  A EINGEBEN,
(OUT)   PERSON NEU         :  N EINGEBEN,
(OUT)   ENDE               :  E EINGEBEN:
(IN)    n
(OUT)   WIEVIELE NEUE PERSONEN?
(IN)    1
(OUT)   EINGABE MIT GEBURTSTAG? (J,N)
(IN)    n
(OUT)   NACHNAME:
(OUT)   ....................
(IN)    abitz
(OUT)   VORNAME:
(OUT)   ....................
(IN)    karl
```

```
(OUT)    IN DER DATEI SIND JETZT   3 PERSONEN !
(OUT)    WEITERE AENDERUNGEN? (J,N)
(IN)     j
(OUT)    PERSON LOESCHEN    :  L EINGEBEN,
(OUT)    PERSON AENDERN     :  A EINGEBEN,
(OUT)    PERSON NEU         :  N EINGEBEN,
(OUT)    ENDE               :  E EINGEBEN:
(IN)     a
(OUT)    NACHNAME (NUR DIESER WIRD VERGLICHEN!) :
(OUT)    ....................
(IN)     meier
(OUT)    SATZ GEFUNDEN!
(OUT)    ER STEHT AN NUMMER   2
(OUT)    SATZ BISHER :
(OUT)      MEIER                 KLAUS                  3.11.69
(OUT)    GEAENDERTEN SATZ EINGEBEN:
(OUT)    EINGABE MIT GEBURTSTAG? (J,N)
(IN)     n
(OUT)    NACHNAME:
(OUT)    ....................
(IN)     meier
(OUT)    VORNAME:
(OUT)    ....................
(IN)     klaus
(OUT)    WEITERE AENDERUNGEN? (J,N)
(IN)     j
(OUT)    PERSON LOESCHEN    :  L EINGEBEN,
(OUT)    PERSON AENDERN     :  A EINGEBEN,
(OUT)    PERSON NEU         :  N EINGEBEN,
(OUT)    ENDE               :  E EINGEBEN:
(IN)     l
(OUT)    NACHNAME (NUR DIESER WIRD VERGLICHEN!) :
(OUT)    ....................
(IN)     lutz
(OUT)    SATZ GEFUNDEN!
(OUT)    ER STEHT AN NUMMER   1
(OUT)    SATZ BISHER :
(OUT)      LUTZ                  GUENTER                4.4.68
(OUT)    SATZ GELOESCHT!
(OUT)    PERSONENANZAHL IST =   2
(OUT)    WEITERE AENDERUNGEN? (J,N)
(IN)     n
(OUT)      1.   ABITZ              , KARL              ,....................
(OUT)      2.   MEIER              , KLAUS             ,....................
(OUT)    RUNTIME:     1 SECONDS +  475 MILLISEC
(OUT)    E(DIT),C(OMPILE),R(UN),O(THERS),EN(D) ?
```

Damit haben sich die Module M1.1.1-M1.1.3 als lauffähig erwiesen. Die Datei SDAT kann Arbeitsgruppe 3 zum Test der Module M1.1.7-M1.1.9 zur Verfügung gestellt werden.
In entsprechender Weise wie oben programmieren und testen die Arbeitsgruppen 2 und 3. Die einzelnen Prozeduren sind im Listing des Gesamtprogramms nachlesbar. Wir bringen hier Testprotokolle:

Testprotokoll 2 zu Modul 1.1
(Arbeitsgruppe 2)

```
(IN)     @REA'M.2NEU
(OUT)     158.
(IN)     @P1-11
(OUT)       1.0000 PROGRAM MC2 (INPUT,OUTPUT,LGDAT);
(NL)        2.0000 CONST MAXAUFGABEN=50;
(NL)        3.0000 TYPE RLOESUNGEN=RECORD
(NL)        4.0000                 RLOES   : CHAR;
(NL)        5.0000                 GEWICHT : REAL;
(NL)        6.0000                 END;
(NL)        7.0000 VAR LGDAT        : FILE OF RLOESUNGEN;
(NL)        8.0000     FRLOES : ARRAY[1..MAXAUFGABEN] OF RLOESUNGEN;
(NL)        9.0000     AUFGABENANZAHL: INTEGER;
(NL)       10.0000     SUMGEWICHT: REAL;
(NL)       11.0000 (* ########################################## *)
(OUT)     158.
(IN)     @O&P'PROCEDURE'
(OUT)      12.0000 PROCEDURE ZEICHENREIHE(ZEICHEN:CHAR; REIHE:INTEGER);
(NL)       19.0000 PROCEDURE KLEININGROSS(VAR CH:CHAR);
(NL)       24.0000 PROCEDURE LGDATERSTELLEN;
(NL)       45.0000 PROCEDURE LGDATINFELD;
(NL)       62.0000 PROCEDURE FELDINLGDAT;
(NL)       74.0000 PROCEDURE LGDATANSEHEN;
(NL)       89.0000 PROCEDURE LGDATAENDERN;
(OUT)     158.
(IN)     @P149-157
(OUT)     149.0000 (* ########################################## *)
(NL)      150.0000 BEGIN (* H P *)
(NL)      151.0000 LGDATERSTELLEN;
(NL)      152.0000 ZEICHENREIHE('*',70);
(NL)      153.0000 LGDATANSEHEN;
(NL)      154.0000 ZEICHENREIHE('*',70);
(NL)      155.0000 LGDATAENDERN;
(NL)      156.0000 LGDATANSEHEN;
(NL)      157.0000 END.
(OUT)     158.
(IN)     @RET
(OUT)    EDT-TIME:      0 SECONDS +  137 MILLISEC
(OUT)    E(DIT),C(OMPILE),R(UN),O(THERS),EN(D) ?
(IN)     c,l-,e
(OUT)    PASCALCOMPILER VER 3.00 STARTED
(OUT)    >>>> ERRORS:       0
(OUT)
(OUT)    COMPILETIME:     1 SECONDS +  605 MILLISEC
(OUT)    *** EXECUTABLE CODE GENERATED ***
(OUT)    E(DIT),C(OMPILE),R(UN),O(THERS),EN(D) ?
(IN)     r
(OUT)    PASCAL PROGRAM MC2      START AT 0002AE9C BEGCODE =0002A000
(OUT)    ------------------------------------------------------------
(OUT)    EINGABE DER RICHTIGEN ERGEBNISSE UND GEWICHTE
(OUT)    ------------------------------------------------------------
(OUT)    WIEVIEL AUFGABEN ? ANZAHL EINGEBEN :
(IN)     3
(OUT)    AUFGABE   1:
(OUT)    RICHTIGE LOESUNG:
(IN)     a
(OUT)    GEWICHTUNG:
(IN)     3
(OUT)    AUFGABE   2:
```

Testumgebung: Deklarationsteil

Die Prozeduren können Sie im später folgenden Listing des Gesamtprogramms nachlesen!

Testumgebung: Vorläufiges Hauptprogramm

Eigentliches Testprotokoll

```
(OUT)    RICHTIGE LOESUNG:
(IN)     b
(OUT)    GEWICHTUNG:
(IN)     2
(OUT)    AUFGABE   3:
(OUT)    RICHTIGE LOESUNG:
(IN)     c
(OUT)    GEWICHTUNG:
(IN)     5
(OUT)    ******************************************************************
(OUT)    AUFG.NR...RICHTIGE LOESUNG...GEWICHT
(OUT)    ---------------------------------------------
(OUT)        1            A           3.0
(OUT)        2            B           2.0
(OUT)        3            C           5.0
(OUT)    ---------------------------------------------
(OUT)    ******************************************************************
(OUT)    ----------------------------------------------------------
(OUT)      A: AUFGABE(N) ANFUEGEN
(OUT)      C: AUFGABE(N) LOESCHEN, AENDERN
(IN)     a
(OUT)    AUFGABE   4:
(OUT)    RICHTIGE LOESUNG:
(IN)     c
(OUT)    GEWICHTUNG:
(IN)     1
(OUT)    ----------------------------------------------------------
(OUT)    NOCH EINE AENDERUNG? (J,N)
(IN)     j
(OUT)    ----------------------------------------------------------
(OUT)      A: AUFGABE(N) ANFUEGEN
(OUT)      C: AUFGABE(N) LOESCHEN, AENDERN
(IN)     c
(OUT)    AENDERUNG BEI AUFGABE NR. :
(IN)     2
(OUT)    ----------------------------------------------------------
(OUT)    BISHER:  RICHTIGE LOESUNG    GEWICHT
(OUT)                 B               2.0
(OUT)     W: AUFGABE NICHT WERTEN, GEWICHT 0 GEBEN !
(OUT)     L: AUFGABE LOESCHEN, AUFGABEN ZUSAMMENRUECKEN !
(OUT)     N: AUFGABENLOESUNG UND GEWICHT NEU EINGEBEN !
(IN)     w
(OUT)    ----------------------------------------------------------
(OUT)    NOCH EINE AENDERUNG? (J,N)
(IN)     j
(OUT)    ----------------------------------------------------------
(OUT)      A: AUFGABE(N) ANFUEGEN
(OUT)      C: AUFGABE(N) LOESCHEN, AENDERN
(IN)     c
(OUT)    AENDERUNG BEI AUFGABE NR. :
(IN)     3
(OUT)    ----------------------------------------------------------
(OUT)    BISHER:  RICHTIGE LOESUNG    GEWICHT
(OUT)                 C               5.0
(OUT)     W: AUFGABE NICHT WERTEN, GEWICHT 0 GEBEN !
(OUT)     L: AUFGABE LOESCHEN, AUFGABEN ZUSAMMENRUECKEN !
(OUT)     N: AUFGABENLOESUNG UND GEWICHT NEU EINGEBEN !
(IN)     l
```

```
(OUT)     NOCH   3 TESTAUFGABEN.
(OUT)     ------------------------------------------------------------------------
(OUT)     NOCH EINE AENDERUNG? (J,N)
(IN)      j
(OUT)     ------------------------------------------------------------------------
(OUT)       A: AUFGABE(N) ANFUEGEN
(OUT)       C: AUFGABE(N) LOESCHEN, AENDERN
(IN)      3
(OUT)     AENDERUNG BEI AUFGABE NR. :
(IN)      3
(OUT)     ------------------------------------------------------------------------
(OUT)     BISHER:  RICHTIGE LOESUNG    GEWICHT
(OUT)                   C               1.0
(OUT)      W: AUFGABE NICHT WERTEN, GEWICHT 0 GEBEN !
(OUT)      L: AUFGABE LOESCHEN, AUFGABEN ZUSAMMENRUECKEN !
(OUT)      N: AUFGABENLOESUNG UND GEWICHT NEU EINGEBEN !
(IN)      n
(OUT)     NEU:  RICHTIGE LOESUNG:
(IN)      c
(OUT)     NEU:  GEWICHTUNG       :
(IN)      3
(OUT)     ------------------------------------------------------------------------
(OUT)     NOCH EINE AENDERUNG? (J,N)
(IN)      n
(OUT)     AENDERUNGEN IN DIE DATEI "LGDAT" UEBERNEHMEN? (J,N)
(IN)      j
(OUT)     AUFG.NR...RICHTIGE LOESUNG...GEWICHT
(OUT)     ---------------------------------------------------
(OUT)          1            A            3.0
(OUT)          2            -            0.0
(OUT)          3            C            3.0
(OUT)     ---------------------------------------------------
(OUT)     RUNTIME:      0 SECONDS +  978 MILLISEC
```

....

Testprotokoll 3 zu Modul 1.1
(Arbeitsgruppe 3)

Testumgebung:
Deklarationsteil

```
(IN)      @REA'M.3NEU
(OUT)      240.
(IN)      @P1-24
(OUT)        1.0000 PROGRAM MC3 (INPUT,OUTPUT,SDAT,SLDAT);
(NL)         2.0000 CONST MAXPERSONEN= 50;
(NL)         3.0000       MAXAUFGABEN= 50;
(NL)         4.0000 TYPE SNAMEN= RECORD
(NL)         5.0000                NAME,VORNAME: ARRAY[1..20] OF CHAR;
(NL)         6.0000                GEBURTSDATUM: ARRAY[1..20] OF CHAR;
(NL)         7.0000                END;
(NL)         8.0000      SLOESUNGEN= RECORD
(NL)         9.0000                    MITGESCHRIEBEN: CHAR;
(NL)        10.0000                    SLOES         : ARRAY[1..MAXAUFGABEN] OF CHAR;
(NL)        11.0000                    END;
(NL)        12.0000     FSLOESUNGEN=ARRAY[1..MAXPERSONEN] OF SLOESUNGEN;
(NL)        13.0000 VAR SDAT: FILE OF SNAMEN;
(NL)        14.0000     SLDAT:FILE OF SLOESUNGEN;
(NL)        15.0000     FSLOES:FSLOESUNGEN;
(NL)        16.0000     TESTMITG:INTEGER;
(NL)        17.0000     ANZINLISTE:INTEGER;
(NL)        18.0000     MITGEB: CHAR;
```

```
(NL)      19.0000     FSNAMEN      : ARRAY[1..MAXPERSONEN] OF SNAMEN;
(NL)      20.0000     SATZ         : SNAMEN;
(NL)      21.0000     PERSONENANZAHL,PERSONNR :INTEGER;
(NL)      22.0000     SATZGEFUNDEN: BOOLEAN;
(NL)      23.0000     AUFGABENANZAHL:INTEGER;
(NL)      24.0000 (* ‡‡‡‡‡‡‡‡‡‡‡‡‡‡‡‡‡‡‡‡‡‡‡‡‡‡‡‡‡‡‡‡‡‡‡‡‡‡‡‡‡‡‡‡ *)
(OUT)    240.
(IN)     @ON&PRINT'PROCEDURE'
(OUT)      25.0000 PROCEDURE KLEININGROSS(VAR CH:CHAR);
(NL)       30.0000 PROCEDURE ZEICHENREIHE(ZEICHEN:CHAR; REIHE:INTEGER);
(NL)       38.0000 PROCEDURE SDATINFELD;
(NL)       51.0000 PROCEDURE PERSONSUCHE;
(NL)       65.0000 PROCEDURE LOESEIN (VAR SL:FSLOESUNGEN; VAR PERS:INTEGER);
(NL)       97.0000 PROCEDURE FELDINSLDAT;
(NL)      110.0000 PROCEDURE SLDATERSTELLEN;
(NL)      137.0000 PROCEDURE SLDATINFELD;
(NL)      153.0000 PROCEDURE SLDATANSEHEN;
(NL)      168.0000 PROCEDURE SLDATAENDERN;
(OUT)     240.
(IN)     @P231-239
```

Die Prozeduren können Sie im später folgenden Listing des Gesamtprogramms nachlesen!

```
(OUT)     231.0000 (* ‡‡‡‡‡‡‡‡‡‡‡‡‡‡‡‡‡‡‡‡‡‡‡‡‡‡‡‡‡‡‡‡‡‡‡‡‡‡‡‡‡‡‡‡ *)
(NL)      232.0000 BEGIN  (* H P  *)
(NL)      233.0000 WRITELN('AUFGABENANZAHL ?');
(NL)      234.0000 READLN; READ(AUFGABENANZAHL);
(NL)      235.0000 SLDATERSTELLEN;
(NL)      236.0000 SLDATANSEHEN;
(NL)      237.0000 SLDATAENDERN;
(NL)      238.0000 SLDATANSEHEN;
(NL)      239.0000 END.
(OUT)     240.
(IN)     @RET
(OUT)    EDT-TIME:     0 SECONDS +  290 MILLISEC
(OUT)    E(DIT),C(OMPILE),R(UN),O(THERS),EN(D) ?
(IN)     c,l-,e
(OUT)    >>>> ERRORS:       0
(OUT)
(OUT)    COMPILETIME:     2 SECONDS +  269 MILLISEC
```

Testumgebung: Vorläufiges Hauptprogramm

```
(OUT)    *** EXECUTABLE CODE GENERATED ***
(OUT)    E(DIT),C(OMPILE),R(UN),O(THERS),EN(D) ?
(IN)     r
(OUT)    PASCAL PROGRAM MC3      START AT 0002C508 BEGCODE =0002B000
(OUT)    AUFGABENANZAHL ?
(IN)     3
(OUT)    LOESUNGEN DER TESTPERSONEN EINGEBEN: ES WERDEN
(OUT)    JEWEILS BIS ZU 5 AUFGABEN IN EINE ZEILE
(OUT)    GESCHRIEBEN. IN DIESEM 5-ER BLOCK KANN
(OUT)    KORRIGIERT WERDEN !
(OUT)    VVVVVVVVVVVVVVVVVVVVVVVVVVVVVVVVVVVVVVVVVVVVVVVVVVVVVVVVVVVVVVVV
(OUT)      ABITZ                KARL
(OUT)    MITGESCHRIEBEN?
(IN)     j
(OUT)    ERGEBNISEINGABE  O H N E  L E E R S T E L L E N !!
(OUT)     VVV <-<- AUFGABEN  1 BIS  3
(IN)     aba
```

Eigentliches Testprotokoll

```
(OUT)   KORREKTUR DES EBEN EINGEGEBENEN BLOCKS? (J,N)
(IN)    n
(OUT)     MEIER                    KLAUS
(OUT)   MITGESCHRIEBEN?
(IN)    j
(OUT)   ERGEBNISEINGABE  O H N E  L E E R S T E L L E N !!
(OUT)    VVV <-<- AUFGABEN  1 BIS  3
(IN)    abc
(OUT)   KORREKTUR DES EBEN EINGEGEBENEN BLOCKS? (J,N)
(IN)    j
(OUT)
(OUT)    VVV <-<- AUFGABEN  1 BIS  3
(IN)    aac
(OUT)   KORREKTUR DES EBEN EINGEGEBENEN BLOCKS? (J,N)
(IN)    n
(OUT)   SIE HABEN FUER   2 PERSONEN LOESUNGEN EINGEGEBEN!
(OUT)     1  ABITZ
(OUT)     a  b  a
(OUT)   ----------------------------------------------------------------
(OUT)     2  MEIER
(OUT)     a  a  c
(OUT)   ----------------------------------------------------------------
(OUT)   ----------------------------------------------------------------
(OUT)   FUER WELCHE TESTPERSON WOLLEN SIE AENDERN?
(OUT)   NACHNAME:
(OUT)   !!!!!!!!!!!!!!!!!!!!
(IN)    abitz
(OUT)   SATZ GEFUNDEN!
(OUT)   ER STEHT AN NUMMER   1
(OUT)   BISHER: MITGESCHRIEBEN= J
(OUT)   A1:a / A2:b / A3:a /
(OUT)   ------------------------------------------------------------
(OUT)   AENDERUNGEN:
(OUT)   MITGESCHRIEBEN? (J,N)
(IN)    n
(OUT)   NOCH EINE AENDERUNG? (J,N)
(IN)    j
(OUT)   ----------------------------------------------------------------
(OUT)   FUER WELCHE TESTPERSON WOLLEN SIE AENDERN?
(OUT)   NACHNAME:
(OUT)   !!!!!!!!!!!!!!!!!!!!

(IN)    ludwig
(OUT)   NOCH EINE AENDERUNG? (J,N)
(IN)    n
(OUT)     1  ABITZ
(OUT)
(OUT)   ----------------------------------------------------------------
(OUT)     2  MEIER
(OUT)     a  a  c
(OUT)   ----------------------------------------------------------------
(OUT)   RUNTIME:     0 SECONDS +  925 MILLISEC
```

Damit haben die drei Arbeitsgruppen nachgewiesen, daß die von ihnen bearbeiteten Module durch lauffähige Programme realisiert wurden. Wir können also zum Abschluß von Modul M1.1 kommen, indem wir zu einer ersten Systemintegration schreiten (Teilphase D).

M O D U L B E A R B E I T U N G : T E I L P H A S E   D

(Integration der bisher erarbeiteten Modulprogramme, damit Abschluß von Modul M1.1 und Projekt-Teillösung)

Wir gehen folgendermaßen vor:

1) Entwurf und Programmierung des Hauptmenüs MENUE1 (siehe hierzu Menüentwurf S. 52).

2) Programmierung von MENUE11 (siehe hierzu Entwurf in Teilphase A, S. 66).

3) Testumgebung: Ersatzprozeduren für die von MENUE1 aufgerufenen MENUE12 und MENUE13.

4) Einfügen der bereits oben (siehe Teilphase C) getesteten Module M1.1.1-M1.1.9 einschließlich ihrer Untermodule. Dazu Zusammenfügen der für die Tests in Teilphase C erstellten drei Deklarationsteile.

5) Schreiben des Hauptprogramms, das lediglich MENUE1 aufruft.

6) Testläufe.

Was können wir mit der dann fertigen Projekt-Teillösung anfangen?

Wir können die drei Dateien SDAT, SLDAT, LGDAT erstellen, verwalten und ansehen (drucken). Damit haben wir z.B. die Möglichkeit, Namenlisten für verschiedene Schulklassen, Daten von Tests, die diese Klassen geschrieben haben einschließlich der Schülerlösungen zu speichern und ggf. abzurufen. Die Daten stehen dann in recht kompakter Form zur Verfügung, so daß z.B. leicht Vergleiche zwischen Bearbeitungen eines Tests durch verschiedene Klassen über einen längeren Zeitraum hinweg angestellt werden können.

Unsere eigentliche Zielsetzung ist damit zwar noch längst nicht erreicht, dennoch haben wir ein funktionsfähiges System geschaffen, bei dessen Erarbeitung verschiedene wichtige Ziele der Projektarbeit im Informatikunterricht bewältigt wurden.

Bemerkung: Das Teilsystem ist auch für andere Zwecke brauchbar! SDAT enthalte wie oben Namen, Vornamen und Geburtstag. In SLDAT speichern wir jetzt nicht die Lösungen, sondern z.B. Noten, die die Schüler am Ende eines Schulhalbjahres erhalten haben, etwa in der Reihenfolge 1) Deutsch, 2) Geschichte, 3) Erdkunde, usw.

Der Leser überlege sich andere Möglichkeiten zur Nutzung des Teilsystems!

Wir dokumentieren nun das Ergebnis des oben beschriebenen Vorgehens:

Projekt-Teillösung (Modul M1.1)

```
@REA'M.11
 691.
@P1-43
   1.0000 PROGRAM MUCHO (INPUT,OUTPUT,SDAT,SLDAT,LGDAT);
   2.0000 LABEL 99;
   3.0000 CONST MAXPERSONEN= 50;
   4.0000       MAXAUFGABEN= 50;
   5.0000 TYPE SNAMEN= RECORD
   6.0000              NAME,VORNAME: ARRAY[1..20] OF CHAR;
   7.0000              GEBURTSDATUM: ARRAY[1..20] OF CHAR;
   8.0000              END;
   9.0000      SLOESUNGEN= RECORD
  10.0000                  MITGESCHRIEBEN: CHAR;
  11.0000                  SLOES         : ARRAY[1..MAXAUFGABEN] OF CHAR;
  12.0000                  END;
  13.0000      FSLOESUNGEN=ARRAY[1..MAXPERSONEN] OF SLOESUNGEN;
  14.0000      RLOESUNGEN=RECORD
  15.0000                 RLOES   : CHAR;
  16.0000                 GEWICHT : REAL;
  17.0000                 END;
  18.0000 VAR SDAT: FILE OF SNAMEN;
  19.0000     SLDAT:FILE OF SLOESUNGEN;
  20.0000     LGDAT: FILE OF RLOESUNGEN;
  21.0000     FSNAMEN     : ARRAY[1..MAXPERSONEN] OF SNAMEN;
  22.0000     SATZ        : SNAMEN;
  23.0000     SATZGEFUNDEN: BOOLEAN;
  24.0000     FRLOES : ARRAY[1..MAXAUFGABEN] OF RLOESUNGEN;
  25.0000     FSLOES:FSLOESUNGEN;
  26.0000     SUMGEWICHT: REAL;
  27.0000     TESTMITG:INTEGER;
  28.0000    MITGEB:CHAR;
  29.0000     PERSONENANZAHL,PERSONNR :INTEGER;
  30.0000     AUFGABENANZAHL:INTEGER;
  31.0000 (* ############################################################# *)
  32.0000 PROCEDURE FELDINSLDAT;
  33.0000 FORWARD;
  34.0000 (* ############################################################# *)
  35.0000 PROCEDURE SLDATAENDERN;
  36.0000 FORWARD;
  37.0000 (* ############################################################# *)
  38.0000 PROCEDURE MENUE1;
  39.0000 FORWARD;
  40.0000 (* ############################################################# *)
  41.0000 PROCEDURE MENUE11;
  42.0000 FORWARD;
  43.0000 (* ############################################################# *)
 691.
@ON&PRINT'PROCEDURE'
  32.0000 PROCEDURE FELDINSLDAT;
  35.0000 PROCEDURE SLDATAENDERN;
  38.0000 PROCEDURE MENUE1;
  41.0000 PROCEDURE MENUE11;
  44.0000 PROCEDURE ZEICHENREIHE(ZEICHEN:CHAR; REIHE:INTEGER);
  52.0000 PROCEDURE KLEININGROSS(VAR CH:CHAR);
  58.0000 PROCEDURE PERSONEIN (VAR AX:SNAMEN);
  95.0000 PROCEDURE SDATINFELD;
 108.0000 PROCEDURE FELDINSDAT;
 120.0000 PROCEDURE SDATSORTIEREN;
```

```
143.0000 PROCEDURE SDATERSTELLEN;
171.0000 PROCEDURE SDATANSEHEN;
188.0000 PROCEDURE PERSONSUCHE;
203.0000 PROCEDURE SDATAENDERN;
301.0000 PROCEDURE LGDATERSTELLEN;
324.0000 PROCEDURE LGDATINFELD;
341.0000 PROCEDURE FELDINLGDAT;
353.0000 PROCEDURE LGDATANSEHEN;
368.0000 PROCEDURE LGDATAENDERN;
433.0000 PROCEDURE LOESEIN (VAR SL:FSLOESUNGEN; VAR PERS:INTEGER);
468.0000 PROCEDURE FELDINSLDAT;
481.0000 PROCEDURE SLDATERSTELLEN;
509.0000 PROCEDURE SLDATINFELD;
523.0000 PROCEDURE SLDATANSEHEN;
541.0000 PROCEDURE SLDATAENDERN;
609.0000 PROCEDURE ERLAEUTERUNGEN1;
616.0000 PROCEDURE MENUE11;
651.0000 PROCEDURE MENUE12;
657.0000 PROCEDURE MENUE13;
663.0000 PROCEDURE MENUE1;
691.
@P609-690
609.0000 PROCEDURE ERLAEUTERUNGEN1;
610.0000 (* HIER KOENNEN ERLAEUTERUNGEN FUER DAS SYSTEM EINGEFUEGT WERDEN *)
611.0000 BEGIN
612.0000 WRITELN('TEST ERLAUTERUNGEN1  OK'); MENUE1;
613.0000 END;
614.0000 (* ############################################################ *)
615.0000 (* ############################################################ *)
616.0000 PROCEDURE MENUE11;
617.0000 (* TESTVORBEREITUNGEN, GRUNDLEGENDE LISTEN AUSGEBEN  *)
618.0000 VAR WAHL11: BOOLEAN;
619.0000     WAHL2: CHAR;
620.0000 BEGIN
621.0000 WAHL11:=TRUE;
622.0000  WHILE WAHL11 DO
623.0000 BEGIN
624.0000    ZEICHENREIHE('-',65);
625.0000    WRITELN('M E N U E  1.1  :');
626.0000    WRITELN('PERSONENLISTE...................................:');
627.0000    WRITELN('==> A: ERSTELLEN, ==> B: AENDERN, ==> C: ANSEHEN.');
628.0000    WRITELN('LISTE MIT RICHTIGEN LOESUNGEN...................:');
629.0000    WRITELN('==> D: ERSTELLEN, ==> F: AENDERN, ==> G: ANSEHEN.');
630.0000    WRITELN('LISTE MIT LOESUNGEN DER TESTPERSONEN:............');
631.0000    WRITELN('==> H: ERSTELLEN, ==> K: AENDERN, ==> L: ANSEHEN.');
632.0000    WRITELN('Z: ZURUECK ZUM VORIGEN MENUE, MENUE 1.');
633.0000    WRITELN('E: PROGRAMMENDE.');
634.0000    ZEICHENREIHE('-',65);
635.0000    READLN; READ(WAHL2); KLEININGROSS(WAHL2);
636.0000    IF WAHL2 IN ['A','B','C','D','E','F','G','H','K','L','Z'] THEN
637.0000    BEGIN
638.0000    CASE WAHL2 OF
639.0000    'A': SDATERSTELLEN;       'B': SDATAENDERN;
640.0000    'C': SDATANSEHEN;
641.0000    'D': LGDATERSTELLEN;      'F': LGDATAENDERN;
642.0000    'G': LGDATANSEHEN;
643.0000    'H': SLDATERSTELLEN;      'K': SLDATAENDERN;
644.0000    'L': SLDATANSEHEN;
```

Die Prozeduren können Sie im später folgenden Listing des Gesamtprogramms nachlesen!

```
     'Z': MENUE1;  'E': GOTO 99;
     END (* OF CASE *);
     END (* OF IF *);
END  (* OF WHILE *);
END  (* OF MENUE11  *);
(* ########################################################### *)
PROCEDURE MENUE12;
BEGIN
WRITELN('HIER SPAETER MENUE12 (STATISTIK) EINFUEGEN!');
MENUE1
END  (* OF MENUE12 *);
```

Testumgebung!

```
(* ########################################################### *)
PROCEDURE MENUE13;
BEGIN
WRITELN('HIER SPAETER MENUE13 (FORMULARE) EINFUEGEN!');
MENUE1
END  (* OF MENUE 13 *);
```

Testumgebung!

```
(* ########################################################### *)
PROCEDURE MENUE1;
(* HAUPTMENUE *)
VAR WAHL1:CHAR;
BEGIN
     ZEICHENREIHE('V',65);
     WRITELN('M E N U E  1    :');
     WRITELN('V: TESTVORBEREITUNGEN, GRUNDLEGENDE LISTEN AUSGEBEN.');
     WRITELN('S: STATISTIK FUER DEN LEHRER.');
     WRITELN('F: FORMULARE FUER TESTPERSONEN AUSGEBEN LASSEN.');
     (* DER VERGLEICH DER LOESUNGEN DER TESTPERSONEN MIT *)
     (* DEN RICHTIGEN LOESUNGEN ERFOLGT IN "F" UND "S"   *)
     WRITELN('?: ERLAEUTERUNGEN ZU "V","F","S".');
     WRITELN('E: PROGRAMMENDE.');
     ZEICHENREIHE('V',65);
     READLN; READ(WAHL1);KLEININGROSS(WAHL1);
     IF WAHL1 IN ['V','F','S','?','E'] THEN
     CASE WAHL1 OF
     'V': MENUE11;
     'S': MENUE12;
     'F': MENUE13;
     '?': ERLAEUTERUNGEN1;
     'E': GOTO 99;
     END (* OF CASE *);
     END (* OF MENUE1 *);
```

Auch ohne programmier-
sprachenunabhängigen
Entwurf sofort ver-
ständlich!

```
(* ########################################################### *)
BEGIN (*  H  P  *)
MENUE1;
99: END.
```

Hauptprogramm des
Teilsystems!

```
@RET
EDT-TIME:     0 SECONDS +  673 MILLISEC
E(DIT),C(OMPILE),R(UN),O(THERS),EN(D) ?
c,l-,e
PASCALCOMPILER VER 3.00 STARTED
COMPILETIME:     6 SECONDS +  451 MILLISEC
*** EXECUTABLE CODE GENERATED ***
/file test.sdat,link=sdat
/file test.sldat,link=sldat
/file test.lgdat,link=lgdat
E(DIT),C(OMPILE),R(UN),O(THERS),EN(D) ?
```

Die Dateivariablen SDAT,
SLDAT und LGDAT erhalten
die oben erstellten Datei-
en zugewiesen!

```
(IN)     r
(OUT)    PASCAL PROGRAM MUCHO    START AT 00034620 BEGCODE =00030000
(OUT)    VVVVVVVVVVVVVVVVVVVVVVVVVVVVVVVVVVVVVVVVVVVVVVVVVVVVVVVVVVVVVVVVVVVVV
(OUT)    M E N U E  1    :
(OUT)    V: TESTVORBEREITUNGEN, GRUNDLEGENDE LISTEN AUSGEBEN.
(OUT)    S: STATISTIK FUER DEN LEHRER.
(OUT)    F: FORMULARE FUER TESTPERSONEN AUSGEBEN LASSEN.
(OUT)    ?: ERLAEUTERUNGEN ZU "V","F","S".
(OUT)    E: PROGRAMMENDE.
(OUT)    VVVVVVVVVVVVVVVVVVVVVVVVVVVVVVVVVVVVVVVVVVVVVVVVVVVVVVVVVVVVVVVVVVVVV
(IN)     ?
(OUT)    TEST ERLAUTERUNGEN1  OK
(OUT)    VVVVVVVVVVVVVVVVVVVVVVVVVVVVVVVVVVVVVVVVVVVVVVVVVVVVVVVVVVVVVVVVVVVVV
(OUT)    M E N U E  1    :
(OUT)    V: TESTVORBEREITUNGEN, GRUNDLEGENDE LISTEN AUSGEBEN.
(OUT)    S: STATISTIK FUER DEN LEHRER.
(OUT)    F: FORMULARE FUER TESTPERSONEN AUSGEBEN LASSEN.
(OUT)    ?: ERLAEUTERUNGEN ZU "V","F","S".
(OUT)    E: PROGRAMMENDE.
(OUT)    VVVVVVVVVVVVVVVVVVVVVVVVVVVVVVVVVVVVVVVVVVVVVVVVVVVVVVVVVVVVVVVVVVVVV
(IN)     s
(OUT)    HIER SPAETER MENUE12 (STATISTIK) EINFUEGEN!
(OUT)    VVVVVVVVVVVVVVVVVVVVVVVVVVVVVVVVVVVVVVVVVVVVVVVVVVVVVVVVVVVVVVVVVVVVV
(OUT)    M E N U E  1    :
(OUT)    V: TESTVORBEREITUNGEN, GRUNDLEGENDE LISTEN AUSGEBEN.
(OUT)    S: STATISTIK FUER DEN LEHRER.
(OUT)    F: FORMULARE FUER TESTPERSONEN AUSGEBEN LASSEN.
(OUT)    ?: ERLAEUTERUNGEN ZU "V","F","S".
(OUT)    E: PROGRAMMENDE.
(OUT)    VVVVVVVVVVVVVVVVVVVVVVVVVVVVVVVVVVVVVVVVVVVVVVVVVVVVVVVVVVVVVVVVVVVVV
(IN)     f
(OUT)    HIER SPAETER MENUE13 (FORMULARE) EINFUEGEN!
(OUT)    VVVVVVVVVVVVVVVVVVVVVVVVVVVVVVVVVVVVVVVVVVVVVVVVVVVVVVVVVVVVVVVVVVVVV
(OUT)    M E N U E  1    :
(OUT)    V: TESTVORBEREITUNGEN, GRUNDLEGENDE LISTEN AUSGEBEN.
(OUT)    S: STATISTIK FUER DEN LEHRER.
(OUT)    F: FORMULARE FUER TESTPERSONEN AUSGEBEN LASSEN.
(OUT)    ?: ERLAEUTERUNGEN ZU "V","F","S".
(OUT)    E: PROGRAMMENDE.
(OUT)    VVVVVVVVVVVVVVVVVVVVVVVVVVVVVVVVVVVVVVVVVVVVVVVVVVVVVVVVVVVVVVVVVVVVV
(IN)     v
(OUT)    ---------------------------------------------------------------------
(OUT)    M E N U E  1.1  :
(OUT)    PERSONENLISTE...................................:
(OUT)    ==> A: ERSTELLEN, ==> B: AENDERN, ==> C: ANSEHEN.
(OUT)    LISTE MIT RICHTIGEN LOESUNGEN...................:
(OUT)    ==> D: ERSTELLEN, ==> F: AENDERN, ==> G: ANSEHEN.
(OUT)    LISTE MIT LOESUNGEN DER TESTPERSONEN:............
(OUT)    ==> H: ERSTELLEN, ==> K: AENDERN, ==> L: ANSEHEN.
(OUT)    Z: ZURUECK ZUM VORIGEN MENUE, MENUE 1.
(OUT)    E: PROGRAMMENDE.
(OUT)    ---------------------------------------------------------------------
(IN)     c
(OUT)      1.    ABITZ                , KARL                  ,................
(OUT)      2.    MEIER                , KLAUS                 ,................
(OUT)    ---------------------------------------------------------------------
(OUT)    M E N U E  1.1  :
(OUT)    PERSONENLISTE...................................:
```

```
(OUT)   ==> A: ERSTELLEN, ==> B: AENDERN, ==> C: ANSEHEN.
(OUT)   LISTE MIT RICHTIGEN LOESUNGEN....................:
(OUT)   ==> D: ERSTELLEN, ==> F: AENDERN, ==> G: ANSEHEN.
(OUT)   LISTE MIT LOESUNGEN DER TESTPERSONEN:............
(OUT)   ==> H: ERSTELLEN, ==> K: AENDERN, ==> L: ANSEHEN.
(OUT)   Z: ZURUECK ZUM VORIGEN MENUE, MENUE 1.
(OUT)   E: PROGRAMMENDE.
(OUT)   ----------------------------------------------------------------
(IN)    g
(OUT)   AUFG.NR...RICHTIGE LOESUNG...GEWICHT
(OUT)   ------------------------------------------------
(OUT)      1            A           3.0
(OUT)      2            -           0.0
(OUT)      3            C           3.0
(OUT)   ------------------------------------------------
(OUT)   ----------------------------------------------------------------
(OUT)   M E N U E  1.1  :
(OUT)   PERSONENLISTE....................................:
(OUT)   ==> A: ERSTELLEN, ==> B: AENDERN, ==> C: ANSEHEN.
(OUT)   LISTE MIT RICHTIGEN LOESUNGEN....................:
(OUT)   ==> D: ERSTELLEN, ==> F: AENDERN, ==> G: ANSEHEN.
(OUT)   LISTE MIT LOESUNGEN DER TESTPERSONEN:............
(OUT)   ==> H: ERSTELLEN, ==> K: AENDERN, ==> L: ANSEHEN.
(OUT)   Z: ZURUECK ZUM VORIGEN MENUE, MENUE 1.
(OUT)   E: PROGRAMMENDE.
(OUT)   ----------------------------------------------------------------
(IN)    l
(OUT)   SIEHE AUCH BEI FORMULAREN !
(OUT)   ----------------------------------------------------------------
(OUT)     1  ABITZ
(OUT)
(OUT)   ----------------------------------------------------------------
(OUT)     2  MEIER
(OUT)     a  a  c
(OUT)   ----------------------------------------------------------------
(OUT)   ----------------------------------------------------------------
(OUT)   M E N U E  1.1  :
(OUT)   PERSONENLISTE....................................:
(OUT)   ==> A: ERSTELLEN, ==> B: AENDERN, ==> C: ANSEHEN.
(OUT)   LISTE MIT RICHTIGEN LOESUNGEN....................:
(OUT)   ==> D: ERSTELLEN, ==> F: AENDERN, ==> G: ANSEHEN.
(OUT)   LISTE MIT LOESUNGEN DER TESTPERSONEN:............
(OUT)   ==> H: ERSTELLEN, ==> K: AENDERN, ==> L: ANSEHEN.
(OUT)   Z: ZURUECK ZUM VORIGEN MENUE, MENUE 1.
(OUT)   E: PROGRAMMENDE.
(OUT)   ----------------------------------------------------------------
(IN)    z
(OUT)   VVVVVVVVVVVVVVVVVVVVVVVVVVVVVVVVVVVVVVVVVVVVVVVVVVVVVVVVVVVVVVVV
(OUT)   M E N U E  1    :
(OUT)   V: TESTVORBEREITUNGEN, GRUNDLEGENDE LISTEN AUSGEBEN.
(OUT)   S: STATISTIK FUER DEN LEHRER.
(OUT)   F: FORMULARE FUER TESTPERSONEN AUSGEBEN LASSEN.
(OUT)   ?: ERLAEUTERUNGEN ZU "V","F","S".
(OUT)   E: PROGRAMMENDE.
(OUT)   VVVVVVVVVVVVVVVVVVVVVVVVVVVVVVVVVVVVVVVVVVVVVVVVVVVVVVVVVVVVVVVV
(IN)    e
(OUT)   RUNTIME:      1 SECONDS +    23 MILLISEC
```

Nach der sehr ausführlichen Darstellung der Arbeit am Modul M1.1 beschränken wir uns in den nun folgenden Teilphasen E-I auf die Darstellung des Entwurfs besonders interessanter Module und einige Testläufe. Der Überblick bleibt dadurch gewahrt, daß in Kurzform dennoch alle Module mit den jeweiligen Funktionen angegeben werden. Bezüglich der Modulprogrammierung wird auf das Gesamtprogramm,bzgl. der Testmethode auf das Vorgehen bei Modul M1.1 verwiesen. Man beachte auch die Ausführungen unter dem Stichwort Test(→).

M O D U L B E A R B E I T U N G : T E I L P H A S E N E,F,G

(Modul M1.2 zur Statistik)

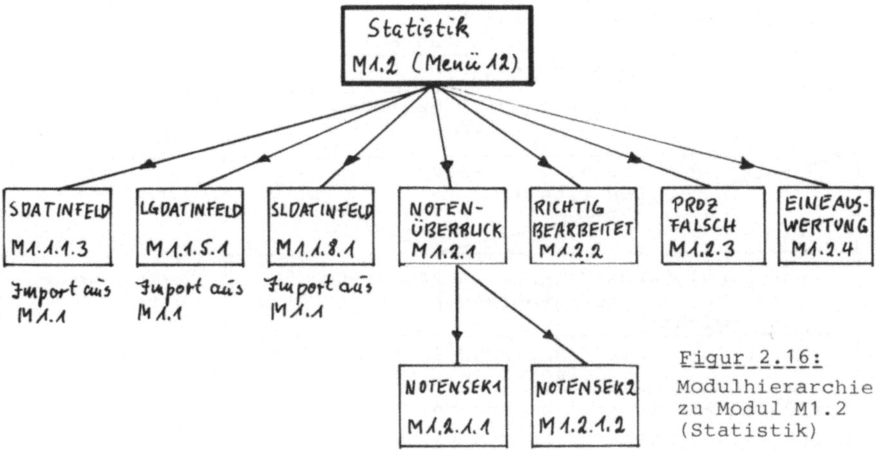

Figur 2.16: Modulhierarchie zu Modul M1.2 (Statistik)

Besonders interessiert hier das Modul zum Auswerten eines Testbogens EINEAUSWERTUNG. Dieses Modul nimmt den Vergleich der richtigen Lösungen mit denen der gerade betrachteten Testperson vor (Parameter SCH). Hierzu empfiehlt sich die Anlage eines Records <u>AUSWERTUNG</u>

MITGESCHRIEBEN	ERPUNKTZAHL	GPUNKTZAHL	PROZENTSATZ
ob die Testperson mitgeschrieben hat	welche Punktzahl bei den einzelnen Aufgaben erreicht wurde	erreichte Gesamtpunktzahl	erreichter Prozentsatz von den maximal möglichen Punkten
char	array 1..aufgaben anzahl	real	real

Diese Daten sind wichtig für Statistiken und Formulare der Testpersonen. Für jede Testperson wird ein derartiger Satz angelegt, so daß insgesamt ein Feld AUSW benötigt wird:

MITGESCHRIEBEN	ERPUNKTZAHL	GPUNKTZAHL	PROZENTSATZ
....	Daten für Testperson 1		....
....	Daten für Testperson 2		....
....			....
....	Daten für Testperson MAXPERSONEN		....

M1.2.4 : EINEAUSWERTUNG

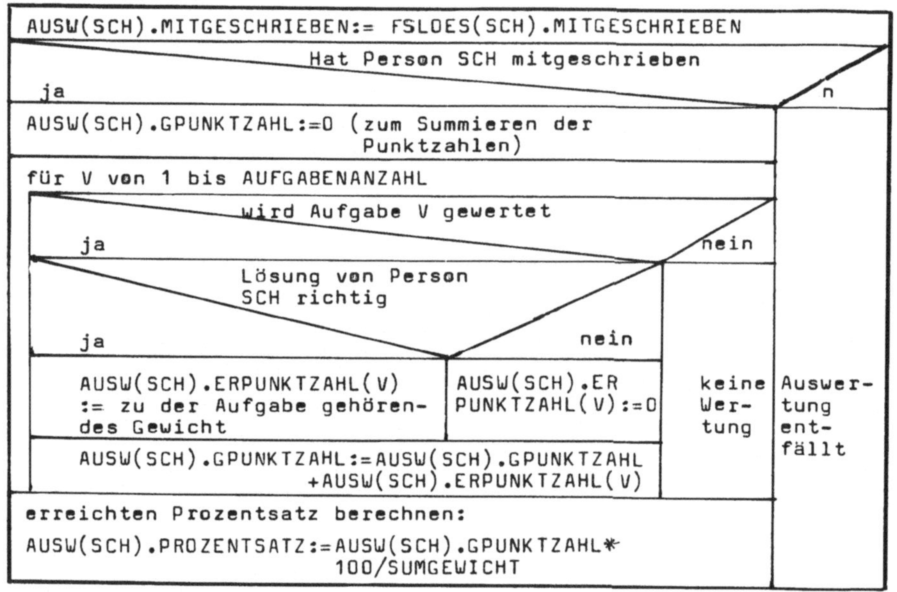

Modulbeschreibung von Modul M1.2.4: EINEAUSWERTUNG

Funktionen: Das Modul vergleicht die Lösungen der Testperson mit den richtigen Lösungen und vergibt entsprechende Punkte. Der erreichte Prozentsatz wird berechnet.

Parameter : SCH (integer) , die Nummer der gerade betrachteten Person innerhalb der Datei SDAT wird importiert.

Globale Variable: Importiert werden FSLOES(SCH).MITGESCHRIEBEN, AUFGABENANZAHL, FSLOES( ).SLOES, FRLOES( ).RLOES, FRLOES( ).GEWICHT und SUMGEWICHT. Exportiert werden die Komponenten des Feldes AUSW( ), also

AUSW(SCH).MITGESCHRIEBEN, AUSW(SCH).ERPUNKTZAHL( ), AUSW(SCH).GPUNKTZAHL und AUSW(SCH).PROZENTSATZ.

Prozeduren: ---

Lokale Variable: V (zählt die Aufgaben).

M1.2.1. : NOTENÜBERBLICK

Eingabe, ob Bewertung für Sekundarstufe 1 oder 2 (1,2), Variable SEKUNDARSTUFE

für P von 1 bis PERSONENANZAHL

hat P mitgeschrieben

ja

Ausgabe: Name, Vorname von P, erreichter Prozentsatz

SEKUNDARSTUFE=1

ja

P-Aufruf: NOTENSEK1 auf den vorliegenden Prozentsatz anwenden, damit NOTE feststellen und ausgeben. →

NOTE merken für Notenspiegel:
NF(NOTE):=NF(NOTE)+1

n

P-Aufruf:NOTENSEK2 auf den vorliegenden Prozentsatz anwenden, damit NOTE und PUNKTE (0 bis 15) → feststellen und ausgeben.

NOTE und PUNKTE merken:
PF(PUNKTE):=PF(PUNKTE)+1
NF(NOTE) :=NF(NOTE) +1

n

keine Bewertung

SEKUNDARSTUFE=2

ja

Ausgabe des Punktespiegels, Mittelwert und Streuung für Punkteverteilung berechnen und ausgeben

n

—

Ausgabe des Notenspiegels, Mittelwert und Streuung für die Notenverteilung berechnen und ausgeben

Modulbeschreibung von Modul M1.2.1: NOTENUEBERBLICK

Funktionen: In Abhängigkeit vom betrachteten Notenschlüssel (Sek1 oder Sek2) werden zu den in EINEAUSWERTUNG errechneten erreichten Prozentsätzen Noten bzw. Punkte ermittelt und in Form von Notenspiegel bzw. Punktespiegel mit Mittelwert und Streuung ausgegeben.

Globale Variable: SEKUNDARSTUFE, PERSONENANZAHL, FSLOES( ).MITGESCHRIEBEN, Komponenten von FSNAMEN, AUSW( ).PROZENTSATZ (Importe).

Prozeduren: Aufruf von NOTENSEK1 und NOTENSEK2 mit den jeweiligen Notenschlüsseln.

Lokale Variable: Feld PF für Punktespiegel, Feld NF für Notenspiegel, MITTELWERT, STREUUNG, A,P (Zählwerke), V,M,S sind Hilfsvariablen zur Berechnung von Mittelwert und Streuung.

Wir stellen nun noch die Modulfunktionen für die Statistikmodule (M1.2 mit den Untermodulen) zusammen:

Modulname	Funktion
M1.2.1 NOTENUEBERBLICK	In Abhängigkeit vom Notenschlüssel (Sek1 oder Sek2) werden zu den in EINEAUSWERTUNG errechneten Prozentsätzen Noten bzw. Punkte ermittelt und zusammenfassende Noten- bzw. Punktespiegel mit Mittelwert und Streuung ausgegeben.
M1.2.2 RICHTIGBEARBEITET	Für jede Testperson werden die Lösungen ausgegeben. Weiterhin wird errechnet, wieviel Prozent der gewerteten Aufgaben richtig bearbeitet wurden. Die Gewichtung der Aufgaben bleibt dabei unberücksichtigt (bzw. jedes Gewicht wird auf 1 gesetzt).
M1.2.3 PROZFALSCH	Für jede Aufgabe werden die Lösungen aller Testpersonen aufgeschrieben und festgestellt, wieviel Prozent der Testpersonen diese Aufgabe falsch bearbeitet haben.
M1.2.4 EINEAUSWERTUNG	Die Lösungen der Testpersonen werden mit den richtigen Lösungen verglichen. Die zugehörigen Punkte werden vergeben, der erreichte Prozentsatz wird berechnet.
M1.2.1.1 NOTENSEK1	Je nach erreichtem Prozentsatz wird mit Hilfe des Sekundarstufe 1 - Notenschlüssels (siehe Programmlisting) die zugehörige Note errechnet.
M1.2.1.2 NOTENSEK 2	Je nach erreichtem Prozentsatz werden mit Hilfe des Sekundarstufe 2 - Schlüssels Noten mit Tendenz (+,-) und Punkte (0 bis 15) errechnet.

Für den nun folgenden Testlauf legen wir folgende Daten zugrunde:

<u>Namen:</u>

(SDAT)

1. Ernesto, Friedrich
2. Freise , Klaus
3. Lubich , Karl
4. Mueller, Emil

<u>Richtige Lösungen:</u>

(LGDAT)

Aufg.Nr.	richtige Lösung	Gewicht
1	a	4
2	a	3
3	c	2
4	b	2
5	b	5
6	d	3

<u>Lösungen der Testpersonen</u>

(SLDAT)

Ernesto	a c c b b d
Freise	a b c d e d
Lubich	nicht mitgeschrieben
Mueller	a a d b b d

Projekt-Teillösung (Modul M1.2 und Modul M1.1), Testprotokoll

```
(OUT)   VVVVVVVVVVVVVVVVVVVVVVVVVVVVVVVVVVVVVVVVVVVVVVVVVVVVVVVVVVVVVVVVVVVVVVV
(OUT)   M E N U E  1    :
(OUT)   V: TESTVORBEREITUNGEN, GRUNDLEGENDE LISTEN AUSGEBEN.
(OUT)   S: STATISTIK FUER DEN LEHRER.
(OUT)   F: FORMULARE FUER TESTPERSONEN AUSGEBEN LASSEN.
(OUT)   ?: ERLAEUTERUNGEN ZU "V","F","S".
(OUT)   E: PROGRAMMENDE.
(OUT)   VVVVVVVVVVVVVVVVVVVVVVVVVVVVVVVVVVVVVVVVVVVVVVVVVVVVVVVVVVVVVVVVVVVVVVV
(IN)    s
(OUT)   -----------------------------------------------------------------------
(OUT)   M E N U E  1.2 :
(OUT)   A: NOTENUEBERBLICK MIT MITTELWERT UND STREUUNG.
(OUT)   B: ALLE TESTPERSONEN - % DER PUNKTE ERREICHT.
(OUT)   C: ALLE AUFGABEN - WIEVIEL % HABEN AUFGABE FALSCH?
(OUT)   Z: ZURUECK ZUM VORIGEN MENUE, MENUE 1.
(OUT)   E: PROGRAMMENDE.
(IN)    a
(OUT)   -----------------------------------------------------------------------
(OUT)   NOTENUEBERBLICK
(OUT)   -----------------------------------------------------------------------
(OUT)   PERSONENANZAHL   4
(OUT)   -----------------------------------------------------------------------
(OUT)   SEK1-BEWERTUNG ODER SEK2-BEWERTUNG ? (1,2)
(IN)    1
(OUT)     1  ERNESTO                  FRIEDRICH              84.21 %
(OUT)        NOTE:  2
(OUT)     2  FREISE                   KLAUS                  47.37 %
(OUT)        NOTE:  4
(OUT)     4  MUELLER                  EMIL                   89.47 %
(OUT)        NOTE:  2
(OUT)
```

```
(OUT)   ---------------------------------------------------------------
(OUT)   NOTENSPIEGEL :
(OUT)   ---------------------------------------------------------------
(OUT)      1   2   3   4   5   6
(OUT)      0   2   0   1   0   0
(OUT)   NOTEN-MITTELWERT   2.67
(OUT)   NOTEN-  STREUUNG   0.94
(OUT)   ---------------------------------------------------------------
(OUT)   ---------------------------------------------------------------
(OUT)   M E N U E  1.2 :
(OUT)   A: NOTENUEBERBLICK MIT MITTELWERT UND STREUUNG.
(OUT)   B: ALLE TESTPERSONEN - % DER PUNKTE ERREICHT.
(OUT)   C: ALLE AUFGABEN - WIEVIEL % HABEN AUFGABE FALSCH?
(OUT)   Z: ZURUECK ZUM VORIGEN MENUE, MENUE 1.
(OUT)   E: PROGRAMMENDE.
(IN)    b
(OUT)   AUFGABENANZAHL  6
(OUT)   +++++++++++++++++++++++++++++++++++++++++++++++++++++++++++++++
(OUT)   JEDE TESTPERSON MIT ALLEN AUFGABEN - UEBERBLICK - %
(OUT)   ---------------------------------------------------------------
(OUT)     1  ERNESTO                FRIEDRICH
(OUT)     A  C  C  B  B  D
(OUT)   ES WURDEN  83.33 PROZENT DER GEWERTETEN AUFGABEN RICHTIG BEARBEITET.
(OUT)   GEWICHTUNG DER AUFGABEN NICHT BERUECKSICHTIGT !
(OUT)   ---------------------------------------------------------------
(OUT)     2  FREISE                 KLAUS
(OUT)     A  B  C  D  E  D
(OUT)   ES WURDEN  50.00 PROZENT DER GEWERTETEN AUFGABEN RICHTIG BEARBEITET.
(OUT)   GEWICHTUNG DER AUFGABEN NICHT BERUECKSICHTIGT !
(OUT)   ---------------------------------------------------------------
(OUT)     3  LUBICH                 KARL
(OUT)   NICHT MITGESCHRIEBEN !
(OUT)   ---------------------------------------------------------------
(OUT)     4  MUELLER                EMIL
(OUT)     A  A  D  B  B  D
(OUT)   ES WURDEN  83.33 PROZENT DER GEWERTETEN AUFGABEN RICHTIG BEARBEITET.
(OUT)   GEWICHTUNG DER AUFGABEN NICHT BERUECKSICHTIGT !
(OUT)   +++++++++++++++++++++++++++++++++++++++++++++++++++++++++++++++
(OUT)     0 AUFGABEN WURDEN NICHT GEWERTET.
(OUT)   ---------------------------------------------------------------
(OUT)   M E N U E  1.2 :
(OUT)   A: NOTENUEBERBLICK MIT MITTELWERT UND STREUUNG.
(OUT)   B: ALLE TESTPERSONEN - % DER PUNKTE ERREICHT.
(OUT)   C: ALLE AUFGABEN - WIEVIEL % HABEN AUFGABE FALSCH?
(OUT)   Z: ZURUECK ZUM VORIGEN MENUE, MENUE 1.
(OUT)   E: PROGRAMMENDE.
(IN)    c
(OUT)   +++++++++++++++++++++++++++++++++++++++++++++++++++++++++++++++
(OUT)   LOESUNGEN ALLER TESTPERSONEN - UEBERBLICK -% FALSCHE LOESUNGEN
(OUT)   ---------------------------------------------------------------
(OUT)   AUFGABE   1:
(OUT)     A  A  A
(OUT)   FALSCH BEARBEITET VON   0.00 % DER TESTPERSONEN
(OUT)   ---------------------------------------------------------------
(OUT)   AUFGABE   2:
(OUT)     C  B  A
(OUT)   FALSCH BEARBEITET VON  66.67 % DER TESTPERSONEN
(OUT)   ---------------------------------------------------------------
```

```
(OUT)    AUFGABE   3:
(OUT)      C  C  D
(OUT)    FALSCH BEARBEITET VON  33.33 % DER TESTPERSONEN
(OUT)    ------------------------------------------------------------------
(OUT)    AUFGABE   4:
(OUT)      B  D  B
(OUT)    FALSCH BEARBEITET VON  33.33 % DER TESTPERSONEN
(OUT)    ------------------------------------------------------------------
(OUT)    AUFGABE   5:
(OUT)      B  E  B
(OUT)    FALSCH BEARBEITET VON  33.33 % DER TESTPERSONEN
(OUT)    ------------------------------------------------------------------
(OUT)    AUFGABE   6:
(OUT)      D  D  D
(OUT)    FALSCH BEARBEITET VON   0.00 % DER TESTPERSONEN
(OUT)    ++++++++++++++++++++++++++++++++++++++++++++++++++++++++++++++++++
```

M O D U L B E A R B E I T U N G : T E I L P H A S E N H, I

(Modul M1.3, Formulare)

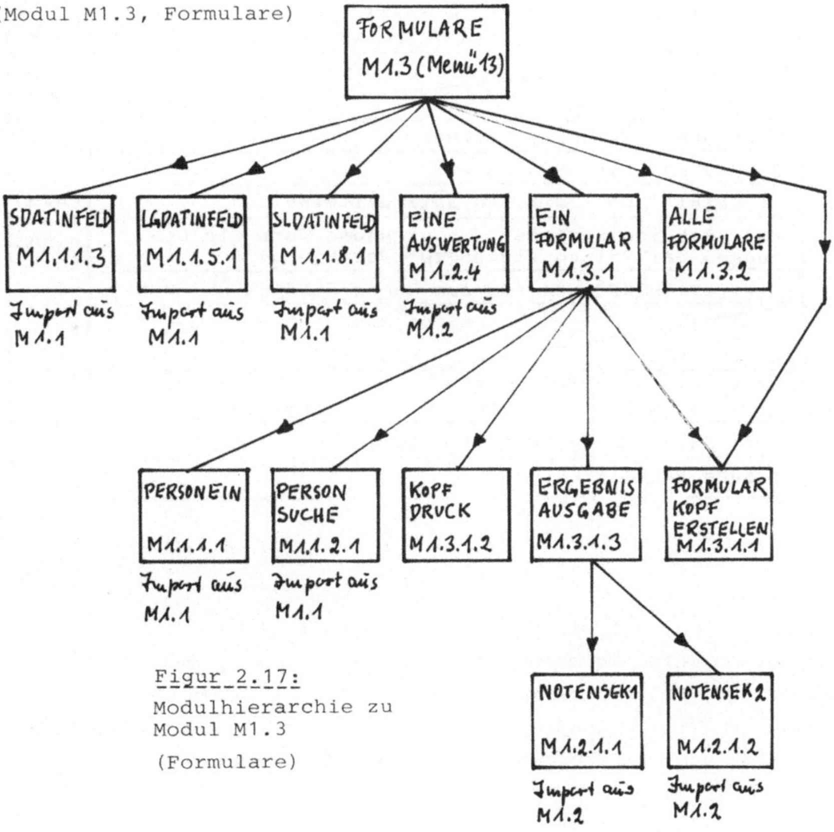

FORMULARE M1.3 (Menü 13)

SDATINFELD M1.1.1.3 – Import aus M1.1

LGDATINFELD M1.1.5.1 – Import aus M1.1

SLDATINFELD M1.1.8.1 – Import aus M1.1

EINE AUSWERTUNG M1.2.4 – Import aus M1.2

EIN FORMULAR M1.3.1

ALLE FORMULARE M1.3.2

PERSONEIN M1.1.1.1 – Import aus M1.1

PERSON SUCHE M1.1.2.1 – Import aus M1.1

KOPF DRUCK M1.3.1.2

ERGEBNIS AUSGABE M1.3.1.3

FORMULAR KOPF ERSTELLEN M1.3.1.1

NOTENSEK1 M1.2.1.1 – Import aus M1.2

NOTENSEK2 M1.2.1.2 – Import aus M1.2

Figur 2.17:
Modulhierarchie zu Modul M1.3
(Formulare)

Wir greifen hier nur ein Modul heraus:

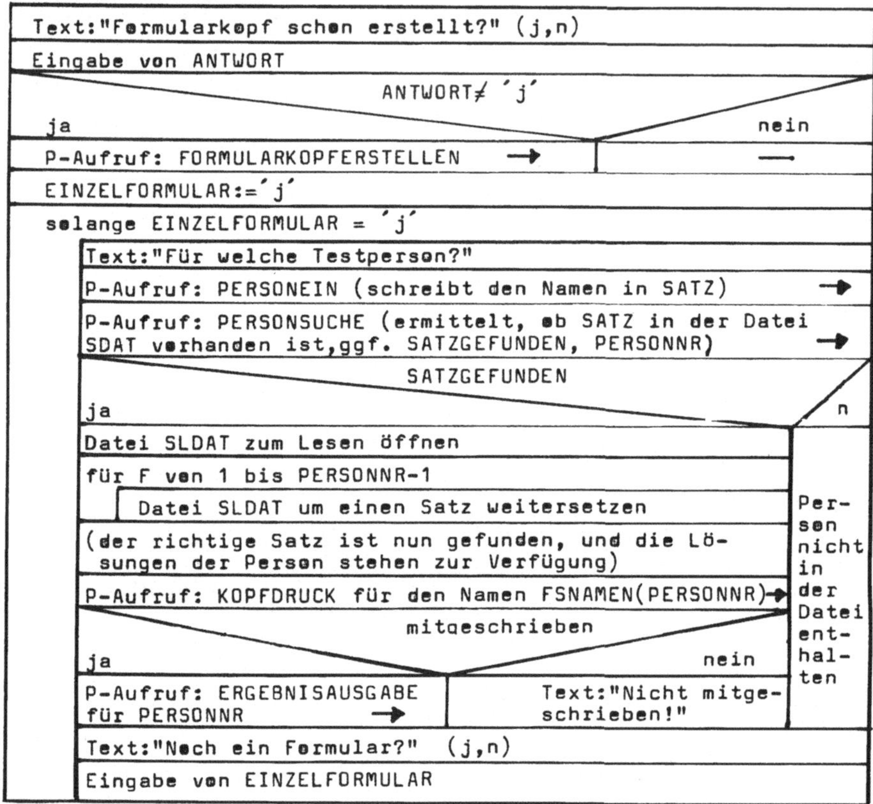

Für die gewünschten Formulare muß ein geeigneter Formularkopf entworfen werden. Er sollte die charakteristischen Daten des Tests enthalten und sie in ansprechender Form vor den Auswertungsdaten des Tests ausgeben. Es ergab sich folgender Aufbau:

```
+++++++++++++++++++++++++++++++++++++++++++++++++++++++++++++++
Ergebnis des Tests TESTNUMMER vom  DATUM
---------------------------------------------------------------
Name              : AX.NAME
geboren am        : AX.GEBURTSDATUM
Klasse/Kurs       : KLASSE
Sekundarstufe     : SEK
Fach              : FACH
Lehrer            : LEHRER
+++++++++++++++++++++++++++++++++++++++++++++++++++++++++++++++
```

Die Variable AX vom Typ SNAMEN ist variabler Parameter in dieser Prozedur KOPFDRUCK (Modul M1.3.1.2). Die in KOPFDRUCK benutzten Variablen KLASSE,SEK,FACH,LEHRER erhalten ihre Werte in der Prozedur FORMULARKOPFERSTELLEN (Modul M1.3.1.1). Zum Entwurf dieser beiden Prozeduren vergleiche man das Programmlisting.
Nach der Ausgabe des Formularkopfes müssen die Auswertungsdaten gedruckt werden. Das soll in einer übersichtlichen Tabelle geschehen:

```
                      Auswertung
==================================================================
Aufgaben-  Lösungen                 Punktzahl
nummer     richtige/angekreuzte  möglich/erreicht
==================================================================
    Die Ausgabe für diese Spalten und für das unten folgende End-
    ergebnis übernimmt die Prozedur ERGEBNISAUSGABE, an die die
    Schülernummer SNR als Parameter übergeben wird.
==================================================================
Maximal erreichbare Punktzahl : SUMGEWICHT
Summe der erreichten Punkte   : AUSW(SNR).GPUNKTZAHL
Erreichter Prozentsatz        : AUSW(SNR).PROZENTSATZ
Punkte:  PUNKTE    Note: NOTE,  TENDENZ  (bei Sek2-Bewertung)
==================================================================
```

Die Zusammenstellung aller Daten übernimmt für einen einzelnen Schüler das oben im Struktogramm dargestellte Modul EINFORMULAR (möglicherweise schreibt eine einzelne Person den Test nach!), für die gesamte Testgruppe ist das Modul M1.3.2 ALLEFORMULARE zuständig.
Damit sind die wichtigsten Funktionen der Untermodule von M1.3 (Formulare) beschrieben, und wir können auf eine Auflistung der Funktionen verzichten.

2.5 Systemintegration

In der Systemintegration (-→), auch Systemmontage genannt, werden die entworfenen Teilprogramme in mehreren Stufen zu einem Gesamtsystem zusammengefügt, das nun alle Anforderungen erfüllt. Dieses Zusammenfügen kann wieder Top-down (-→) oder Bottom-up (-→) geschehen. In der Regel wird man beide Vorgehensweisen gemischt verwenden.
Für unser Multiple Choice-System wurde ja bereits in den Teilphasen D,G,I mit der Integration begonnen, als es nämlich darum ging, einsatzfähige Teillösungen vorzulegen. Wir erinnern uns an die einzelnen Integrationsstufen:

DOK 5(1) PROTOKOLL DER INTEGRATIONSSTUFEN
zum Multiple Choice-Projekt

Wir sind so vorgegangen:

1) Integration der Module M1.1.1-M1.1.3 einschließlich ihrer Untermodule, ersichtlich aus Testprotokoll 1,
2) Integration der Module M1.1.4-M1.1.6 einschließlich ihrer Untermodule, ersichtlich aus Testprotokoll 2,
3) Integration der Module M1.1.7-M1.1.9 einschließlich ihrer Untermodule, ersichtlich aus Testprotokoll 3.
4) Durch Zusammenfügen all dieser Module entstand das Modul M1.1, das dann in Verbindung mit MENUE1 die erste lauffähige Teillösung unseres Problems erbrachte (Teilphase D, Seite 95).

Bis hierhin sind wir also im wesentlichen von unten nach oben (Bottom-up) vorgegangen. Die von MENUE1 aufgerufenen MENUE12 und MENUE13 wurden zunächst durch Testtreiber (-→) realisiert.

5) Der Testtreiber für MENUE12 wurde in Teilphase G durch die Statistikmodule von M1.2 ersetzt (Vorgehen Top-down), schließlich wurde
6) der Testtreiber für MENUE13 in Teilphase I von den Formularmodulen abgelöst.

Damit ist unser System bereits integriert!
Das kleine Hauptprogramm ruft lediglich MENUE1 auf:

```
begin    menue1    99:end.
```

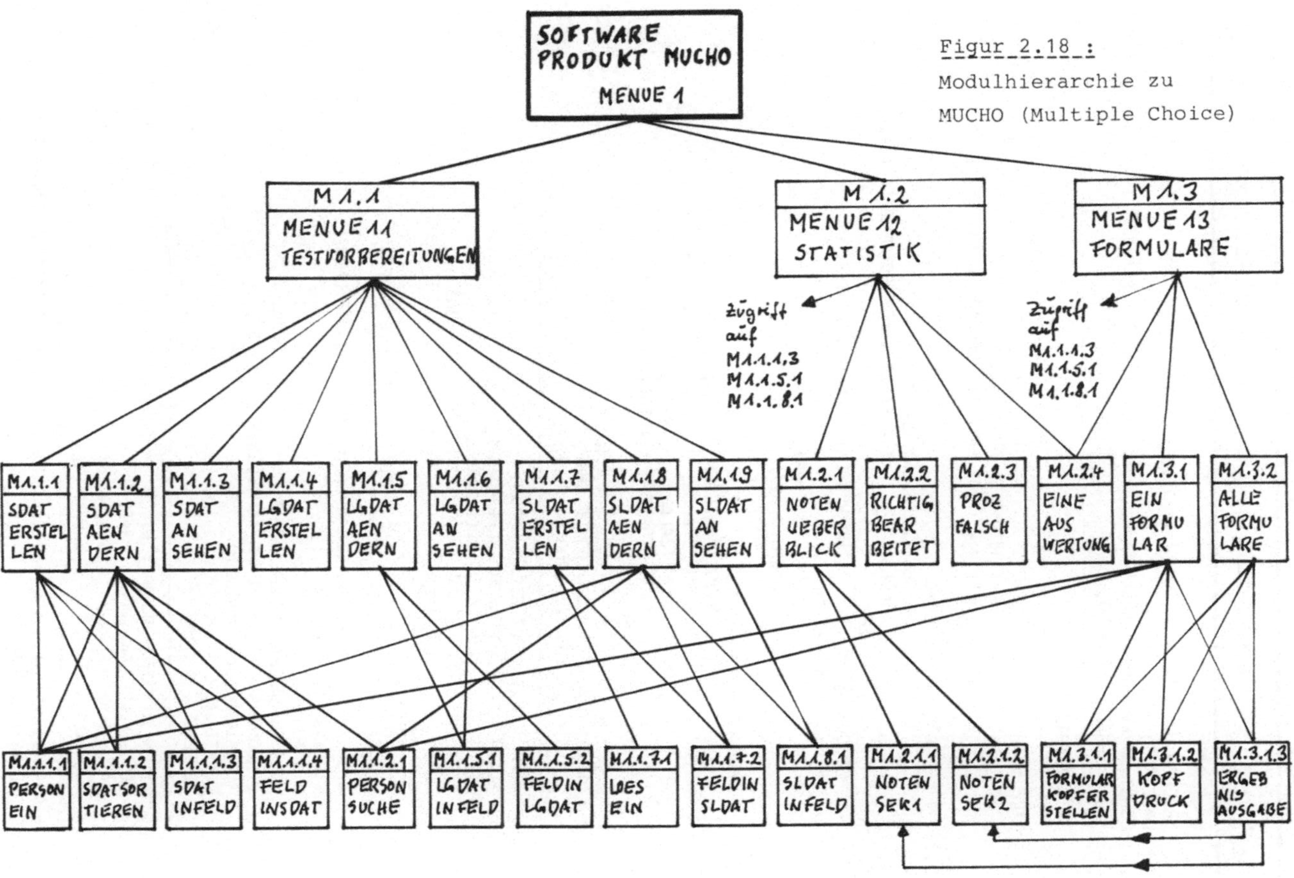

Figur 2.18 : Modulhierarchie zu MUCHO (Multiple Choice)

DOK 5(2) PROGRAMMLISTING ZUM MULTIPLE-CHOICE-SYSTEM

```
PROGRAM MUCHO (INPUT,OUTPUT,SDAT,SLDAT,LGDAT);
LABEL 99;
CONST MAXPERSONEN= 50;
      MAXAUFGABEN= 50;
(* ---------------------------------------------------------- *)
(* DATENSTRUKTUR :                                            *)
(* ---------------------------------------------------------- *)
TYPE SNAMEN     = RECORD
                     NAME,VORNAME: ARRAY[1..20] OF CHAR;
                     GEBURTSDATUM: ARRAY[1..20] OF CHAR;
                  END;
     SLOESUNGEN= RECORD
                     MITGESCHRIEBEN: CHAR;
                     SLOES         : ARRAY[1..MAXAUFGABEN] OF CHAR;
                  END;
     FSLOESUNGEN=ARRAY[1..MAXPERSONEN] OF SLOESUNGEN;
     RLOESUNGEN =RECORD
                     RLOES   : CHAR;
                     GEWICHT : REAL;
                  END;
     AUSWERTUNG =RECORD
                     MITGESCHRIEBEN  :CHAR;
                     ERPUNKTZAHL     :ARRAY[1..MAXAUFGABEN] OF REAL;
                     GPUNKTZAHL      :REAL;
                     PROZENTSATZ     :REAL;
                  END;
(* ---------------------------------------------------------- *)
     STRING10= ARRAY[1..10] OF CHAR;
     STRING20= ARRAY[1..20] OF CHAR;
(* ---------------------------------------------------------- *)
VAR SDAT        : FILE OF SNAMEN;
    SLDAT       : FILE OF SLOESUNGEN;
    LGDAT       : FILE OF RLOESUNGEN;
    FSNAMEN     : ARRAY[1..MAXPERSONEN] OF SNAMEN;
    SATZ        : SNAMEN;
    SATZGEFUNDEN: BOOLEAN;
    FRLOES      : ARRAY[1..MAXAUFGABEN] OF RLOESUNGEN;
    FSLOES      : FSLOESUNGEN;
    AUSW        : ARRAY[1..MAXPERSONEN] OF AUSWERTUNG;
    SUMGEWICHT  : REAL;
    TESTMITG    : INTEGER;
    MITGEB, SEKUNDARSTUFE: CHAR;
    PERSONENANZAHL,PERSONNR :INTEGER;
    AUFGABENANZAHL:INTEGER;
    PUNKTE,NOTE : INTEGER;
    TENDENZ     : CHAR;
(* ---------------------------------------------------------- *)
(* ZEILEN IM FORMULARKOPF: *)
    TESTNUMMER,SEKSTUFE : CHAR;
    DATUM,FACH,LEHRER   : STRING20;
    KLASSE              : STRING10;
(* ---------------------------------------------------------- *)
(* ############################################################ *)
PROCEDURE FELDINSLDAT;
```

```
FORWARD;
(* ################################################## *)
PROCEDURE SLDATAENDERN;
FORWARD;
(* ################################################## *)
PROCEDURE MENUE1;
FORWARD;
(* ################################################## *)
PROCEDURE MENUE11;
FORWARD;
(* ################################################## *)
PROCEDURE ZEICHENREIHE(ZEICHEN:CHAR; REIHE:INTEGER);
(* DRUCKT ZEICHENREIHEN. WAEHLBAR SIND ZEICHEN UND LAENGE. *)
VAR ZR: INTEGER;
BEGIN
   FOR ZR:=1 TO REIHE DO WRITE(ZEICHEN);
   WRITELN;
END (* OF  ZEICHENREIHE *);
(* ################################################## *)
PROCEDURE KLEININGROSS(VAR CH:CHAR);
(* VERWANDELT KLEINE IN GROSSE BUCHSTABEN *)
BEGIN
   IF CH IN ['A'..'Z'] THEN CH:=CHR(ORD(CH)+64);
END (* OF  KLEININGROSS *);
(* ################################################## *)
PROCEDURE PERSONEIN (VAR AX:SNAMEN);
(* EINGABE DER DATEN EINER TESTPERSON *)
LABEL 12;
VAR B: INTEGER;
BEGIN
   WITH AX DO
   BEGIN
      FOR B:=1 TO 20 DO
      BEGIN
         NAME[B]        :=' ';
         VORNAME[B]     :=' ';
         GEBURTSDATUM[B]:=' ';
      END;
      WRITELN('NACHNAME:');
      ZEICHENREIHE('.',20);READLN;B:=1;
      REPEAT
         READ(NAME[B]);KLEININGROSS(NAME[B]); B:=B+1;
      UNTIL EOLN OR (B=21);
      IF NAME[1]='0' THEN GOTO 12;
      WRITELN('VORNAME:');
      ZEICHENREIHE('.',20); READLN; B:=1;
      REPEAT
         READ(VORNAME[B]);KLEININGROSS(VORNAME[B]); B:=B+1;
      UNTIL EOLN OR (B=21);
      IF MITGEB='J' THEN
      BEGIN
         WRITELN('GEBURTSDATUM:');
         ZEICHENREIHE('.',20); READLN; B:=1;
         REPEAT
            READ(GEBURTSDATUM[B]);KLEININGROSS(GEBURTSDATUM[B]);B:=B+1;
         UNTIL EOLN OR (B=21);
      END
      ELSE
         FOR B:=1 TO 20 DO GEBURTSDATUM[B]:='.';
```

```
   END (* OF WITH *);
12: END (* OF  PERSONEIN *);
(* +++++++++++++++++++++++++++++++++++++++++++++++++ *)
PROCEDURE SDATINFELD;
(* HOLT ALLE SAETZE AUS DER DATEI "SDAT" IN DAS FELD "FSNAMEN" *)
VAR A: INTEGER;
BEGIN
   RESET(SDAT); A:=1;
   REPEAT
      FSNAMEN[A]:=SDAT@;
      A:=A+1;
      GET(SDAT);
   UNTIL EOF(SDAT);
   PERSONENANZAHL:=A-1;
END (* OF  SDATINFELD *);
(* +++++++++++++++++++++++++++++++++++++++++++++++++ *)
PROCEDURE FELDINSDAT;
(* SCHREIBT SAETZE AUS DEM FELD "FSNAMEN" IN DIE DATEI "SDAT" *)
VAR A: INTEGER;
BEGIN
   REWRITE(SDAT);
   FOR A:=1 TO PERSONENANZAHL DO
   BEGIN
      SDAT@:=FSNAMEN[A];
      PUT(SDAT);
   END;
END (* OF  FELDINSDAT *);
(* +++++++++++++++++++++++++++++++++++++++++++++++++ *)
PROCEDURE SDATSORTIEREN;
(* SORTIERT NAMEN (MIT DEN DAZUGEHOERIGEN LOESUNGEN) *)
VAR MIN:SNAMEN;
    A,B:INTEGER;
    HILF: SLOESUNGEN;
BEGIN
   A:=1;
   WHILE A<PERSONENANZAHL DO
   BEGIN
      FOR B:=A TO PERSONENANZAHL DO
      BEGIN
         IF FSNAMEN[B].NAME < FSNAMEN[A].NAME THEN
         BEGIN
            MIN:=FSNAMEN[B];             HILF:=FSLOES[B];
            FSNAMEN[B]:=FSNAMEN[A];      FSLOES[B]:=FSLOES[A];
            FSNAMEN[A]:=MIN;             FSLOES[A]:=HILF;
         END;
         (* NAMEN GETAUSCHT, ZUGEHOERIGE LOESUNGEN GETAUSCHT *)
      END (* OF FOR *);
      A:=A+1;
   END (* OF WHILE *);
END (* OF  SDATSORTIEREN *);
(* +++++++++++++++++++++++++++++++++++++++++++++++++ *)
PROCEDURE SDATERSTELLEN;
(* ERSTELLT DIE DATEI "SDAT" MIT DEN NAMEN DER TESTPERSONEN *)
VAR A : INTEGER;
BEGIN
   ZEICHENREIHE('-',65);
   WRITELN('LISTE DER PERSONEN ERSTELLEN (SCHUELERLISTE)');
   ZEICHENREIHE('-',65);
   WRITELN('EINGABE WIE IM FOLGENDEN VERLANGT DURCHFUEHREN:');
```

```
    WRITELN('WENN ALLE NAMEN EINGEGEBEN SIND, BEENDEN SIE DIE');
    WRITELN('EINGABE DURCH EINGABE VON  ※  BEI "NAMEN"!');
    WRITELN('EINGABE MIT GEBURTSTAG? (J,N)');
    READLN; READ(MITGEB);
    KLEININGROSS(MITGEB);
    REWRITE(SDAT); A:=0;
    WHILE SDAT@.NAME[1]<>'※' DO
       WITH SDAT@ DO
       BEGIN
          PERSONEIN(SDAT@);
          IF SDAT@.NAME[1]<>'※' THEN
          BEGIN
             A:=A+1;
             PUT(SDAT);
          END;
       END (* OF WITH/WHILE *);
    WRITELN('SIE HABEN ',A:3,' NAMEN EINGEGEBEN!');
    SDATINFELD; SDATSORTIEREN; FELDINSDAT;
 END (* OF  SDATERSTELLEN *);
 (* ########################################################## *)
 PROCEDURE SDATANSEHEN;
 (* GIBT INHALT DES FELDS "FSNAMEN" (DER DATEI "SDAT") *)
 (* MIT DEN NAMEN DER TESTPERSONEN AUS                *)
 VAR A: INTEGER;
 BEGIN
    SDATINFELD;
    FOR A:=1 TO PERSONENANZAHL DO
       WITH FSNAMEN[A] DO
       BEGIN
          WRITE(A:3,'.  ');
          WRITE(NAME:22,',');
          WRITE(VORNAME:22,',');
          WRITE(GEBURTSDATUM);
          WRITELN;
       END (* OF FOR *);
 END (* OF  SDATANSEHEN *);
 (* ########################################################## *)
 PROCEDURE PERSONSUCHE;
 (* SUCHT EINEN NAMEN IM FELD "FSNAMEN" (IN DER DATEI "SDAT") *)
 VAR A1: INTEGER;
 BEGIN
    SATZGEFUNDEN:=FALSE;
    FOR A1:=1 TO PERSONENANZAHL DO
       IF FSNAMEN[A1].NAME=SATZ.NAME THEN
       BEGIN
          PERSONNR:=A1;
          SATZGEFUNDEN:=TRUE;
          WRITELN('SATZ GEFUNDEN!');
          WRITELN('ER STEHT AN NUMMER ', PERSONNR:3);
       END (* OF IF *);
 END (* OF  PERSONSUCHE *);
 (* ########################################################## *)
 PROCEDURE SDATAENDERN;
 (* AENDERT DIE DATEI "SDAT" MIT DEN NAMEN DER TESTPERSONEN *)
 VAR WEITER, AUCHLOESCHEN,AUCHLOESUNGSSATZ,B1: CHAR;
   A,B2, B3: INTEGER;
 BEGIN
    ZEICHENREIHE('-',65);
    WRITELN('AENDERUNGEN AN DER LISTE DER PERSONEN');
```

```
ZEICHENREIHE('-',65);
SDATINFELD;
WEITER:='J';
WHILE WEITER='J' DO
BEGIN
   REPEAT
      WRITELN('PERSON LOESCHEN    :  L EINGEBEN,');
      WRITELN('PERSON AENDERN     :  A EINGEBEN,');
      WRITELN('PERSON NEU         :  N EINGEBEN,');
      WRITELN('ENDE               :  E EINGEBEN:');
      READLN;  READ(B1); KLEININGROSS(B1);
      IF NOT (B1 IN ['L','A','N','E']) THEN
         WRITELN('FALSCHER BUCHSTABE, EINGABE WIEDERHOLEN!');
   UNTIL  (B1 IN ['L','A','N','E']);
   CASE B1 OF
   'L': BEGIN
           WRITELN('NACHNAME (NUR DIESER WIRD VERGLICHEN!) :');
           FOR A:=1 TO 20 DO SATZ.NAME[A]:=' ';
           ZEICHENREIHE('.',20); READLN; A:=1;
           REPEAT
              READ(SATZ.NAME[A]);KLEININGROSS(SATZ.NAME[A]); A:=A+1;
           UNTIL EOLN OR (A=21);
           PERSONSUCHE;
           IF SATZGEFUNDEN (* AN POSITION "PERSONNR" *) THEN
           BEGIN
              WRITELN('SATZ BISHER :');
              WRITE(FSNAMEN[PERSONNR].NAME:22);
              WRITE(FSNAMEN[PERSONNR].VORNAME:22);
              WRITELN(FSNAMEN[PERSONNR].GEBURTSDATUM:22);
            WRITELN('MUSS AUCH LOESUNGSSATZ GELOESCHT WERDEN? (J,N)');
              READLN; READ(AUCHLOESCHEN); KLEININGROSS(AUCHLOESCHEN);
              FOR B2:=PERSONNR TO PERSONENANZAHL DO
              BEGIN
                 FSNAMEN[B2]:=FSNAMEN[B2+1];(*NAMEN AUFGERUECKT*)
                 IF AUCHLOESCHEN='J' THEN
                   FSLOES[B2]:=FSLOES[B2+1]; (*LOESUNGEN AUFGERUECKT*)
              END;
              WRITELN('SATZ GELOESCHT!');
              PERSONENANZAHL:=PERSONENANZAHL-1;
              WRITELN('PERSONENANZAHL IST = ',PERSONENANZAHL:3);
           END;
        END (* OF 'L' *);
   'A': BEGIN
           WRITELN('NACHNAME (NUR DIESER WIRD VERGLICHEN!) :');
           FOR A:=1 TO 20 DO SATZ.NAME[A]:=' ';
           ZEICHENREIHE('.',20); READLN; A:=1;
           REPEAT
              READ(SATZ.NAME[A]);KLEININGROSS(SATZ.NAME[A]); A:=A+1;
           UNTIL EOLN OR (A=21);
           PERSONSUCHE;
           IF SATZGEFUNDEN (* AN POSITION "PERSONNR" *) THEN
           BEGIN
              WRITELN('SATZ BISHER :');
              WRITE(FSNAMEN[PERSONNR].NAME:22);
              WRITE(FSNAMEN[PERSONNR].VORNAME:22);
              WRITELN(FSNAMEN[PERSONNR].GEBURTSDATUM:22);
              WRITELN('GEAENDERTEN SATZ EINGEBEN:');
              WRITELN('EINGABE MIT GEBURTSTAG? (J,N)');
              READLN; READ(MITGEB);
```

```
                    KLEININGROSS(MITGEB);
                    PERSONEIN(FSNAMEN[PERSONNR]);
                 END;
              END (* OF 'A' *);
         'N': BEGIN
                 WRITELN('WIEVIELE NEUE PERSONEN?');
                 READLN; READ(B2);
                 WRITELN('EINGABE MIT GEBURTSTAG? (J,N)');
                 READLN; READ(MITGEB);
                 KLEININGROSS(MITGEB);
                 FOR B3:=1 TO B2 DO
                 BEGIN
                    PERSONENANZAHL:=PERSONENANZAHL+1;
                    PERSONEIN(FSNAMEN[PERSONENANZAHL]);
                  WRITELN('LOESUNGSSATZ FUER DIESE PERSON EINGEBEN? (J,N)');
                    READLN; READ(AUCHLOESUNGSSATZ);
                    KLEININGROSS(AUCHLOESUNGSSATZ);
                    IF AUCHLOESUNGSSATZ='J' THEN
                    BEGIN FELDINSDAT; SLDATAENDERN; END;
                 END;
                 WRITE('IN DER DATEI SIND JETZT ',PERSONENANZAHL:3);
                 WRITELN(' PERSONEN !');
              END (* OF 'N' *);
         'E': MENUE11;
         END (* OF CASE *);
         WRITELN('WEITERE AENDERUNGEN? (J,N)');
         READLN; READ(WEITER); KLEININGROSS(WEITER);
   END (* OF WHILE WEITER='J' *);
   SDATSORTIEREN;
   FELDINSDAT; FELDINSLDAT;
END (* OF SDATAENDERN *);
(* ############################################################# *)
PROCEDURE LGDATERSTELLEN;
(* ERSTELLT DIE DATEI "LGDAT" MIT DEN RICHTIGEN ERGEBNISSEN *)
(* UND DER GEWICHTUNG DER TESTAUFGABEN                     *)
VAR A:INTEGER;
BEGIN
   ZEICHENREIHE('-',65);
   WRITELN('EINGABE DER RICHTIGEN ERGEBNISSE UND GEWICHTE');
   ZEICHENREIHE('-',65);
   WRITELN('WIEVIEL AUFGABEN ? ANZAHL EINGEBEN :');
   READLN; READ(AUFGABENANZAHL);
   REWRITE(LGDAT);
   FOR A:=1 TO AUFGABENANZAHL DO
      WITH LGDAT@ DO
      BEGIN
         WRITELN('AUFGABE ',A:3,':');
         WRITELN('RICHTIGE LOESUNG:');
         READLN; READ(RLOES);KLEININGROSS(RLOES);
         WRITELN('GEWICHTUNG:');
         READLN; READ(GEWICHT);
         PUT(LGDAT);
      END (* OF WITH *);
END (* OF LGDATERSTELLEN *);
(* ############################################################# *)
PROCEDURE LGDATINFELD;
(* HOLT SAETZE AUS DER DATEI "LGDAT" IN DAS FELD "FRLOES" *)
VAR A: INTEGER;
BEGIN
```

```
      RESET(LGDAT); A:=1;
      REPEAT
         FRLOES[A]:=LGDAT@;
         A:=A+1;
         GET(LGDAT);
      UNTIL EOF(LGDAT);
      AUFGABENANZAHL:=A-1;
      SUMGEWICHT:=0;
      FOR A:=1 TO AUFGABENANZAHL DO
         SUMGEWICHT:=SUMGEWICHT+FRLOES[A].GEWICHT;
      (* MAXIMAL ERREICHBARE PUNKTZAHL *)
   END (* OF LGDATINFELD *);
   (* ######################################################### *)
   PROCEDURE FELDINLGDAT;
   (* SCHREIBT SAETZE AUS DEM FELD "FRLOES" IN DIE DATEI "LGDAT" *)
   VAR A:INTEGER;
   BEGIN
      REWRITE(LGDAT);
      FOR A:=1 TO AUFGABENANZAHL DO
      BEGIN
         LGDAT@:=FRLOES[A];
         PUT(LGDAT);
      END (* OF FOR *);
   END (* OF FELDINLGDAT *);
   (* ######################################################### *)
   PROCEDURE LGDATANSEHEN;
   (* LIEFERT EINE TABELLE MIT DEN TESTVORGABEN *)
   VAR B:INTEGER;
   BEGIN
      LGDATINFELD;
      WRITELN('AUFG.NR...RICHTIGE LOESUNG...GEWICHT');
      ZEICHENREIHE('-',50);
      FOR B:=1 TO AUFGABENANZAHL DO
      BEGIN
         WRITE('  ',B:4,'    ', FRLOES[B].RLOES:10,'          ');
         WRITELN(FRLOES[B].GEWICHT:5:1);
      END;
      ZEICHENREIHE('-',50);
   END (* OF LGDATANSEHEN *);
   (* ######################################################### *)
   PROCEDURE LGDATAENDERN;
   (* AENDERT DAS FELD "FRLOES" (DATEI "LGDAT") MIT DEN          *)
   (* RICHTIGEN LOESUNGEN UND GEWICHTEN                          *)
   VAR B1,B2: INTEGER;
   ANTWORT1,ANTWORT2: CHAR;
   BEGIN
      ANTWORT2:='J';
      LGDATINFELD;
      WHILE ANTWORT2='J' DO
      BEGIN
         ZEICHENREIHE('-',65);
         WRITELN('  A: AUFGABE(N) ANFUEGEN');
         WRITELN('  C: AUFGABE(N) LOESCHEN, AENDERN');
         READLN; READ(ANTWORT1); KLEININGROSS(ANTWORT1);
         IF ANTWORT1='A' THEN
         BEGIN
            AUFGABENANZAHL:=AUFGABENANZAHL+1;
            WRITELN('AUFGABE ',AUFGABENANZAHL:3,':');
            WRITELN('RICHTIGE LOESUNG:');
```

```
            READLN; READ(FRLOES[AUFGABENANZAHL].RLOES);
            KLEININGROSS(FRLOES[AUFGABENANZAHL].RLOES);
            WRITELN('GEWICHTUNG:');
            READLN; READ(FRLOES[AUFGABENANZAHL].GEWICHT);
         END (* OF  IF ANTWORT1='A' *)
         ELSE
         BEGIN
            WRITELN('AENDERUNG BEI AUFGABE NR. :');
            READLN; READ(B1);
            ZEICHENREIHE('-',65);
            WRITELN('BISHER:  RICHTIGE LOESUNG    GEWICHT');
            WRITE('          ',FRLOES[B1].RLOES:6,'               ');
            WRITELN(FRLOES[B1].GEWICHT:5:1);
            WRITELN(' W: AUFGABE NICHT WERTEN, GEWICHT 0 GEBEN !');
            WRITELN(' L: AUFGABE LOESCHEN, AUFGABEN ZUSAMMENRUECKEN !');
            WRITELN('    L IST NUR SINNVOLL, WENN NOCH KEINE ZUGEHOERIGE');
            WRITELN('       LOESUNGSDATEI FUER TESTPERSONEN DEFINIERT IST !')
            WRITELN(' N: AUFGABENLOESUNG UND GEWICHT NEU EINGEBEN !');
            READLN; READ(ANTWORT1); KLEININGROSS(ANTWORT1);
            CASE ANTWORT1 OF
            'W': BEGIN FRLOES[B1].RLOES:='@';
                       FRLOES[B1].GEWICHT:=0;
                 END;
            'L': BEGIN FOR B2:=B1 TO (AUFGABENANZAHL-1) DO
                       FRLOES[B2]:=FRLOES[B2+1];
                       (* AUFGABEN RUECKEN AUF *)
                       AUFGABENANZAHL:=AUFGABENANZAHL-1;
                       WRITELN('NOCH ',AUFGABENANZAHL:3,' TESTAUFGABEN.');
                 END;
            'N': BEGIN WRITELN('NEU:  RICHTIGE LOESUNG:');
                       READLN; READ(FRLOES[B1].RLOES);
                       KLEININGROSS(FRLOES[B1].RLOES);
                       WRITELN('NEU:  GEWICHTUNG      :');
                       READLN; READ(FRLOES[B1].GEWICHT);
                    END;
               END (* OF CASE *);
         END (* OF ELSE *);
         ZEICHENREIHE('-',65);
         WRITELN('NOCH EINE AENDERUNG? (J,N)');
         READLN; READ(ANTWORT2); KLEININGROSS(ANTWORT2);
      END (* OF WHILE *);
      WRITELN('AENDERUNGEN IN DIE DATEI "LGDAT" UEBERNEHMEN? (J,N)');
      READLN; READ(ANTWORT2); KLEININGROSS(ANTWORT2);
      IF ANTWORT2='J' THEN FELDINLGDAT;
   END (* OF LGDATAENDERN *);
   (* ************************************************************ *)
   PROCEDURE LOESEIN (VAR SL:FSLOESUNGEN; VAR PERS:INTEGER);
   VAR A,B,C : INTEGER;
      ANTWORT1: CHAR;
   BEGIN
      WRITELN('LOESUNGEN  O H N E  L E E R S T E L L E N  EINGEBEN !');
      WRITELN('BEISPIEL: ABADF, ABER NICHT A B A D F !');
      A:=0; B:=0;ANTWORT1:='J';
      WHILE (A<AUFGABENANZAHL) DO
      BEGIN
         A:=A+1; C:=A;
         REPEAT
            WRITE(' ');
            REPEAT
```

```
                WRITE('V'); A:=A+1;
             UNTIL (A=B+6) OR (A=AUFGABENANZAHL+1);
             A:=C;
             IF (B+6)<AUFGABENANZAHL THEN
                WRITELN(' <-<- AUFGABEN ',(B+1):2,' BIS ',(B+5):2)
             ELSE
                WRITELN(' <-<- AUFGABEN ',(B+1):2,' BIS ',AUFGABENANZAHL:2);
             READLN;
             REPEAT
                READ(SL[PERS].SLOES[A]);
                KLEININGROSS(SL[PERS].SLOES[A]); A:=A+1;
             UNTIL(A=B+6) OR (A=AUFGABENANZAHL+1);
             WRITELN('KORREKTUR DES EBEN EINGEGEBENEN BLOCKS? (J,N)');
             READLN; READ(ANTWORT1);
             KLEININGROSS(ANTWORT1);
             IF ANTWORT1='J' THEN
             BEGIN A:=C; WRITELN; END;
          UNTIL ANTWORT1<>'J';
          B:=B+5; A:=B;
    END (* OF WHILE A<AUFGABENANZAHL *)
 END (* OF LOESEIN *);
 (* ############################################################ *)
 PROCEDURE FELDINSLDAT;
 (* SCHREIBT ALLE SAETZE AUS DEM FELD "FSLOES" *)
 (* IN DIE DATEI "SLDAT"                       *)
 VAR A: INTEGER;
 BEGIN
    REWRITE(SLDAT);
    FOR A:=1 TO PERSONENANZAHL DO
    BEGIN
       SLDAT@:=FSLOES[A];
       PUT(SLDAT);
    END;
 END (*OF FELDINSLDAT *);
 (* ############################################################ *)
 PROCEDURE SLDATERSTELLEN;
 VAR D: INTEGER;
 BEGIN
    LGDATINFELD; (* AUFGABENANZAHL IN DATEI LGDAT FESTSTELLEN *)
    WRITELN('AUFGABENANZAHL= ', AUFGABENANZAHL:2);
    RESET(SDAT);
    WRITELN('LOESUNGEN DER TESTPERSONEN EINGEBEN: ES WERDEN');
    WRITELN('JEWEILS BIS ZU 5 AUFGABEN IN EINE ZEILE');
    WRITELN('GESCHRIEBEN. IN DIESEM 5-ER BLOCK KANN');
    WRITELN('KORRIGIERT WERDEN !');
    ZEICHENREIHE('V',65);
    D:=0;
    WHILE NOT EOF(SDAT) DO
    BEGIN
       D:=D+1;
       WITH SDAT@ DO
       WRITELN(NAME:22,VORNAME:22);
       WRITELN('MITGESCHRIEBEN?');
       READLN; READ(FSLOES[D].MITGESCHRIEBEN);
       KLEININGROSS(FSLOES[D].MITGESCHRIEBEN);
       IF FSLOES[D].MITGESCHRIEBEN='J' THEN
          LOESEIN(FSLOES,D);
       GET(SDAT);
    END (* OF WHILE NOT EOF(SDAT) *);
```

```
   WRITELN('SIE HABEN FUER ',D:3,' PERSONEN DATEN EINGEGEBEN!');
   FELDINSLDAT;
END (* OF SLDATERSTELLEN *);
(* ############################################################ *)
PROCEDURE SLDATINFELD;
(* HOLT ALLE SAETZE AUS DER DATEI "SLDAT" IN *)
(* DAS FELD "FSLOES"                          *)
VAR A: INTEGER;
BEGIN
   RESET(SLDAT); A:=1; TESTMITG:=0;
   REPEAT
      FSLOES[A]:=SLDAT@;
      IF SLDAT@.MITGESCHRIEBEN='J' THEN TESTMITG:=TESTMITG+1;
      A:=A+1;
      GET(SLDAT);
   UNTIL EOF(SLDAT);
END (* OF SLDATINFELD *);
(* ############################################################ *)
PROCEDURE SLDATANSEHEN;
(* AUSGABE DER LOESUNGEN DER TESTPERSONEN: NAMEN, LOESUNGEN *)
VAR A,B: INTEGER;
BEGIN
   WRITELN('SIEHE AUCH BEI FORMULAREN !');
   RESET(SDAT);
   SLDATINFELD;
   ZEICHENREIHE('-',65);
   FOR A:=1 TO PERSONENANZAHL DO
   BEGIN
      WRITELN(A:3,SDAT@.NAME:22);
      FOR B:=1 TO AUFGABENANZAHL DO WRITE(FSLOES[A].SLOES[B]:3);
      WRITELN;
      ZEICHENREIHE('-',65);
      GET(SDAT);
   END;
END (* OF SLDATANSEHEN *);
(* ############################################################ *)
PROCEDURE SLDATAENDERN;
(* AENDERT DIE DATEI "SLDAT" MIT DEN LOESUNGEN DER TESTPERSONEN *)
VAR E,D,H,P: INTEGER;
    AENDERN,ANTWORT:CHAR;
BEGIN
   AENDERN:='J';
   SLDATINFELD; SDATINFELD;
   LGDATINFELD; (* AUFGABENANZAHL IN DATEI LGDAT FESTSTELLEN *)
   WRITELN('AUFGABENANZAHL= ', AUFGABENANZAHL:2);
   WHILE AENDERN='J' DO
   BEGIN
      ZEICHENREIHE('-',65);
 WRITELN('FUER WELCHE TESTPERSON WOLLEN SIE AENDERN BZW. NEU EINGEBEN?');
      WRITELN('NACHNAME:');
      FOR D:=1 TO 20 DO SATZ.NAME[D]:=' ';
      ZEICHENREIHE('.',20); D:=1; READLN;
      REPEAT
         READ(SATZ.NAME[D]);KLEININGROSS(SATZ.NAME[D]); D:=D+1;
      UNTIL EOLN OR (D=21);
      PERSONSUCHE;
      IF SATZGEFUNDEN  (* AN POSITION "PERSONNR" *) THEN
      BEGIN
        P:=PERSONNR;
```

```
          WRITE('BISHER: MITGESCHRIEBEN= ');
          WRITELN(FSLOES[P].MITGESCHRIEBEN);
          IF FSLOES[P].MITGESCHRIEBEN='J' THEN
             FOR D:=1 TO AUFGABENANZAHL DO
              BEGIN
                IF TRUNC(D/10)<>D/10 THEN
                   WRITE('A',D:1,':',FSLOES[P].SLOES[D],' / ')
                ELSE
                   BEGIN WRITE('A',D:1,':',FSLOES[P].SLOES[D],' / ');
                         WRITELN; ZEICHENREIHE('-',60);
                   END;
            END (* OF FOR D:=1 ...  *);
            WRITELN; ZEICHENREIHE('-',60);
            WRITELN('AENDERUNGEN:');
            WRITELN('MITGESCHRIEBEN? (J,N)');
            READLN; READ(FSLOES[P].MITGESCHRIEBEN);
            KLEININGROSS(FSLOES[P].MITGESCHRIEBEN);
            IF FSLOES[P].MITGESCHRIEBEN='J' THEN
            BEGIN
               WRITELN('VIELE ODER WENIGE AENDERUNGEN? (V,W)');
               READLN; READ(ANTWORT); KLEININGROSS(ANTWORT);
               IF ANTWORT='V' THEN LOESEIN(FSLOES,P) (* ALLES NEU *)
               ELSE
               WHILE ANTWORT='W' DO             (* EINZELNE AUFGABEN NEU *)
               BEGIN
                  WRITELN('AENDERUNG BEI AUFGABE NR.:');
                  READLN; READ(E);
                  WRITELN('LOESUNG:');
                  READLN; READ(FSLOES[P].SLOES[E]);
                  KLEININGROSS(FSLOES[P].SLOES[E]);
                  WRITELN('NOCH EINE AUFGABE? JA:W, NEIN:N');
                  READLN; READ(ANTWORT);KLEININGROSS(ANTWORT);
               END;  (* OF WHILE ANTWORT='W'  *)
            END  (* OF IF FSLOES[P].MITGESCHRIEBEN='J'  *)
            ELSE
               FOR E:=1 TO AUFGABENANZAHL DO
                  FSLOES[P].SLOES[E]:=' '; (* NICHT MITGESCHRIEBEN *)
         END  (* OF  IF SATZGEFUNDEN ...*);
         WRITELN('NOCH EINE AENDERUNG? (J,N)');
         READLN; READ(AENDERN); KLEININGROSS(AENDERN);
      END  (* OF WHILE AENDERN='J'  *);
      FELDINSLDAT;
      (* GEAENDERTES FELD IN DIE DATEI "SLDAT" UEBERNEHMEN  *)
END (* OF SLDATAENDERN *);
(* ############################################################ *)
PROCEDURE ERLAEUTERUNGEN1;
(* HIER KOENNEN ERLAEUTERUNGEN FUER DAS SYSTEM EINGEFUEGT WERDEN *)
BEGIN
   WRITELN('TEST ERLAUTERUNGEN1  OK'); MENUE1;
END;
(* ############################################################ *)
PROCEDURE EINEAUSWERTUNG (SCH: INTEGER);
(* FUEHRT DIE AUSWERTUNG DES TESTS FUER EINE TESTPERSON DURCH    *)
VAR V: INTEGER;
BEGIN
   AUSW[SCH].MITGESCHRIEBEN:=FSLOES[SCH].MITGESCHRIEBEN;
   IF FSLOES[SCH].MITGESCHRIEBEN='J' THEN
   BEGIN
      AUSW[SCH].GPUNKTZAHL:=0;
```

```
         FOR V:=1 TO AUFGABENANZAHL DO
            IF FRLOES[V].RLOES<>'@' THEN
            (* DAMIT SICH AUSWERTUNG NUR AUF GEWERTETE AUFGABEN BEZIEHT *)
            BEGIN
               IF FSLOES[SCH].SLOES[V]=FRLOES[V].RLOES THEN
                  AUSW[SCH].ERPUNKTZAHL[V]:=FRLOES[V].GEWICHT
               ELSE
                  AUSW[SCH].ERPUNKTZAHL[V]:=0;
               AUSW[SCH].GPUNKTZAHL:=AUSW[SCH].GPUNKTZAHL+
               AUSW[SCH].ERPUNKTZAHL[V];
            END  (* OF FOR *);
         AUSW[SCH].PROZENTSATZ:=AUSW[SCH].GPUNKTZAHL*100/SUMGEWICHT;
      END  (* OF IF *);
   END  (* OF EINEAUSWERTUNG *);
   (* ‡‡‡‡‡‡‡‡‡‡‡‡‡‡‡‡‡‡‡‡‡‡‡‡‡‡‡‡‡‡‡‡‡‡‡‡‡‡‡‡‡‡‡‡‡‡‡‡‡‡‡‡‡‡‡‡‡‡‡‡‡‡ *)
   PROCEDURE FORMULARKOPFERSTELLEN;
   (* ERSTELLT DEN KOPF DER FORMULARE FUER DIE TESTPERSONEN          *)
   VAR F:INTEGER;
   BEGIN
      ZEICHENREIHE('-',65);
      WRITELN('FORMULARKOPFERSTELLEN :');
      ZEICHENREIHE('-',65);
      FOR F:=1 TO 20 DO DATUM[F]:=' ';
      FACH:=DATUM; LEHRER:=DATUM;
      FOR F:=1 TO 10 DO KLASSE[F] :=' ';
      WRITELN('TESTNUMMER ? ZAHL EINGEBEN :');
      READLN; READ(TESTNUMMER);
      WRITELN('DATUM ?');
      F:=1; READLN;
      REPEAT
         READ(DATUM[F]); F:=F+1;
      UNTIL EOLN OR (F=21);
      WRITELN('KLASSE/KURS/GRUPPE ?');
      F:=1; READLN;
      REPEAT
         READ(KLASSE[F]); F:=F+1;
      UNTIL EOLN OR (F=21);
      WRITELN('SEKUNDARSTUFE (1,2)  (ODER ANDERE KENNZEICHNUNG) ?');
      READLN; READ(SEKSTUFE);
      SEKUNDARSTUFE:=SEKSTUFE;
      WRITELN('FACH ?');
      F:=1; READLN;
      REPEAT
         READ(FACH[F]); F:=F+1;
      UNTIL EOLN OR (F=21);
      WRITELN('LEHRER ?');
      F:=1; READLN;
      REPEAT
         READ(LEHRER[F]); F:=F+1;
      UNTIL EOLN OR (F=21);
      ZEICHENREIHE('-',65);
      WRITELN('FORMULARKOPF FERTIG, NAMEN WERDEN SPAETER EINGEFUEGT!');
      ZEICHENREIHE('-',65);
   END  (* OF FORMULARKOPFERSTELLEN *);
   (* ‡‡‡‡‡‡‡‡‡‡‡‡‡‡‡‡‡‡‡‡‡‡‡‡‡‡‡‡‡‡‡‡‡‡‡‡‡‡‡‡‡‡‡‡‡‡‡‡‡‡‡‡‡‡‡‡‡‡‡‡‡‡ *)
   PROCEDURE KOPFDRUCK (VAR AX: SNAMEN);
   (* DRUCKT KOPF DER FORMULARE FUER DIE TESTPERSONEN               *)
   VAR A: INTEGER;
   BEGIN
```

```
    ZEICHENREIHE('+',65);
    WRITE('ERGEBNIS DES TESTS ',TESTNUMMER:3,'   VOM ');
    WRITE(DATUM);WRITELN;
    ZEICHENREIHE('-',65);
    WRITE('NAME              : ');
    WRITE(AX.NAME:22,AX.VORNAME:22); WRITELN;
    WRITE('GEBOREN AM     : ',AX.GEBURTSDATUM); WRITELN;
    WRITE('KLASSE/KURS    : ',KLASSE:12);WRITELN;
    WRITELN('SEKUNDARSTUFE :    ',SEKSTUFE);
    WRITE('FACH              : ',FACH:22); WRITELN;
    WRITE('LEHRER            : ',LEHRER:22); WRITELN;
    ZEICHENREIHE('+',65);
END;
(* ++++++++++++++++++++++++++++++++++++++++++++++++++++++++++++ *)
PROCEDURE NOTENSEK2 (PROZ:REAL);
(* ERRECHNET PUNKTE UND NOTEN NACH DEM SEK2-SCHLUESSEL           *)
VAR PR: INTEGER;
BEGIN
   PR:=TRUNC(PROZ);
   IF PR>=45 THEN PUNKTE:=TRUNC(PR/5-5)
   ELSE
      IF PR>=35 THEN PUNKTE:=3
      ELSE
         IF PR>=20 THEN PUNKTE:=2
         ELSE
            IF PR>=10 THEN PUNKTE:=1
            ELSE
               PUNKTE:=0;
   NOTE:=(18-PUNKTE) DIV 3;
   CASE (18-PUNKTE) MOD 3 OF
   0: TENDENZ:='+';
   1: TENDENZ:=' ';
   2: TENDENZ:='-';
   END (* OF CASE *);
   IF NOTE=6 THEN TENDENZ:=' ';
END (* OF NOTENSEK2 *);
(* ++++++++++++++++++++++++++++++++++++++++++++++++++++++++++++ *)
PROCEDURE NOTENSEK1 (PROZ:REAL);
(* ERRECHNET NOTEN NACH DEM SEK1-SCHLUESSEL                       *)
BEGIN
   IF PROZ>= 95 THEN NOTE:=1
   ELSE IF PROZ>=80 THEN NOTE:=2
        ELSE IF PROZ>=60 THEN NOTE:=3
             ELSE IF PROZ>=40 THEN NOTE:=4
                  ELSE IF PROZ>=15 THEN NOTE:=5
                       ELSE NOTE:=6;
END  (*  OF NOTENSEK1  *);
(* ++++++++++++++++++++++++++++++++++++++++++++++++++++++++++++ *)
PROCEDURE ERGEBNISAUSGABE(SNR:INTEGER);
(* GIBT DIE AUSWERTUNG DES TESTS FUER EINE TESTPERSON AUS        *)
(* SNR: NUMMER DER TESTPERSON  *)
VAR J: INTEGER;
BEGIN
   WRITELN;
   WRITELN('            A U S W E R T U N G  :');
   WRITELN('====================================================');
   WRITELN('AUFGABEN-   LOESUNGEN                 PUNKTZAHL');
   WRITELN('NUMMER      RICHTIGE/ANGEKREUZTE   MOEGLICH/ERREICHT');
   WRITELN('====================================================');
```

```
    FOR J:=1 TO AUFGABENANZAHL DO
    BEGIN
       WRITE(J:4); WRITE(FRLOES[J].RLOES : 13);
                   WRITE(FSLOES[SNR].SLOES[J] : 8);
                   WRITE(FRLOES[J].GEWICHT : 18:2);
                   WRITE(AUSW[SNR].ERPUNKTZAHL[J]:6:2);
       WRITELN;
    END  (* OF FOR *);
    WRITELN('=======================================================');
    WRITELN('MAXIMAL ERREICHBARE PUNKTZAHL: ',SUMGEWICHT:10:2);
    WRITELN('SUMME DER ERREICHTEN PUNKTE  : ',
             AUSW[SNR].GPUNKTZAHL:10:2);
    WRITELN('ERREICHTER PROZENTSATZ       : ',
             AUSW[SNR].PROZENTSATZ:10:2);
    IF SEKUNDARSTUFE='1' THEN
    BEGIN
       NOTENSEK1(AUSW[SNR].PROZENTSATZ);
       WRITELN('                 NOTE: ',NOTE:1);
    END;
    IF SEKUNDARSTUFE='2' THEN
    BEGIN
       NOTENSEK2(AUSW[SNR].PROZENTSATZ);
       WRITELN('PUNKTE: ',PUNKTE:3,'  NOTE: ',NOTE:1,TENDENZ);
    END;
    WRITELN('=======================================================');
 END  (* OF ERGEBNISAUSGABE  *);
 (* ####################################################### *)
 PROCEDURE EINFORMULAR;
 (* DRUCKT FORMULAR FUER EINE WAEHLBARE TESTPERSON AUS            *)
 VAR EINZELFORMULAR, ANTWORT: CHAR;
                  F : INTEGER;
 BEGIN
    WRITELN('FORMULARKOPF SCHON ERSTELLT? (J,N) ');
    READLN; READ(ANTWORT); KLEININGROSS(ANTWORT);
    IF ANTWORT<>'J' THEN FORMULARKOPFERSTELLEN;
    EINZELFORMULAR:='J';
    WHILE EINZELFORMULAR='J' DO
    BEGIN
       WRITELN('FUER WELCHE TESTPERSON?');
       PERSONEIN(SATZ);
       PERSONSUCHE;
       IF SATZGEFUNDEN (* AN POSITION "PERSONNR" *) THEN
       BEGIN  (* SATZ "PERSONNR" IN SLDAT SUCHEN*)
          RESET(SLDAT);
          FOR F:=1 TO (PERSONNR-1) DO GET(SLDAT);
          KOPFDRUCK(FSNAMEN[PERSONNR]);
          IF SLDAT@.MITGESCHRIEBEN='J' THEN ERGEBNISAUSGABE(PERSONNR)
          ELSE
             WRITELN('NICHT MITGESCHRIEBEN !');
          ZEICHENREIHE('.',65)  (* ABRISSKANTE *);
       END  (* OF IF SATZGEFUNDEN *);
       WRITELN('NOCH EIN EINZELFORMULAR ? (J,N)');
       READLN; READ(EINZELFORMULAR); KLEININGROSS(EINZELFORMULAR);
    END  (* OF WHILE  *);
 END (*  OF EINFORMULAR *);
 (* ####################################################### *)
 PROCEDURE ALLEFORMULARE;
 (* DRUCKT FORMULARE FUER ALLE TESTPERSONEN AUS                  *)
 VAR F: INTEGER;
```

```
      ANTWORT: CHAR;
BEGIN
   WRITELN('FORMULARKOPF SCHON ERSTELLT ? (J,N)');
   READLN; READ(ANTWORT); KLEININGROSS(ANTWORT);
   IF ANTWORT<>'J' THEN FORMULARKOPFERSTELLEN;
   FOR F:=1 TO PERSONENANZAHL DO
   BEGIN
      KOPFDRUCK(FSNAMEN[F]);
      IF FSLOES[F].MITGESCHRIEBEN='J' THEN
         ERGEBNISAUSGABE(F)
      ELSE
         WRITELN('NICHT MITGESCHRIEBEN !');
      ZEICHENREIHE('.',65);   (*ABRISSKANTE *)
   END  (* OF FOR *);
END  (* OF ALLEFORMULARE  *);
(* ################################################### *)
PROCEDURE RICHTIGBEARBEITET;
(* GIBT LOESUNGEN UND ERREICHTEN %-SATZ FUER JEDE TESTPERSON AUS *)
VAR F,G,H,FALSCH,NICHTGEWERTET: INTEGER;
BEGIN
   WRITELN('AUFGABENANZAHL', AUFGABENANZAHL:3);
   ZEICHENREIHE('+',65);
   WRITELN('JEDE TESTPERSON MIT ALLEN AUFGABEN - UEBERBLICK - %');
   FOR F:=1 TO PERSONENANZAHL DO  (* F IST PERSONNUMMER *)
   BEGIN
      ZEICHENREIHE('-',65);
      WRITELN(F:3,FSNAMEN[F].NAME:22,FSNAMEN[F].VORNAME:22);
      IF FSLOES[F].MITGESCHRIEBEN='J' THEN
      BEGIN
       G:=0; H:=0; FALSCH:=0;NICHTGEWERTET:=0; (* G IST AUFGABENNUMMER *)
         WHILE G<AUFGABENANZAHL DO
         BEGIN
            REPEAT
               G:=G+1;
               WRITE(FSLOES[F].SLOES[G]:3);
               IF FRLOES[G].RLOES='@' THEN
               BEGIN
                  NICHTGEWERTET:=NICHTGEWERTET+1;
                  WRITE(' (@) ');
               END;
               IF (FSLOES[F].SLOES[G]<>FRLOES[G].RLOES) AND
                  (FRLOES[G].RLOES<>'@') THEN
                    FALSCH:=FALSCH+1;
            UNTIL ((G=H+21) OR (G=AUFGABENANZAHL));
            WRITELN; H:=G;
         END  (* OF WHILE  *);
         WRITE('ES WURDEN ',(AUFGABENANZAHL-NICHTGEWERTET-FALSCH)*100/
                (AUFGABENANZAHL-NICHTGEWERTET):6:2);
         WRITELN(' PROZENT DER GEWERTETEN AUFGABEN RICHTIG BEARBEITET.');
         WRITELN('GEWICHTUNG DER AUFGABEN NICHT BERUECKSICHTIGT !');
      END (* OF  IF MITGESCHRIEBEN='J' *)
      ELSE
         WRITELN('NICHT MITGESCHRIEBEN !');
   END  (*  OF FOR  *);
   ZEICHENREIHE('+',65);
   WRITELN(NICHTGEWERTET:3,' AUFGABEN WURDEN NICHT GEWERTET.');
END  (*  OF RICHTIGBEARBEITET  *);
(* ################################################### *)
PROCEDURE PROZFALSCH;
```

```
(* GIBT FUER ALLE AUFGABEN AUS, WIEVIEL % DER TESTPERSONEN SIE      *)
(* FALSCH BEARBEITET HABEN.                                           *)
VAR F,G,H, FALSCH: INTEGER;
BEGIN
   ZEICHENREIHE('+',65);
   WRITE('LOESUNGEN ALLER TESTPERSONEN - UEBERBLICK -');
   WRITELN('% FALSCHE LOESUNGEN');
   FOR G:=1 TO AUFGABENANZAHL DO     (* G IST AUFGABENNUMMER *)
   BEGIN
      ZEICHENREIHE('-',65);
      WRITELN('AUFGABE ',G:3,':');
      F:=0; H:=0; FALSCH:=0;           (* F IST TESTPERSONNUMMER *)
      WHILE F< PERSONENANZAHL DO
      BEGIN
         REPEAT
            F:=F+1;
            IF FSLOES[F].MITGESCHRIEBEN='J' THEN
            BEGIN
               WRITE(FSLOES[F].SLOES[G]:3);
               IF (FSLOES[F].SLOES[G]<> FRLOES[G].RLOES) AND
                  (FRLOES[G].RLOES<>'@') THEN
                  FALSCH:=FALSCH+1;
            END (* OF IF MITGESCHRIEBEN='J' *);
         UNTIL ((F=H+21) OR (G=AUFGABENANZAHL+1));
         WRITELN; H:=F;
      END  (*  OF WHILE  *);
      WRITE('FALSCH BEARBEITET VON ',100*FALSCH/TESTMITG:6:2);
      WRITELN(' % DER TESTPERSONEN');
      IF FRLOES[G].RLOES='@' THEN
      WRITELN('AUFGABE NICHT GEWERTET !');
   END  (*  OF FOR  *);
   ZEICHENREIHE('+',65);
END  (*  OF PROZFALSCH  *);
(* ############################################################## *)
PROCEDURE NOTENUEBERBLICK;
(* NAMEN - PROZENTE - PUNKTE - NOTEN  *)
 VAR A,P: INTEGER;
  V,M,S,MITTELWERT,STREUUNG :REAL;
   PF           : ARRAY[0..15] OF INTEGER; (* PUNKTEFELD *)
   NF           : ARRAY[1.. 6] OF INTEGER; (* NOTENFELD  *)
BEGIN
   ZEICHENREIHE('-',65);
   WRITELN('NOTENUEBERBLICK');
   ZEICHENREIHE('-',65);
   FOR A:=0 TO 15 DO PF[A]:=0;      (* PUNKTEFELD*)
   FOR A:=0 TO  6 DO NF[A]:=0;      (* NOTENFELD *)
   WRITELN('PERSONENANZAHL',PERSONENANZAHL:4);
   ZEICHENREIHE('-',65);
   WRITELN('SEK1-BEWERTUNG ODER SEK2-BEWERTUNG ? (1,2)');
   READLN; READ(SEKUNDARSTUFE);
   FOR P:= 1 TO PERSONENANZAHL DO
   IF FSLOES[P].MITGESCHRIEBEN='J' THEN
   BEGIN
      WRITELN(P:3,FSNAMEN[P].NAME:22,FSNAMEN[P].VORNAME:25,
               AUSW[P].PROZENTSATZ:6:2,' %');
      IF SEKUNDARSTUFE='1' THEN
      BEGIN
         NOTENSEK1(AUSW[P].PROZENTSATZ);
         WRITELN('      NOTE:',NOTE:3);
```

```
            NF[NOTE]  :=NF[NOTE]+1;
         END;
         IF SEKUNDARSTUFE='2' THEN
         BEGIN
            NOTENSEK2(AUSW[P].PROZENTSATZ);
            WRITELN('     PUNKTE:',PUNKTE:3,'   NOTE:',NOTE:3,TENDENZ);
            PF[PUNKTE]:=PF[PUNKTE]+1;
            NF[NOTE]  :=NF[NOTE]+1;
         END  (* OF IF SEKUNDARSTUFE='2' *);
      END  (* OF FOR  *);
      WRITELN;
      IF SEKUNDARSTUFE='2' THEN
      BEGIN
         ZEICHENREIHE('-',65);
         WRITELN('PUNKTESPIEGEL :');
         ZEICHENREIHE('-',65);
         S:=0; M:=0; V:=0;
         FOR A:=0 TO 15 DO
         BEGIN
            WRITE(A:4);
            S:=S+PF[A];         (* ANZAHL DER MITSCHREIBER   *);
            M:=M+A*PF[A]        (* ZUR MITTELWERTBERECHNUNG *);
            V:=V+A*A*PF[A]      (* ZUR STREUUNGSBERECHNUNG   *);
         END;
         WRITELN;
         MITTELWERT:=M/S;
         STREUUNG:=SQRT(V/S-SQR(MITTELWERT));
         FOR A:=0 TO 15 DO WRITE(PF[A]:4); WRITELN;
         WRITELN('PUNKTE-MITTELWERT : ',MITTELWERT:6:2);
         WRITELN('PUNKTE-STREUUNG    : ',STREUUNG  :6:2);
      END  (* OF IF SEKUNDARSTUFE=2  *);
      ZEICHENREIHE('-',65);
      WRITELN('NOTENSPIEGEL :');
      ZEICHENREIHE('-',65);
      S:=0; M:=0; V:=0;
      FOR A:=1 TO 6 DO
      BEGIN
         WRITE(A:4);
         S:=S+NF[A]          (* ANZAHL DER MITSCHREIBER   *);
         M:=M+A*NF[A]        (* ZUR MITTELWERTBERECHNUNG *);
         V:=V+A*A*NF[A]      (* ZUR STREUUNGSBERECHNUNG   *);
      END;
      WRITELN;
      FOR A:=1 TO 6 DO WRITE(NF[A]:4); WRITELN;
      MITTELWERT:=M/S;
      STREUUNG  :=SQRT(V/S-SQR(MITTELWERT));
      WRITELN('NOTEN-MITTELWERT ',MITTELWERT:6:2);
      WRITELN('NOTEN-  STREUUNG ',STREUUNG  :6:2);
      ZEICHENREIHE('-',65);
   END (* OF NOTENUEBERBLICK  *);
   (* ############################################################### *)
   PROCEDURE MENUE11;
   (* TESTVORBEREITUNGEN, GRUNDLEGENDE LISTEN AUSGEBEN  *)
   VAR WAHL11: BOOLEAN;
       WAHL2: CHAR;
   BEGIN
      WAHL11:=TRUE;
      WHILE WAHL11 DO
      BEGIN
```

```
         ZEICHENREIHE('-',65);
         WRITELN('M E N U E  1.1  :');
         WRITELN('PERSONENLISTE..................................:');
         WRITELN('==> A: ERSTELLEN, ==> B: AENDERN, ==> C: ANSEHEN.');
         WRITELN('LISTE MIT RICHTIGEN LOESUNGEN..................:');
         WRITELN('==> D: ERSTELLEN, ==> F: AENDERN, ==> G: ANSEHEN.');
         WRITELN('LISTE MIT LOESUNGEN DER TESTPERSONEN:...........');
         WRITELN('==> H: ERSTELLEN, ==> K: AENDERN, ==> L: ANSEHEN.');
         WRITELN('Z: ZURUECK ZUM VORIGEN MENUE, MENUE 1.');
         WRITELN('E: PROGRAMMENDE.');
         ZEICHENREIHE('-',65);
         READLN; READ(WAHL2); KLEININGROSS(WAHL2);
         IF WAHL2 IN ['A','B','C','D','E','F','G','H','K','L','Z'] THEN
         BEGIN
            CASE WAHL2 OF
            'A': SDATERSTELLEN;        'B': SDATAENDERN;
            'C': SDATANSEHEN;
            'D': LGDATERSTELLEN;       'F': LGDATAENDERN;
            'G': LGDATANSEHEN;
            'H': SLDATERSTELLEN;       'K': SLDATAENDERN;
            'L': SLDATANSEHEN;
            'Z': MENUE1;  'E': GOTO 99;
            END (* OF CASE *);
         END (* OF IF *);
      END  (* OF WHILE *);
   END  (* OF MENUE11  *);
   (* ########################################################## *)
   PROCEDURE MENUE12;
   (* STATISTIK FUER DEN LEHRER  *)
   VAR WAHL12: BOOLEAN;
       WAHL4: CHAR;
       I: INTEGER;
   BEGIN
      WAHL12:=TRUE;
      SDATINFELD; LGDATINFELD; SLDATINFELD;
      FOR I:=1 TO PERSONENANZAHL DO EINEAUSWERTUNG(I);
      WHILE WAHL12 DO
      BEGIN
         ZEICHENREIHE('-',65);
         WRITELN('M E N U E  1.2 :');
         WRITELN('A: NOTENUEBERBLICK MIT MITTELWERT UND STREUUNG.');
         WRITELN('B: ALLE TESTPERSONEN - % DER PUNKTE ERREICHT.');
         WRITELN('C: ALLE AUFGABEN - WIEVIEL % HABEN AUFGABE FALSCH?');
         WRITELN('Z: ZURUECK ZUM VORIGEN MENUE, MENUE 1.');
         WRITELN('E: PROGRAMMENDE.');
         READLN; READ(WAHL4); KLEININGROSS(WAHL4);
         IF WAHL4 IN ['A','B','C','Z','E'] THEN
         BEGIN
            CASE WAHL4 OF
            'A': NOTENUEBERBLICK;              'B': RICHTIGBEARBEITET;
            'C': PROZFALSCH;
            'Z': MENUE1;  'E': GOTO 99;
            END  (* OF CASE  *);
         END  (* OF IF *);
      END  (* OF WHILE *);
   END  (* OF MENUE12 *);
   (* ########################################################## *)
   PROCEDURE MENUE13;
   (* FORMULARE *)
```

```
VAR WAHL13: BOOLEAN;
    WAHL3: CHAR;
    I: INTEGER;
BEGIN
   WAHL13:=TRUE;
   SDATINFELD; LGDATINFELD; SLDATINFELD;
   FOR I:=1 TO PERSONENANZAHL DO EINEAUSWERTUNG(I);
   WHILE WAHL13 DO
   BEGIN
      ZEICHENREIHE('-',65);
      WRITELN('M E N U E  1.3  :');
      WRITELN('A: FORMULARKOPFERSTELLEN.');
      WRITELN('B: FORMULAR FUER EINZELPERSON.');
      WRITELN('C: FORMULAR FUER ALLE TESTPERSONEN.');
      WRITELN('Z: ZURUECK ZUM VORIGEN MENUE, MENUE 1.');
      WRITELN('E: PROGRAMMENDE.');
      ZEICHENREIHE('-',65);
      READLN; READ(WAHL3); KLEININGROSS(WAHL3);
      IF WAHL3 IN ['A','B','C','Z','E'] THEN
      BEGIN
         CASE WAHL3 OF
         'A': FORMULARKOPFERSTELLEN;
         'B': EINFORMULAR;
         'C': ALLEFORMULARE;
         'Z': MENUE1;
         'E': GOTO 99;
         END  (* OF CASE *);
      END (* OF IF *);
   END  (* OF WHILE *);
END  (* OF MENUE 13 *);
(* ############################################################## *)
PROCEDURE MENUE1;
(* HAUPTMENUE *)
VAR WAHL1:CHAR;
BEGIN
   ZEICHENREIHE('V',65);
   WRITELN('M E N U E  1    :');
   WRITELN('V: TESTVORBEREITUNGEN, GRUNDLEGENDE LISTEN AUSGEBEN.');
   WRITELN('S: STATISTIK FUER DEN LEHRER.');
   WRITELN('F: FORMULARE FUER TESTPERSONEN AUSGEBEN LASSEN.');
   (* DER VERGLEICH DER LOESUNGEN DER TESTPERSONEN MIT *)
   (* DEN RICHTIGEN LOESUNGEN ERFOLGT IN "F" UND "S"   *)
   WRITELN('?: ERLAEUTERUNGEN ZU "V","F","S".');
   WRITELN('E: PROGRAMMENDE.');
   ZEICHENREIHE('V',65);
   READLN; READ(WAHL1);KLEININGROSS(WAHL1);
   IF WAHL1 IN ['V','F','S','?','E'] THEN
      CASE WAHL1 OF
      'V': MENUE11;
      'S': MENUE12;
      'F': MENUE13;
      '?': ERLAEUTERUNGEN1;
      'E': GOTO 99;
      END (* OF CASE *);
END (* OF MENUE1 *);
(* ############################################################## *)
BEGIN (*  H  P  *)
MENUE1;
99: END.
```

```
 54.  FELDINSLDAT;            503.  SLDATERSTELLEN;
 57.  SLDATAENDERN;           531.  SLDATINFELD;
 60.  MENUE1;                 545.  SLDATANSEHEN;
 63.  MENUE11;                563.  SLDATAENDERN;
 66.  ZEICHENREIHE;           631.  ERLAEUTERUNGEN1;
 74.  KLEININGROSS;           637.  EINEAUSWERTUNG ;
 80.  PERSONEIN ;             660.  FORMULARKOPFERSTELLEN;
117.  SDATINFELD;             700.  KOPFDRUCK ;
130.  FELDINSDAT;             718.  NOTENSEK2 ;
142.  SDATSORTIEREN;          741.  NOTENSEK1 ;
165.  SDATERSTELLEN;          752.  ERGEBNISAUSGABE;
193.  SDATANSEHEN;            790.  EINFORMULAR;
210.  PERSONSUCHE;            819.  ALLEFORMULARE;
225.  SDATAENDERN;            838.  RICHTIGBEARBEITET;
323.  LGDATERSTELLEN;         880.  PROZFALSCH;
346.  LGDATINFELD;            915.  NOTENUEBERBLICK;
363.  FELDINLGDAT;            991.  MENUE11;
375.  LGDATANSEHEN;          1026.  MENUE12;
390.  LGDATAENDERN;          1056.  MENUE13;
455.  LOESEIN ;              1089.  MENUE1;
490.  FELDINSLDAT;
```

Liste der in MUCHO verwendeten Prozeduren

DOK 5(3) TESTLÄUFE DES INTEGRIERTEN PROGRAMMSYSTEMS
Multiple Choice-System

Wir beschränken uns hier auf einen Testlauf, der zunächst die verwendeten Dateien ausgibt, darauf einen Notenüberblick nach der Sekundarstufe 2-Bewertung zeigt, die Formularkopferstellung anfordert und schließlich ein gewünschtes Formular ausdruckt.

```
(IN)    EXEC C.M.0
(OUT)   % P500 PASCAL/000/84-04-30 LOADED
(OUT)   VVVVVVVVVVVVVVVVVVVVVVVVVVVVVVVVVVVVVVVVVVVVVVVVVVVVVVVVVVVVVVV
(OUT)   M E N U E  1    :
(OUT)   V: TESTVORBEREITUNGEN, GRUNDLEGENDE LISTEN AUSGEBEN.
(OUT)   S: STATISTIK FUER DEN LEHRER.
(OUT)   F: FORMULARE FUER TESTPERSONEN AUSGEBEN LASSEN.
(OUT)   ?: ERLAEUTERUNGEN ZU "V","F","S".
(OUT)   E: PROGRAMMENDE.
(OUT)   VVVVVVVVVVVVVVVVVVVVVVVVVVVVVVVVVVVVVVVVVVVVVVVVVVVVVVVVVVVVVVV
(IN)    v
(OUT)   ---------------------------------------------------------------
(OUT)   M E N U E  1.1  :
(OUT)   PERSONENLISTE...................................:
(OUT)   ==> A: ERSTELLEN, ==> B: AENDERN, ==> C: ANSEHEN.
(OUT)   LISTE MIT RICHTIGEN LOESUNGEN...................:
(OUT)   ==> D: ERSTELLEN, ==> F: AENDERN, ==> G: ANSEHEN.
(OUT)   LISTE MIT LOESUNGEN DER TESTPERSONEN:............
(OUT)   ==> H: ERSTELLEN, ==> K: AENDERN, ==> L: ANSEHEN.
(OUT)   Z: ZURUECK ZUM VORIGEN MENUE, MENUE 1.
(OUT)   E: PROGRAMMENDE.
(OUT)   ---------------------------------------------------------------
```

```
(IN)     c
(OUT)      1.    ERNESTO                  , FRIEDRICH               ,................
(OUT)      2.    FREISE                   , KLAUS                   ,................
(OUT)      3.    LUBICH                   , KARL                    ,................
(OUT)      4.    MUELLER                  , EMIL                    ,................
(OUT)    ----------------------------------------------------------------------------
(OUT)    M E N U E  1.1  :
(OUT)    PERSONENLISTE..................................:
(OUT)    ==> A: ERSTELLEN, ==> B: AENDERN, ==> C: ANSEHEN.
(OUT)    LISTE MIT RICHTIGEN LOESUNGEN..................:
(OUT)    ==> D: ERSTELLEN, ==> F: AENDERN, ==> G: ANSEHEN.
(OUT)    LISTE MIT LOESUNGEN DER TESTPERSONEN:...........
(OUT)    ==> H: ERSTELLEN, ==> K: AENDERN, ==> L: ANSEHEN.
(OUT)    Z: ZURUECK ZUM VORIGEN MENUE, MENUE 1.
(OUT)    E: PROGRAMMENDE.
(OUT)    ----------------------------------------------------------------------------
(IN)     g
(OUT)    AUFG.NR...RICHTIGE LOESUNG...GEWICHT
(OUT)    ----------------------------------------------------
(OUT)        1           A           4.0
(OUT)        2           A           3.0
(OUT)        3           @           0.0
(OUT)        4           B           2.0
(OUT)        5           B           5.0
(OUT)        6           D           3.0
(OUT)    ----------------------------------------------------
(OUT)    ----------------------------------------------------------------------------
(OUT)    M E N U E  1.1  :
(OUT)    PERSONENLISTE..................................:
(OUT)    ==> A: ERSTELLEN, ==> B: AENDERN, ==> C: ANSEHEN.
(OUT)    LISTE MIT RICHTIGEN LOESUNGEN..................:
(OUT)    ==> D: ERSTELLEN, ==> F: AENDERN, ==> G: ANSEHEN.
(OUT)    LISTE MIT LOESUNGEN DER TESTPERSONEN:...........
(OUT)    ==> H: ERSTELLEN, ==> K: AENDERN, ==> L: ANSEHEN.
(OUT)    Z: ZURUECK ZUM VORIGEN MENUE, MENUE 1.
(OUT)    E: PROGRAMMENDE.

(OUT)    ----------------------------------------------------------------------------
(IN)     l
(OUT)    SIEHE AUCH BEI FORMULAREN !
(OUT)    ----------------------------------------------------------------------------
(OUT)      1  ERNESTO
(OUT)      A  C  C  B  B  D
(OUT)    ----------------------------------------------------------------------------
(OUT)      2  FREISE
(OUT)      A  B  C  D  E  D
(OUT)    ----------------------------------------------------------------------------
(OUT)      3  LUBICH
(OUT)
(OUT)    ----------------------------------------------------------------------------
(OUT)      4  MUELLER
(OUT)      A  A  D  B  B  D
(OUT)    ----------------------------------------------------------------------------
(OUT)    ----------------------------------------------------------------------------
(OUT)    M E N U E  1.1  :
(OUT)    PERSONENLISTE..................................:
(OUT)    ==> A: ERSTELLEN, ==> B: AENDERN, ==> C: ANSEHEN.
```

```
(OUT)   LISTE MIT RICHTIGEN LOESUNGEN...................:
(OUT)   ==> D: ERSTELLEN, ==> F: AENDERN, ==> G: ANSEHEN.
(OUT)   LISTE MIT LOESUNGEN DER TESTPERSONEN:...........
(OUT)   ==> H: ERSTELLEN, ==> K: AENDERN, ==> L: ANSEHEN.
(OUT)   Z: ZURUECK ZUM VORIGEN MENUE, MENUE 1.
(OUT)   E: PROGRAMMENDE.
(OUT)   -----------------------------------------------------------------
(IN)    z
(OUT)   VVVVVVVVVVVVVVVVVVVVVVVVVVVVVVVVVVVVVVVVVVVVVVVVVVVVVVVVVVVVVVVVV
(OUT)   M E N U E  1  :
(OUT)   V: TESTVORBEREITUNGEN, GRUNDLEGENDE LISTEN AUSGEBEN.
(OUT)   S: STATISTIK FUER DEN LEHRER.
(OUT)   F: FORMULARE FUER TESTPERSONEN AUSGEBEN LASSEN.
(OUT)   ?: ERLAEUTERUNGEN ZU "V","F","S".
(OUT)   E: PROGRAMMENDE.
(OUT)   VVVVVVVVVVVVVVVVVVVVVVVVVVVVVVVVVVVVVVVVVVVVVVVVVVVVVVVVVVVVVVVVV
(IN)    s
(OUT)   -----------------------------------------------------------------
(OUT)   M E N U E  1.2 :
(OUT)   A: NOTENUEBERBLICK MIT MITTELWERT UND STREUUNG.
(OUT)   B: ALLE TESTPERSONEN - % DER PUNKTE ERREICHT.
(OUT)   C: ALLE AUFGABEN - WIEVIEL % HABEN AUFGABE FALSCH?
(OUT)   Z: ZURUECK ZUM VORIGEN MENUE, MENUE 1.
(OUT)   E: PROGRAMMENDE.
(IN)    a
(OUT)   -----------------------------------------------------------------
(OUT)   NOTENUEBERBLICK
(OUT)   -----------------------------------------------------------------
(OUT)   PERSONENANZAHL   4
(OUT)   -----------------------------------------------------------------
(OUT)   SEK1-BEWERTUNG ODER SEK2-BEWERTUNG ? (1,2)
(IN)    2
(OUT)     1  ERNESTO                   FRIEDRICH            82.35 %
(OUT)        PUNKTE: 11   NOTE:  2
(OUT)     2  FREISE                    KLAUS                41.18 %
(OUT)        PUNKTE:  3   NOTE:  5+
(OUT)     4  MUELLER                   EMIL                100.00 %
(OUT)        PUNKTE: 15   NOTE:  1+
(OUT)   -----------------------------------------------------------------
(OUT)   PUNKTESPIEGEL :
(OUT)   -----------------------------------------------------------------
(OUT)     0   1   2   3   4   5   6   7   8   9  10  11  12  13  14  15
(OUT)     0   0   0   1   0   0   0   0   0   0   0   1   0   0   0   1
(OUT)   PUNKTE-MITTELWERT :   9.67
(OUT)   PUNKTE-STREUUNG   :   4.99
(OUT)   -----------------------------------------------------------------
(OUT)   NOTENSPIEGEL :
(OUT)   -----------------------------------------------------------------
(OUT)     1   2   3   4   5   6
(OUT)     1   1   0   0   1   0
(OUT)   NOTEN-MITTELWERT   2.67
(OUT)   NOTEN-  STREUUNG   1.70
(OUT)   -----------------------------------------------------------------
(OUT)   -----------------------------------------------------------------
(OUT)   M E N U E  1.2 :
(OUT)   A: NOTENUEBERBLICK MIT MITTELWERT UND STREUUNG.
(OUT)   B: ALLE TESTPERSONEN - % DER PUNKTE ERREICHT.
(OUT)   C: ALLE AUFGABEN - WIEVIEL % HABEN AUFGABE FALSCH?
```

```
(OUT)   Z: ZURUECK ZUM VORIGEN MENUE, MENUE 1.
(OUT)   E: PROGRAMMENDE.
(IN)    z
(OUT)   VVVVVVVVVVVVVVVVVVVVVVVVVVVVVVVVVVVVVVVVVVVVVVVVVVVVVVVVVVVVVVVV
(OUT)   M E N U E  1    :
(OUT)   V: TESTVORBEREITUNGEN, GRUNDLEGENDE LISTEN AUSGEBEN.
(OUT)   S: STATISTIK FUER DEN LEHRER.
(OUT)   F: FORMULARE FUER TESTPERSONEN AUSGEBEN LASSEN.
(OUT)   ?: ERLAEUTERUNGEN ZU "V","F","S".
(OUT)   E: PROGRAMMENDE.
(OUT)   VVVVVVVVVVVVVVVVVVVVVVVVVVVVVVVVVVVVVVVVVVVVVVVVVVVVVVVVVVVVVVVV
(IN)    f
(OUT)   ----------------------------------------------------------------
(OUT)   M E N U E  1.3  :
(OUT)   A: FORMULARKOPFERSTELLEN.
(OUT)   B: FORMULAR FUER EINZELPERSON.
(OUT)   C: FORMULAR FUER ALLE TESTPERSONEN.
(OUT)   Z: ZURUECK ZUM VORIGEN MENUE, MENUE 1.
(OUT)   E: PROGRAMMENDE.
(OUT)   ----------------------------------------------------------------
(IN)    b
(OUT)   FORMULARKOPF SCHON ERSTELLT? (J,N)
(IN)    n
(OUT)   ----------------------------------------------------------------
(OUT)   FORMULARKOPFERSTELLEN :
(OUT)   ----------------------------------------------------------------
(OUT)   TESTNUMMER ? ZAHL EINGEBEN :
(IN)    2
(OUT)   DATUM ?
(IN)    30.april 1984
(OUT)   KLASSE/KURS/GRUPPE ?
(IN)    lineare algebra
(OUT)   SEKUNDARSTUFE (1,2)  (ODER ANDERE KENNZEICHNUNG) ?
(IN)    2
(OUT)   FACH ?
(IN)    mathematik
(OUT)   LEHRER ?
(IN)    lehmann
(OUT)   ----------------------------------------------------------------
(OUT)   FORMULARKOPF FERTIG, NAMEN WERDEN SPAETER EINGEFUEGT!
(OUT)   ----------------------------------------------------------------
(OUT)   FUER WELCHE TESTPERSON?
(OUT)   NACHNAME:
(OUT)   ....................
(IN)    ernesto
(OUT)   VORNAME:
(OUT)   ....................
(IN)    friedrich
(OUT)   SATZ GEFUNDEN!
(OUT)   ER STEHT AN NUMMER   1
```

```
(OUT)   ++++++++++++++++++++++++++++++++++++++++++++++++++++++++++++++++++
(OUT)   ERGEBNIS DES TESTS   2   VOM 30.april 1984
(OUT)   ------------------------------------------------------------------
(OUT)   NAME            :  ERNESTO                 FRIEDRICH
(OUT)   GEBOREN AM      : ....................
(OUT)   KLASSE/KURS     :  lineare al
(OUT)   SEKUNDARSTUFE   :  2
(OUT)   FACH            :  mathematik
(OUT)   LEHRER          :  lehmann
(OUT)   ++++++++++++++++++++++++++++++++++++++++++++++++++++++++++++++++++
(OUT)
(OUT)             A U S W E R T U N G :
(OUT)   ====================================================
(OUT)   AUFGABEN-   LOESUNGEN               PUNKTZAHL
(OUT)   NUMMER      RICHTIGE/ANGEKREUZTE    MOEGLICH/ERREICHT
(OUT)   ====================================================
(OUT)     1            A       A                4.00  4.00
(OUT)     2            A       C                3.00  0.00
(OUT)     3            @       C                0.00  0.00
(OUT)     4            B       B                2.00  2.00
(OUT)     5            B       B                5.00  5.00
(OUT)     6            D       D                3.00  3.00
(OUT)   ====================================================
(OUT)   MAXIMAL ERREICHBARE PUNKTZAHL:       17.00
(OUT)   SUMME DER ERREICHTEN PUNKTE  :       14.00
(OUT)   ERREICHTER PROZENTSATZ       :       82.35
(OUT)   PUNKTE:  11  NOTE: 2
(OUT)   ====================================================
(OUT)   ..................................................................
(OUT)   NOCH EIN EINZELFORMULAR ? (J,N)
(IN)    n
(OUT)   ------------------------------------------------------------------
(OUT)   M E N U E  1.3  :
(OUT)   A: FORMULARKOPFERSTELLEN.
(OUT)   B: FORMULAR FUER EINZELPERSON.
(OUT)   C: FORMULAR FUER ALLE TESTPERSONEN.
(OUT)   Z: ZURUECK ZUM VORIGEN MENUE, MENUE 1.
(OUT)   E: PROGRAMMENDE.
(OUT)   ------------------------------------------------------------------
(IN)    c
(OUT)   FORMULARKOPF SCHON ERSTELLT ? (J,N)
(IN)    j
(OUT)   ++++++++++++++++++++++++++++++++++++++++++++++++++++++++++++++++++
(OUT)   ERGEBNIS DES TESTS   2   VOM 30.april 1984
(OUT)   ------------------------------------------------------------------
```

usw. Hier folgen nun die Formulare aller Teilnehmer. Da Lubich nicht mitgeschrieben hat, erhält er nun das Formular

```
(OUT)   NAME            :  LUBICH                  KARL
(OUT)   GEBOREN AM      : ....................
(OUT)   KLASSE/KURS     :  lineare al
(OUT)   SEKUNDARSTUFE   :  2
(OUT)   FACH            :  mathematik
(OUT)   LEHRER          :  lehmann
(OUT)   ++++++++++++++++++++++++++++++++++++++++++++++++++++++++++++++++++
(OUT)   NICHT MITGESCHRIEBEN !
```

Aktivitäten während der Einführung des Systems

a) Datenübernahme: Die bereits vorhandenen Daten oder neu zu erstellende Daten werden auf die benötigten Dateien übernommen.
b) Rechenzentrum-Dokumentation: Diese Dokumentation dient zur Anleitung der Mitarbeiter des Rechenzentrums in der Handhabung des Systems.
c) Praxistest: Das Gesamtsystem wird mit Praxisdaten überprüft.
d) Systemübergabe: Das System wird an das Rechenzentrum und den Anwender übergeben.
e) System-Dokumentation: Die im Verlauf der Systementwicklung erarbeiteten Dokumentationsteile sind abschließend aufzuarbeiten.
f) Einführungsunterstützung: Für einen begrenzten Zeitraum werden individuelle Hilfen bei der Einführung des Systems gegeben.

DOK 5(4) BENUTZERHANDBUCH zum Multiple Choice-System

Von besonderer Bedeutung bei der Einführung des Systems ist das Benutzerhandbuch.
Dieses Handbuch sollte alles enthalten, was für den Betrieb des Systems aus Anwendersicht von Bedeutung ist. Für das Multiple Choice-System könnte der Inhalt bestehen aus:

1) Beschreibung der Funktionen des Systems, insbesondere Darstellung der Menükarten (siehe S.52), also den wichtigsten Schnittstellen zwischen Mensch und Computer,
2) Hinweise zum Umgang mit den benötigten Dateien,
3) Beispieltestläufe, in denen einige Standardabläufe dokumentiert sind. Beispiel: Bei gegebenen Testvorgaben in der Datei LGDAT wird von einer bekannten Testgruppe (bereits in SDAT gespeichert) der Test geschrieben und soll ausgewertet werden.
4) Beispieltestläufe mit Sonderfällen.
5) Beschreibung der Reaktionen auf Eingabefehler.
6) Hinweise zu einer sinnvollen Benutzung der statistischen Daten.

Besonders geeignet sind graphische Darstellungen, die die einzelnen Abläufe sichtbar machen!

....

2.6 Wartung, Betrieb

Der praktische Einsatz eines Software-Systems bringt die Notwendigkeit einer regelmäßigen Wartung mit sich.

Vorgänge, die zu einem Wartungsfall führen, können sein:
a) Korrektur eines Fehlers im Programm oder im Systemkonzept. b) Erweiterung des bestehenden Programms oder Systemkonzepts, um neuen Anforderungen zu entsprechen. c) Anpassung an Veränderungen der Hardware-Konfiguration.

Im Fall a) muß die Wartung möglichst sofort ausgelöst werden.
Wie ist in einem Wartungsfall vorzugehen?
In der Regel sind für die Wartung keine Überlegungen zu den Phasen Problemanalyse und funktionelle Analyse nötig. Aus der Entwurfsphase sind jedoch Arbeitsergebnisse zu überprüfen, zu ändern oder neu zu erarbeiten. Dabei kann es sich z.B. handeln um die Ausgabe- und Eingabedaten, um Verarbeitungsregeln, Ablaufpläne, Dateidefinitionen, Datenschutz usw. Als Folge dieser Aktionen sind dann auch die Ergebnisse der folgenden Phasen zu überarbeiten. Insbesondere müssen die zugehörigen Dokumentationen geändert und ergänzt werden. Auf diese Weise kommt es zu einer neuen Version des Systems.

Beim Betrieb des Systems zeigt sich, ob das erstellte Softwareprodukt tatsächlich den früher vom Anwender formulierten Forderungen bzw. der Zielsetzung des Projekts entspricht. In den meisten Fällen wird das nicht voll der Fall sein. Ziel der Beurteilung des Systems ist die Überprüfung der organisatorischen Ablauf- und Strukturänderungen, der Wirksamkeit (Anwenderbereich, DV-Bereich, Gesamtunternehmen) und der Wirtschaftlichkeit des Systems.

Beurteilung des Software-Systems
a) Wirksamkeitsuntersuchung a1) Anwenderbereich: - Wird das System durch die Anwender angenommen? - Wieweit werden die Systemmöglichkeiten auch benutzt? - Wie ist die Qualität der Arbeit?

- Welche Fehler sind in der täglichen Praxis aufgetreten?
- Haben sich die Arbeitsabläufe gegenüber Veränderungen als anpassungsfähig erwiesen?
- Welche Verbesserungsvorschläge haben die Benutzer?
- Vergleich der tatsächlichen Wirkungen mit den ursprünglich gesetzten Zielen.

a2) DV-Bereich:
- Messen des Verhaltens von Hardware- und Softwaresystem.
- Analysieren der Meßergebnisse.
- Ermitteln von Zeitkomponenten für das Antwortzeitverhalten.
- Vergleich der tatsächlichen Wirkungen mit den ursprünglich gesetzten Zielen.
- Verfügbarkeit des Systems.

a3) Gesamtunternehmen:
- Beeinflussung der Gesamt-Arbeitsabläufe.
- Wirkungen nach außen.
- Abstimmung zwischen einzelnen Bereichen des Unternehmens.
- Analyse neuer durch die Einführung des Systems entstandener Erfordernisse

b) Wirtschaftlichkeitsuntersuchung
- Prüfen der wirtschaftlichen Auswirkungen in den Bereichen (Personalkosten, Sachmittel, Raumbedarf, Kosteneinsparungen, Kostenverschiebungen).

Auf eine Beurteilung des Multiple Choice-Systems wird hier verzichtet, da noch nicht genügend Erfahrungen vorliegen. Damit können auch Fehlerhandbuch und Änderungshandbuch (DOK 6) nicht angegeben werden.

Damit ist die Beschreibung des Multiple Choice-Projekts beendet. Ziel der ausführlichen Darstellung war es, den Leser mit Methoden zur Bearbeitung der einzelnen Phasen einer Software-Entwicklung vertraut zu machen. Neben den speziellen Ausführungen wurden zu allen Phasen allgemeine Bearbeitungshinweise gegeben, die für alle Software-Projekte zutreffen.

....

WEITERE AUFGABEN ZU KAPITEL 2

Aufgabe 2.6: tellen Sie eine Prozedurtabelle zum Softwareprodukt MUCHO auf (vergl. Figur 1.3).

Aufgabe 2.7: In Kapitel 2.4 (Entwurf) wird die HIPO-Methode zum Grobentwurf von MUCHO benutzt. Fertigen Sie einen Entwurf mit Hilfe von SADT (--) an!

Aufgabe 2.8: Überprüfen Sie die Realisierungsmöglichkeit des MUCHO-Entwurfs in anderen Programmiersprachen (BASIC, COBOL, ELAN,...).

Aufgabe 2.9: Welche Mängel hat MUCHO Ihrer Meinung nach?Stellen Sie eine Liste von Verbesserungsmöglichkeiten und denkbaren Erweiterungen auf.

Aufgabe 2.10: Worin werden sich MUCHO-Benutzerhandbuch und MUCHO-Rechenzentrumhandbuch unterscheiden?

Aufgabe 2.11: Für die Notengebung soll nun auch mit einer Datei gearbeitet werden, so daß verschiedene Notenschlüssel je nach Bedarf möglich werden. Welche Änderungen ergeben sich gegenüber der vorliegenden Version?

Aufgabe 2.11: Versuchen Sie eine Einschätzung der Bearbeitungszeiten für die einzelnen Phasen von MUCHO.

Aufgabe 2.12: Bearbeiten Sie den folgenden Test aus der Trigonometrie,und werten Sie ihn mit Hilfe von MUCHO aus!

1. TEST (TRIGONOMETRIE) Name:

---

1) Für ein rechtwinkliges Dreieck BCD schreibt ein Schüler folgende Beziehungen auf:

(1) $\sin\alpha = CD/BD$, (2) $\cos\beta = BD/BC$, (3) $\tan\beta = BD/CD$,

(4) $\sin\beta = BD/CD$, (5) $\cos\alpha = BD/CD$

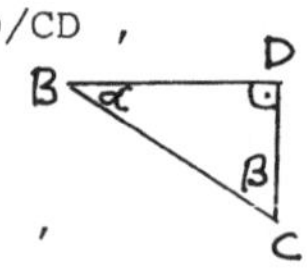

Welche der folgenden Aussagen ist richtig?

a) Es gelten (1),(2),(4) , b) Es gelten (2),(3),(5) ,

c) Es gelten (2) und (3) , d) Es gelten (2) und (4) ,

e) alle sind richtig , f) Ergebnis nicht dabei.

---

2) Cosinussatz: $b^2=a^2+c^2-2ac\cos\beta$. Welche Auflösung nach $\cos\beta$ ist richtig?

a) $\cos\beta = \frac{-a^2-c^2-b^2}{2ac}$ b) $\cos\beta = \frac{-a^2+b^2-c^2}{2ac}$

c) $\cos\beta = \frac{a^2-b^2+c^2}{2ac}$ d) $\cos\beta = \frac{a^2+b^2+c^2}{-2ac}$

e) $\cos\beta = \frac{-2ac}{b^2-a^2-c^2}$ f) Ergebnis nicht dabei.

---

3) Kontrollieren Sie am Einheitskreis:

(1) $\sin\alpha = \sin(90-\alpha)$, (2) $\sin\alpha = \sin(90+\alpha)$,

(3) $\sin(-\alpha) = -\sin\alpha$, (4) $\sin(180+\alpha) = -\sin(180-\alpha)$

Welche der folgenden Aussagen ist richtig?

a) (2),(3),(4) , b) (1) und (4) , c) (1),(2),(4) ,

d) (1) und (3) , e) (1) und (2) , f) Alles falsch,

g) Ergebnis nicht dabei.

---

4) Berechnen Sie mit dem Taschenrechner (auf 4 Nachkommastellen gerundet) $\sin 187^\circ$.

Richtig ist:

a) +0.1218 , b) -0.1219 , c) -0.1218 , d) +0.1219 ,

e) Ergebnis nicht dabei.

---

5) Berechnen Sie mit dem Taschenrechner (auf 4 Nachkommastellen gerundet) $\sin \frac{7}{8}\pi + \sin \frac{1}{8}\pi$.

a) 0 , b) 1 , c) 0.7654 , d) 3.1416 , e) 0.3827 ,

f) Ergebnis nicht dabei.

---

6) Der große Zeiger einer Uhr ist 1.20m lang, der kleine 0.80m. Wie weit sind die Spitzen des Uhrzeigers um 19 Uhr voneinander entfernt?

a) 138.34cm , b) 213.68cm , c) 142.36cm , d) 128.34cm , e) 95cm

f) Ergebnis nicht dabei.

---

7) Für welche Werte $x \in [0, 2\pi]$ gilt sin x = cos x ?

a) Nur für $x = \pi/2$, b) $x_1 = \pi/4$ und $x_2 = 5\pi/4$,

c) $x_1 = \pi/4$ und $x_2 = 3\pi/2$, d) $x_1 = \pi/4$ und $x_2 = 3\pi/4$ und $x_3 = 5\pi/4$,

e) Ergebnis nicht dabei.

---

8) Bestimmen Sie alle Winkel α aus $0 \leq \alpha \leq 720^\circ$ für die gilt $\sin\alpha = 0.7834$ (Ergebnis auf 2 Nachkommastellen)!

a) 51.57° und 231.57° und 411.57° und 591.57°,

b) 51.57° und 128.43° und 411.57° und 488.43°,

c) 51.57° und 411.57°,

d) 51.57° und 308.43° und 411.57° und 668.43°,

e) Ergebnis nicht dabei.

---

9) Bekanntlich gilt $\sin^2\alpha + \cos^2\alpha = 1$. Berechnen Sie daraus $\sin\alpha > 0$ wenn $\cos\alpha = 0.9397$.

a) $\sin\alpha = 0.3420$, b) $\sin\alpha = 0.2456$, c) 0.0603 , d) 0.4360 ,

e) $\sin\alpha = 0.4442$, f) Ergebnis nicht dabei.

---

10) Berechnen Sie $\tan(\pi + 2.5)$.

a) -0.7470 , b) 0.6734 , c) 0.7470 , d) geht nicht ,

e) -0.6734 , f) Ergebnis nicht dabei.

Auswertung siehe Anlage ...

---

3 U-Bahn-Auskunftssystem Beispiel für die Dokumentation eines Softwareprodukts

In diesem Kapitel wird gezeigt, wie die Dokumentation eines Softwaresystems aussehen kann. Dabei beschränken wir uns aus Platzgründen auf die wichtigsten Unterlagen zum Softwareprodukt U-BAHN-AUSKUNFTSSYSTEM. Eine ausführliche Darstellung der Erarbeitung dieses Systems im Rahmen von Projektunterricht findet man in
LOG IN 1981, Heft 4 und LOGIN 1982, Heft 1:
Eberhard Lehmann: Projekt "U-Bahn-Auskunftssystem".

DOK 1 : ANFORDERUNGSDEFINITION U-BAHN-AUSKUNFTSSYSTEM

A1) Aufgabenstellung

Es ist ein Auskunftssystem für das Berliner U-Bahnnetz zu erstellen (Projektname: U-BAHN-AUSKUNFTSSYSTEM). Der Benutzer soll nach Eingabe von Start- und Zielbahnhof an einem Datensichtgerät Auskunft über die Strecke mit den wenigsten Umsteigebahnhöfen mit den jeweiligen Linien- und Richtungsangaben erhalten. Wenn es bei gleicher Anzahl von Umsteigebahnhöfen mehrere Fahrmöglichkeiten gibt, ist der kürzeste Weg (möglichst wenig Bahnhöfe) auszugeben.

Beispiel:

Ausgabe : "Bitte geben Sie den Startbahnhof ein!"
Eingabe : Rathaus Schöneberg
Ausgabe : "Bitte geben Sie Ihren Zielbahnhof ein!"
Eingabe : Krumme Lanke
Ausgabe : 1. Fahren Sie mit der Linie 4 in Richtung Nollendorfplatz!
2. Umsteigen: Bayerischer Platz!
3. Fahren Sie mit der Linie 7 in Richtung Richard-Wagner-Platz!
4. Umsteigen: Fehrbelliner Platz!
5. Fahren Sie mit der Linie 2 in Richtung Krumme Lanke!

Figur 3.1 : Berliner U-Bahnnetz

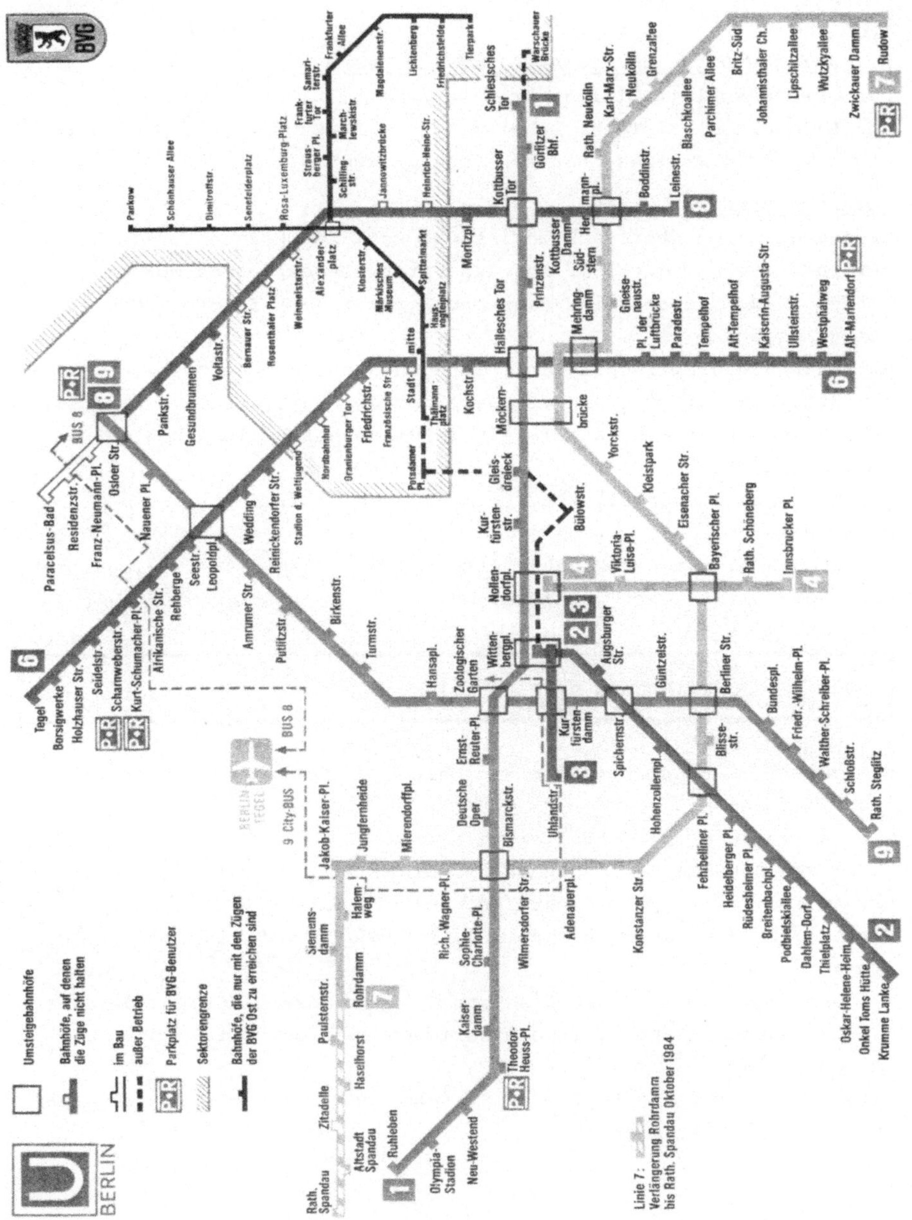

: 6. Ihr Zielbahnhof Krumme Lanke folgt auf den Bahnhof Onkel-Toms-Hütte!

A2) Anforderungen an die Arbeitsweise des Systems

Das System soll im Dialogbetrieb arbeiten. Die Ausgaben sollen auf den Bildschirm erfolgen. Dabei sind die Auskünfte über die Fahrstrecke in Form eines "Fahrscheins" anzugeben!

Voruntersuchung:

Grundlage aller Überlegungen ist das Berliner U-Bahnnetz (Westberlin), siehe Figur 3.1. Auf den Daten dieses Netzes muß operiert werden. Dazu stehen dem U-Bahnbenutzer zur Zeit folgende Möglichkeiten offen:

a) Benutzung graphischer Darstellungen des Liniennetzes wie in Figur 3.1, z.B. im von der BVG (Berliner Verkehrsbetriebe) herausgegebenen Fahrplanheft, auf Tafeln in U-Bahnhöfen, in den Wagen oder in Stadtplänen.

b) Mündliche Auskünfte, z.B. beim BVG-Personal.

c) Hinweisschilder.

Einen darüber hinausgehenden Service, der beispielsweise Touristen besonders hilft, gibt es nicht.

DOK 2 : FUNKTIONELLE SPEZIFIKATION U-BAHN-AUSKUNFTSSYSTEM

Aus der Zielsetzung heraus lassen sich nun Teile des geplanten Systems festlegen:

M1: Anlegen und ggf. Erweitern einer Datei UB.NETZ, die die notwendigen Daten aller Bahnhöfe des Liniennetzes enthält.

M2: Änderungsdienst (Korrekturen) für die Datei UB.NETZ.

M3: Ausgabe der gesamten Datei UB.NETZ oder von Teilbereichen derselben.

M4: Das eigentliche Auskunftssystem. Dieses ist bezüglich der verschiedenen Start-Ziel-Kombinationen in sich weiter zu untergliedern.

Figur 3.2 stellt die Teile des Systems und ihre gegenseitige Verknüpfung graphisch dar:

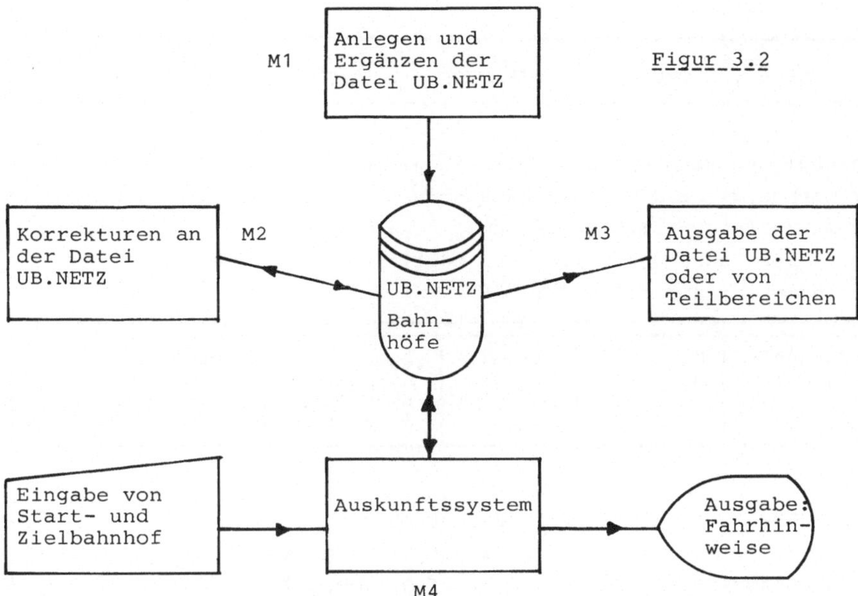

Ausgehend von diesen Systemteilen wird der folgende grobe Lösungsvorschlag unterbreitet (Figur 3.3):

Figur 3.3

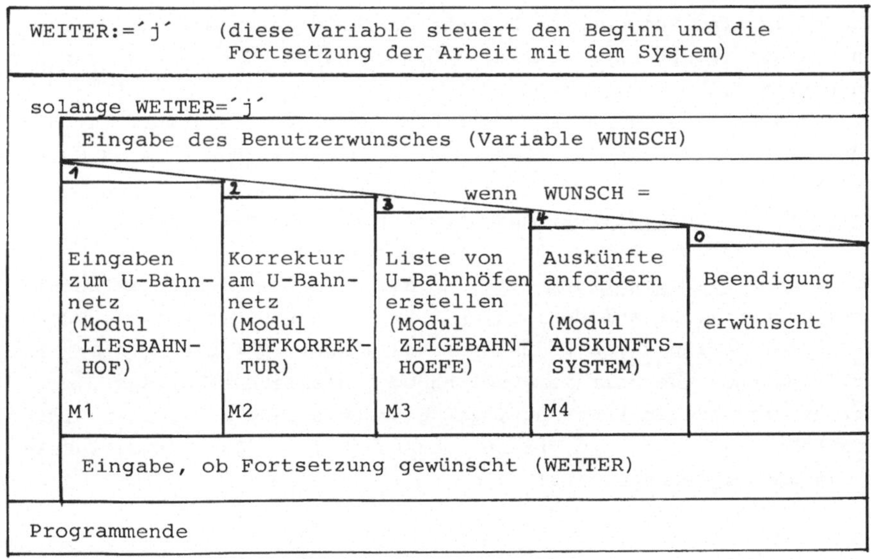

Entscheidend wird nun die Festlegung einer passenden Datenstruktur für die Datei UB.NETZ. Die Datenstruktur muß so gewählt werden, daß das Auskunftssystem alle gestellten Aufgaben (siehe Zielsetzung) auch lösen kann. Unter mehreren möglichen Strukturen fiel die Entscheidung auf die folgende:

Bahnhofs-nummer	Name des Bahnhofs	Linie(n)	Bahnhofs-nummer bezüglich jeder Linie	Endbahnhof

```
BHFNUMMER        : 0..200;              (Nummer auf Gesamtnetz)
BHFNAME          : array(1..25) of char;
LINIE            : array(1.. 3) of 0..10;      TYPE BAHNHOEFE
NUMMERAUFLINIE   : array(1.. 3) of 0..100;
ENDBHF           : array(1.. 3) of 0..1;
```

Figur 3.4 : Datenstruktur

Bei den letzten Komponenten besteht das Feld aus jeweils 3 Elementen, da ein Bahnhof auf maximal 3 Linien liegt (Wittenbergplatz auf den Linien 1,2,3).

Auf der Grundlage dieser Datenstruktur erfolgt der Entwurf für die Module M1-M4 LIESBAHNHOF, BHFKORREKTUR, ZEIGEBAHNHOEFE, AUSKUNFTSSYSTEM.

Beispiel für die Codierung der Daten eines Bahnhofs:

14 Bismarckstraße 0 7 1 0 28 14 0 0 0

Der Bahnhof Bismarckstraße hat also die Nummer 14 des Gesamtnetzes erhalten. Er liegt auf den Linien 7 und 1. Auf Linie 7 ist er der 28.Bahnhof (gezählt vom Endbahnhof Rudow aus), auf Linie 1 ist er der 14.Bahnhof (gezählt vom Endbahnhof Schlesisches Tor aus). Die letzten drei Nullen sagen aus, daß Bismarckstraße auf keiner Linie Endbahnhof ist. Außerdem erkennt man an 0 7 1 , daß Bismarckstraße ein Umsteigebahnhof ist!

A) ENTWURF DES MODULS M1 : LIESBAHNHOF

```
Datei UB.NETZ zum Schreiben öffnen
N:=0, Zählwerk für Anzahl der eingegebenen Bahnhöfe
-----------------------------------------------------------------
Prozedur  EINGABEINFO                                      M1.1→
-----------------------------------------------------------------
NOCHEIN:=´ j´
-----------------------------------------------------------------
     solange NOCHEIN=´ j´  (solange noch Eingabe erwünscht)
          -------------------------------------------------------
          | Prozedur INITIALISIEREN                        M1.2→
          -------------------------------------------------------
          | Prozedur BHFEINGABE                            M1.3→
          | (Eingabe der Daten des jeweiligen Bahnhofs)
          -------------------------------------------------------
          | Übernahme der Daten in die Datei UB.NETZ
          -------------------------------------------------------
          | N:=N+1, (Zählwerk s.o.)
          -------------------------------------------------------
          | Eingabe von ´ j´ oder ´ n´  (Variable NOCHEIN)
-----------------------------------------------------------------
"Sie haben N Bahnhöfe eingegeben!"
```

Figur 3.5 : Struktogramm zu LIESBAHNHOF

ENTWURF VON MODUL M1.1 : EINGABEINFO

Dem Benutzer wird ein passender Text angeboten:

```
"Geben Sie die Daten eines Bahnhofs ein:
 Bahnhofsnummer im gesamten Netz, z.B. 43,
 Liniennummer, z.B.   0 0 6,
 Bahnhofsnummern auf den einzelnen Linien, z.B. 00 13 23,
 Endbahnhof,   z.B.   0 1 1,
 Bahnhof,      z.B.   Krumme Lanke, insgesamt höchstens 25
                                    Stellen. "
```

ENTWURF VON MODUL M1.2 : INITIALISIEREN

```
   Für I von 1 bis 3
   | B1.LINIE(I):=0                dabei ist B1 eine Variable
   | B1.NUMMERAUFLINIE(I):=0
   | B1.ENDBAHNHOF(I):=0           vom Typ BAHNHOEFE
-----------------------------------------------------------------
   Für I von 1 bis 25
   | B1.BHFNAME(I):=´ ´
```

Figur 3.6 : Struktogramm zu INITIALISIEREN

ENTWURF VON MODUL M1.3 : BHFEINGABE

"xx Nummer im Netz:" Eingabe BAHNHOF.BHFNUMMER
"x x x Linien:" Für A von 1 bis 3:Eingabe von BAHNHOF.LINIE(A)
"xx xx xx Nummern auf den Linien:" Für A von 1 bis 3:Eingabe von BAHNHOF.NUMMERAUFLINIE(A)
"x x x Endbahnhof:" Für A von 1 bis 3:Eingabe von BAHNHOF.ENDBHF(A)
"xxxxxxxxxxxxxxxxxxxxxxxxx Bhfname:" Eingabe des Bahnhofsnamens BAHNHOF.BHFNAME(A), für A von 1 bis maximal 25

Figur 3.7 : Struktogramm zu BHFEINGABE

B) ENTWURF DES MODULS M.2 : BHFKORREKTUR

Mit LIESBAHNHOF kann die Datei UB.NETZ erstmals erstellt, aber ggf. auch ergänzt werden. Für Korrekturen an der Datei werden 3 Funktionen eingeführt:

l : Den aktuellen Satz löschen,

a : Änderung der Daten eines bereits gespeicherten Bahnhofs,

o : den aktuellen Satz ohne Änderung übernehmen.

Der Algorithmus wird in Figur 3.10 auf der folgenden Seite dargestellt!

C) ENTWURF DES MODULS M.3 : ZEIGEBAHNHOEFE

Datei UB.NETZ zum Lesen öffnen
Anzahl der Sätze (Bahnhöfe) in der Datei feststellen, u.ausgeben
Eingaben: ANFANG, Nummer des ersten auszugebenden Bahnhofs ENDE , Nummer des letzten auszugebenden Bahnhofs
Datei UB.NETZ zum Lesen öffnen
Bahnhöfe aus dem gewünschten Bereich (ANFANG,ENDE) ausgeben unter Verwendung der Prozedur BHFAUSGABE M3.1 →

Figur 3.8 : Struktogramm zu ZEIGEBAHNHOEFE

ENTWURF VON MODUL M2.1 : BHFAUSGABE

Ausgabe von		
	BAHNHOF.BHFNUMMER	
	BAHNHOF.LINIE(A)	für A von 1 bis 3
	BAHNHOF.NUMMERAUFLINIE(A)	für A von 1 bis 3
	BAHNHOF.ENDBHF(A)	für A von 1 bis 3
	BAHNHOF.BHFNAME(A)	für A von 1 bis 25

Figur 3.9

BHFKORREKTUR

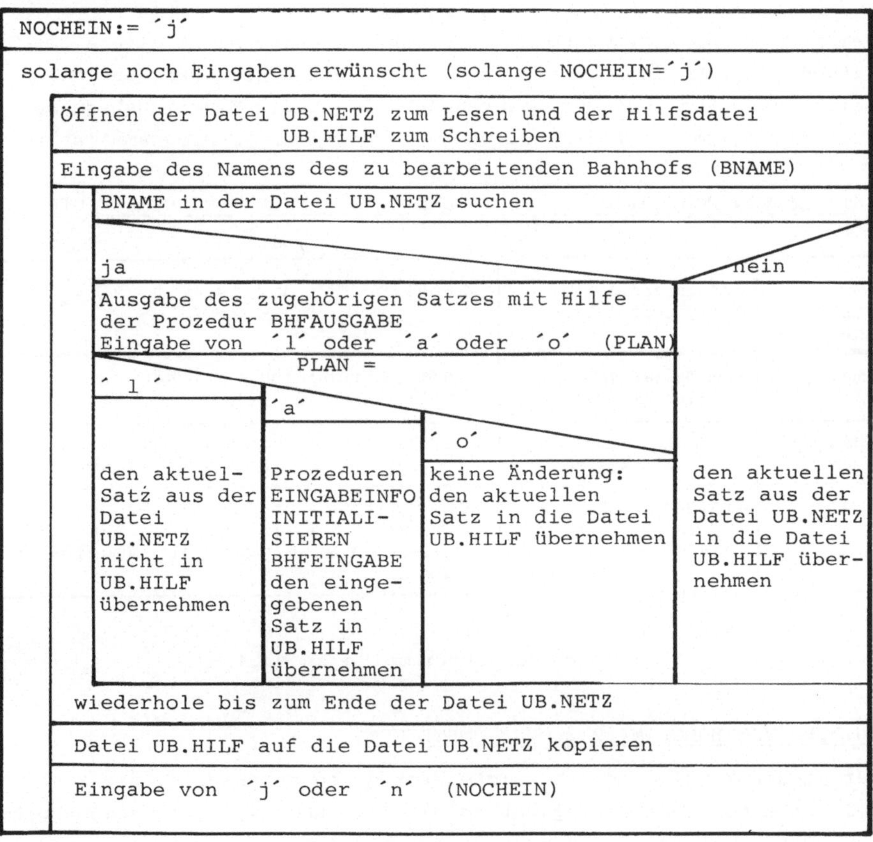

Figur 3.10 : Struktogramm zu BHFKORREKTUR

D) ENTWURF DES MODULS M.4 : AUSKUNFTSSYSTEM

Eine erste Zerlegung führt zu den Modulen M4.1 - M4.5

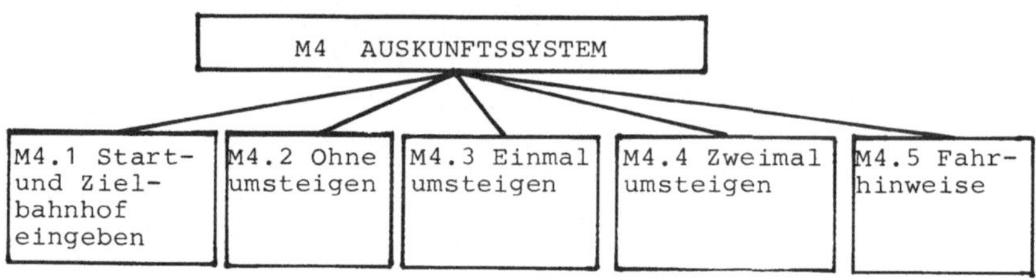

Figur 3.11 : Grobstruktur von Modul M4

Bemerkung: Aus Platzgründen können anschließend nicht alle Algorithmen ausführlich dargestellt werden. Wir beschränken uns bei leicht verständlichen Prozeduren auf eine kurze Funktionsbeschreibung mit Hinweis auf die entsprechenden Zeilen im Programmlisting.

ENTWURF VON MODUL M4.1 : START- UND ZIELBAHNHOF EINGEBEN, KONTROLLE

Modul-abkürzung	Prozedurname, Programmzeilen	Funktion des Moduls
M4.1.1	BENUTZEREINGABEN Zeilen 307-320	Aufforderung zum Einlesen von Start- und Zielbahnhof
M4.1.1.1	NAMENEINLESEN Zeilen 289-304	Der jeweilige Bahnhofsname wird in ein (1..25)-Feld eingelesen
M4.1.2	STARTUNDZIELDATEN SUCHEN Zeilen 323-362	Überprüfung, ob die eingegebenen Bahnhofsnamen in der Datei UB.NETZ vorhanden sind, ggf. ist Neueingabe nötig.

Figur 3.12 : Funktionen der Untermodule zu M4.1

ENTWURF VON MODUL M4.2 : OHNE UMSTEIGEN

Für diesen Modul sind zahlreiche Prozeduren vorzusehen, die auch bei der Algorithmisierung der Module M4.3 und M4.4 eine Rolle spielen. Daher ist es zweckmäßig, zumindest die Ansätze für diese Module schon jetzt zu berücksichtigen.

Aus der Abbildung des U-Bahnnetzes ist ersichtlich, daß man von einem Startbahnhof aus jeden Zielbahnhof mit maximal zweimaligem Umsteigen erreichen kann. Es müssen also drei Fälle unterschieden werden:

a) Fahrt ohne Umsteigen, z.B.

   Start: Thielplatz (Linie 2)
   Ziel : Hohenzollernplatz (Linie 2),

b) Fahrt mit einmaligem Umsteigen,z.B.

   Start: Thielplatz (Linie 2)
   Ziel : Bundesplatz(Linie 9)
   Umsteigen: Spichernstraße (Linie 2 und Linie 9),

c) Fahrt mit zweimaligem Umsteigen, z.B.

   Start: Thielplatz (Linie 2)
   Ziel : Boddinstraße (Linie 8)
   Umsteigen: Fehrbelliner Platz (Linie 2 und Linie 7)
   Umsteigen: Herrmannplatz (Linie 7 und Linie 8)

   oder

   Umsteigen: Wittenbergplatz (Linien 2,3,1)
   Umsteigen: Kottbusser Tor (Linie 1 und Linie 8)

   oder

   Umsteigen: Spichernstraße (Linie 2 und Linie 9)
   Umsteigen: Osloer Straße (Linie 9 und Linie 8).

Offenbar läßt sich b) auf a) zurückführen, indem ein Umsteigebahnhof als (Zwischen-) Zielbahnhof und anschließend als neuer Startbahnhof interpretiert wird.
Entsprechendes gilt für die Zurückführung von c) auf b), siehe Figur 3.13.

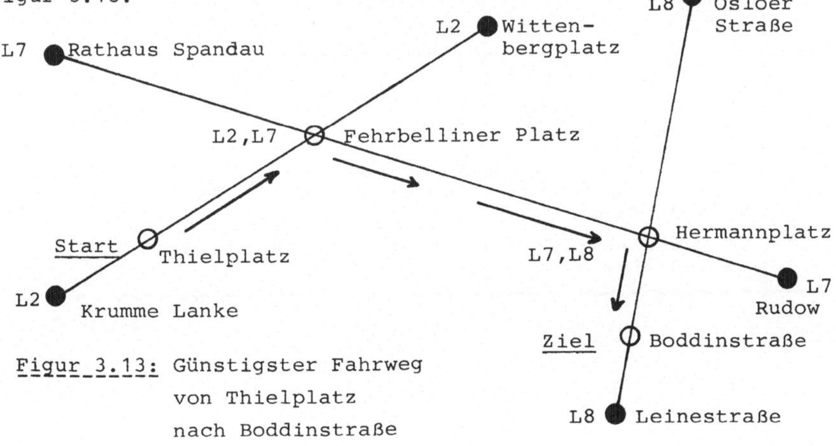

Figur 3.13: Günstigster Fahrweg von Thielplatz nach Boddinstraße

Die folgenden Prozeduren sind nötig, um die für den "Fahrschein" benötigten Daten ermitteln zu können.

Modul-abkürzung	Prozedurname, Programmzeilen	Funktion des Moduls
M4.2.1	OBAUFEINERLINIE (B1,B2:BAHNHOEFE) Zeilen 365-383	Feststellung, ob zwei Bahnhöfe B1 und B2 auf einer Linie liegen, ggf. Ermittlung der Liniennummer.
M4.2.2	ENDBAHNHOEFEDER LINIE(LIN:integer) Zeilen 386-406	Ermittlung der Endbahnhöfe der Linie LIN.
M4.2.3	VIERBAHNHOEFEORDNEN (B1,B2,E1,E2: BAHNHOEFE) Zeilen 408-445	Die 4 Bahnhöfe B1,B2,E1,E2 (zum Beispiel (Startbahnhof,Zielbahnhof, Endbahnhof, Endbahnhof) werden nach ihrer Nummer auf der Linie geordnet.
M4.2.4	OBEINMALUMSTEIGEN (B3,B4:BAHNHOEFE) Zeilen 448-471	Nachdem festgestellt wurde, daß Start und Ziel nicht auf einer Linie liegen, wird untersucht, ob einmaliges oder zweimaliges Umsteigen nötig ist.
M4.2.5	FAHRTRICHTUNGSAUS GABE(B1:BAHNHOEFE) Zeilen 473-482	Die jeweilige Fahrtrichtung wird zur späteren Ausgabe gespeichert.
M4.2.6	BAHNHOFVORDEMZIEL (B1:BAHNHOEFE, LIN: integer) Zeilen 508-528	Der Bahnhof vor dem Ziel wird ermittelt, um eine Ankündigung vor dem Ziel zu haben.
M4.2.6.1	AUFWELCHERSEITE VOMZIEL (EINS,LIZ:integer) Zeilen 485-505	Es wird ermittelt, von welcher Seite man sich dem Ziel nähert.
M4.2.7	ANZAHLDERBAHNHOEFE VONBIS (B1,B2:BAHNHOEFE; LIN:integer) Zeilen 531-542	Stellt die Anzahl der durchfahrenen Bahnhöfe vom Start bis zum Ziel fest.
M4.2.8	PRINTINITIALISIEREN Zeilen 545-561	Initialisiert die Druckfelder.
M4.2.9	FELDINITIALISIEREN Zeilen 565-587	Initialisiert verschiedene Felder

Figur 3.14 : Funktionen der Module M4.2.1 - M4.2.9

Das Zusammenwirken dieser Untermodule innerhalb des Moduls M4 - AUSKUNFTSSYSTEM - wird in dem folgenden Struktogramm deutlich:

Prozeduraufruf: BENUTZEREINGABEN — M4.1.1 →
Start- und Zielbahnhof eingeben!

Prozeduraufruf: STARTUNDZIELDATENSUCHEN — M4.1.2 →
ggf. Eingabewiederholung

FALL:=O , Variable zum Unterscheiden, 3 Fälle (ohne Umsteigen, einmal umsteigen, zweimal umsteigen)

Prozeduraufruf: OBAUFEINERLINIE(STARTBHF,ZIELBHF), ggf. wird die Linie LI ermittelt und die Variable FALL auf 1 gesetzt. — M4.2.1 →

FALL= 1

ja:

- Die Bahnhöfe liegen also auf einer Linie! UM:=O
  Prozeduraufruf: ENDBAHNHOEFEDERLINIE(LI) liefert die Endbahnhöfe ENDB(1) und ENDB(2) — M4.2.2 →
- Prozeduraufruf: VIERBAHNHOEFEORDNEN(STARTBHF, ZIELBHF,ENDB(1),ENDB(2)) — M4.2.3 →
- Prozeduraufruf: FAHRTRICHTUNGSAUSGABE(STARTBHF) — M4.2.5 →
- Prozedurauruf: BHFVORDEMZIEL(STARTBHF,LI) — M4.2.6 →
- Prozeduraufruf: ANZAHLDERBAHNHOEFEVONBIS (STARTBHF,ZIELBHF,LI) schreibt die Anzahl der Bahnhöfe in die Variable DIFF — M4.2.7 →
- WAY = DIFF
  PRINT(1).WAY:= DIFF
  PRINT(1).LINE:= LI
  UMGEMEINSAM := O

nein (FALL=O):

- Prozeduraufruf: OBEINMALUMSTEIGEN (STARTBHF,ZIELBHF), — M4.2.4 →
  ggf. wird die Variable UMGEMEINSAM auf die Anzahl der gemeinsamen Umsteigebahnhöfe gesetzt.
- UMGEMEINSAM > O
  - ja: Prozeduraufruf: EINMAL UMSTEIGEN — M4.3 → (hier wieder Aufrufe von M4.2.1-M4.2.7)
  - nein: Prozeduraufruf: ZWEIMAL UMSTEIGEN — M4.4 → (hier wieder Aufrufe von M4.2.1-M4.2.7)

Prozeduraufruf: FAHRHINWEISE — M4.5 →

Figur 3.15 : Struktogramm zum Modul M4 - AUSKUNFTSSYSTEM

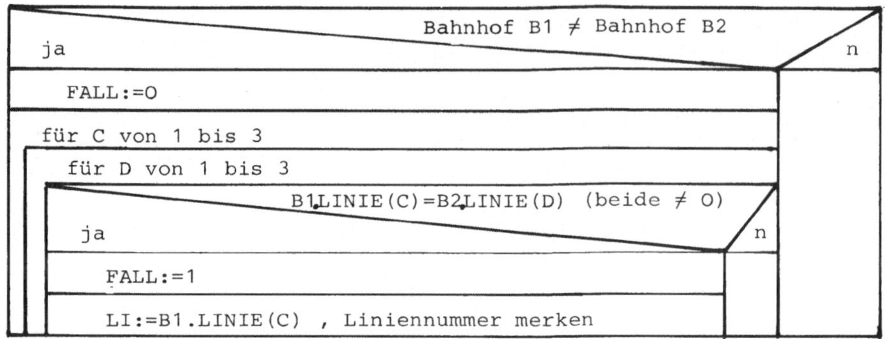

Figur 3.16 : Struktogramm zu M4.2.1 - OBAUFEINERLINIE(B1,B2)

Der Algorithmus zu ENDBAHNHOEFEDERLINIE(LIN)wird verbal formuliert:

1) Datei UB.NETZ zum Lesen öffnen
2) Index für Endbahnhöfe auf 1 setzen, J:=1
3) Wiederhole, bis Dateiende oder bis zwei Endbahnhöfe gefunden sind, d.h. bis J=3 :
   31) Für I von 1 bis 3 :
      311) Stimmt eine der Linien des gerade betrachteten Bahnhofs aus UB.NETZ mit der Liniennummer LIN (Parameter der Prozedur) überein und handelt es sich um einen Endbahnhof?
      LINIE(I)=LIN und ENDBHF(I)=1 ?
      312) Wenn ja, den Endbahnhof in ENDB(J) merken und J um 1 erhöhen
   32) Den nächsten Satz aus der Datei UB.NETZ holen

Zuletzt stehen die beiden Endbahnhöfe in ENDB(1) und ENDB(2) bereit.

Figur 3.17 : Algorithmus zu M4.2.2 - ENDBAHNHOEFEDERLINIE(LIN)

Auf die ausführliche Darstellung von VIERBAHNHOEFEORDNEN, FAHRTRICHTUNGSAUSGABE, BHFVORDEMZIEL und ANZAHLDERBAHNHOEFEVONBIS wird verzichtet. Sie zugehörigen Prozeduren sind leicht verständlich und können aus dem Programmlisting entnommen werden, siehe auch Figur 3.14 mit den Zeilenangaben.
Die Prozedur OBEINMALUMSTEIGEN nimmt für weitere Problemlösungen

eine zentrale Rolle ein. Der Algorithmus wird daher in einem Struktogramm dargestellt:

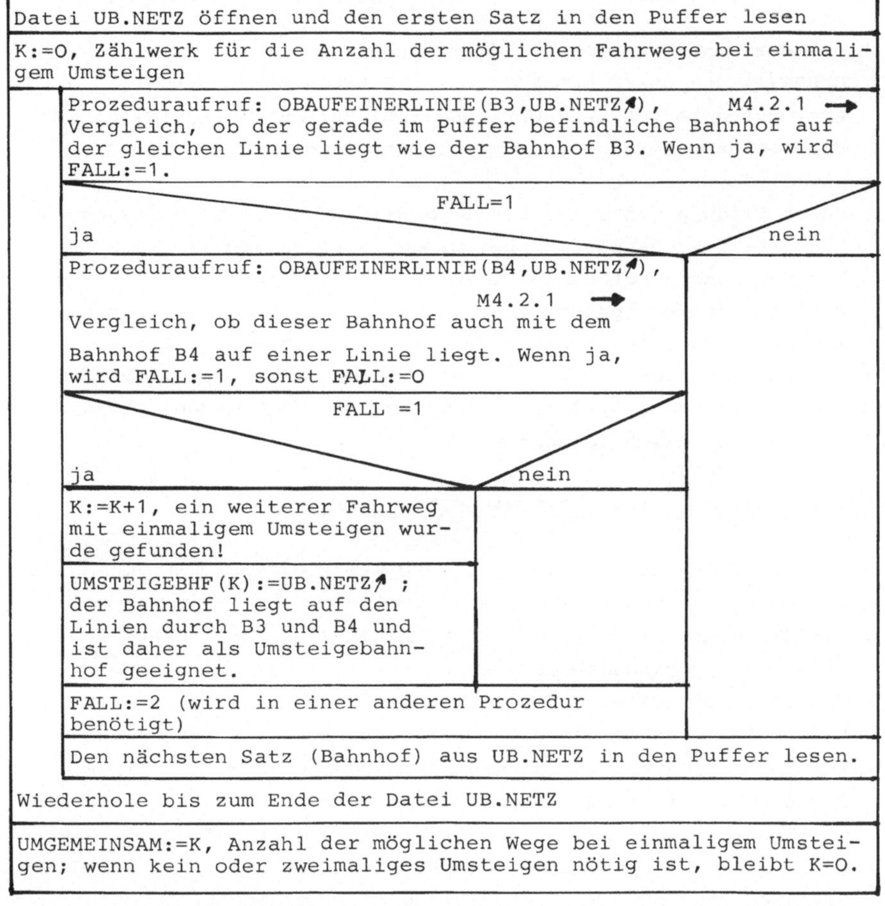

Figur 3.18 : Struktogramm zu M4.2.4 - OBEINMALUMSTEIGEN(B3,B4)

ENTWURF VON MODUL 4.3 : EINMALUMSTEIGEN

Mit Hilfe der Prozedur OBEINMALUMSTEIGEN ist festgestellt worden, wieviel Wege vom Start zum Ziel bei einmaligem Umsteigen möglich sind (Variable UMGEMEINSAM). Die Umsteigebahnhöfe wurden im Feld UMSTEIGEBHF(I) gespeichert.

Für jeden Weg wird nun so vorgegangen:

1) Mit Hilfe der Prozedur OBAUFEINERLINIE(B1,B2:BAHNHOEFE) wird die Linie LI festgestellt, auf der STARTBHF und UMSTEIGEBHF(I) sowie UMSTEIGEBHF(I) und ZIELBHF liegen.
2) Die Berechnung der Anzahl der Bahnhöfe von STARTBHF bis UMSTEIGEBHF(I) und UMSTEIGEBHF(I) bis ZIELBHF erfolgt mit Hilfe der Prozedur ANZAHLDERBAHNHOEFEVONBIS(B1,B2:BAHNHOEFE,LIN:INTEGER). Die Weglänge wird gespeichert in den Feldelementen DIF(I) und DIW(I).
3) Durch Bildung von DIFF:=DIF(I)+DIW(I) wird von allen Wegen der kürzeste festgestellt. Dabei werden die zum jeweils kürzesten Weg gehörenden Daten wie Linie, Fahrtrichtung, Bahnhof vor dem Ziel mit den entsprechenden Prozeduren ermittelt und für den späteren Druck gespeichert (Anweisungen mit PRINT(I).)

Diese Erläuterungen und weitere Bemerkungen im Programmlisting (siehe Zeilen 590-646) dürften genügen, um die Prozedur EINMALUMSTEIGEN verständlich zu machen.

ENTWURF VON MODUL 4.4 : ZWEIMALUMSTEIGEN

Aus der Prozedur M4 - AUSKUNFTSSYSTEM - ist bekannt, ob zweimal umgestiegen werden muß.

1) Mit Hilfe der Prozedur OBAUFEINERLINIE(B1,B2:BAHNHOEFE) werden alle Umsteigebahnhöfe des Netzes festgestellt, die mit dem Startbahnhof auf einer Linie liegen. Diese Bahnhöfe werden im Feld U1 mit den Komponenten U1(I) gespeichert, siehe Figur 3.19.
2) Für jeden dieser Umsteigebahnhöfe wird nun geprüft, ob man den Zielbahnhof mit einmaligem Umsteigen erreichen kann. Dazu wird OBEINMALUMSTEIGEN(B3,B4:BAHNHOEFE) angewendet auf (U1(I),ZIEL BHF). Die dabei gefundenen Umsteigebahnhöfe werden im zweidimensionalen Feld UMSTFELD in UMSTFELD(I,J) gesammelt.
3) Ist ein Weg vom Start zum Ziel gefunden, werden sofort die einzelnen Streckenlängen berechnet. Der jeweils kürzeste Weg wird mit seinen Umsteigebahnhöfen festgehalten; diese beiden Umsteigebahnhöfe werden in UBF1 und UBF2 geschrieben.

Der Lösungsweg kann an den Figuren 3.19 und 3.20 nachvollzogen werden.

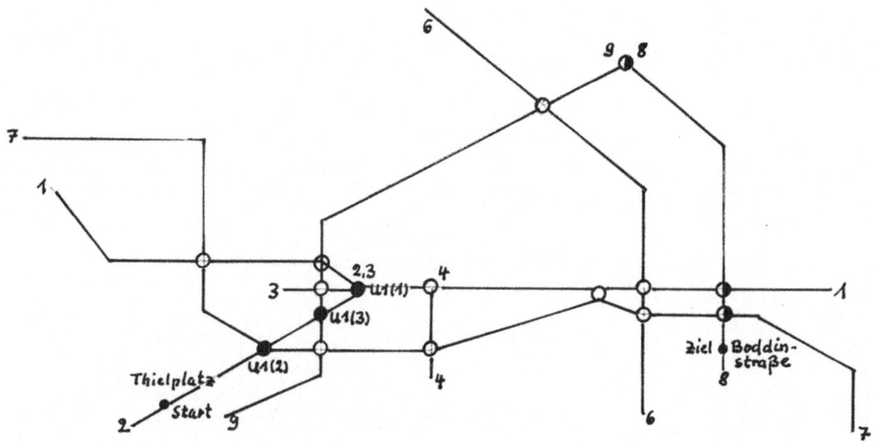

● Potentielle Umsteigebahnhöfe auf der Linie von Start (Linie 2, Thielplatz)
◐ Potentielle Umsteigebahnhöfe auf der Linie von Ziel (Linie 8, Boddinstraße)
○ Weitere Umsteigebahnhöfe
2... Liniennummern

Figur 3.19 : Start:Thielplatz, Ziel:Boddinstraße, zweimaliges Umsteigen

Umsteigebahnhöfe auf der Linie von Thielplatz (Linie 2)		
Wittenbergplatz U1(1) Linien 1,2,3	Fehrbelliner Platz U1(2) Linien 2,7	Spichernstraße U1(3) Linien 2,9
Umsteigebahnhöfe Linie 1	Umsteigebahnhöfe Linie 7	Umsteigebahnhöfe Linie 9
Kottbusser Tor + Hallesches Tor - Möckernbrücke - Nollendorfplatz - Zoologischer G. - Bismarckstraße -	Hermannplatz + Mehringdamm - Möckernbrücke - Bayerischer Platz - Berliner Straße -	Berliner Straße - Kurfürstendamm - Zoologischer Garten - Leopoldplatz - Osloer Straße +
Umsteigebahnhöfe Linie 3		
Kurfürstendamm -		
+ (-) geeignete (ungeeignete) Umsteigebahnhöfe UMSTFELD(1,1):= Daten von Kottbusser Tor UMSTFELD(2,1):= Daten von Hermannplatz UMSTFELD(3,1):= Daten von Osloer Straße		

Figur 3.20

ENTWURF VON MODUL 4.5 : FAHRHINWEISE

Für den BVG-Kunden sind nur einige der zahlreichen Daten, die mit den Prozeduren M4.2.1-M4.2.7 ermittelt werden, interessant. Er soll sie auf einem "Fahrschein" erhalten. Dazu wurde ein spezielles Muster entwickelt. Für die im Fahrschein auszugebenden Daten wurde ein Typ ERGEBNISFELD geschaffen:

```
TYPE ERGEBNISFELD = ARRAY(1..3) OF RECORD
                       NAME: ARRAY(1..3) OF NAMENFELD;
                       WAY : INTEGER;
                       LINE: INTEGER;
                                END;
```

wobei

```
TYPE NAMENFELD    = ARRAY(1..25) OF CHAR;
```

Den Komponenten der Variablen PRINT vom Typ ERGEBNISFELD werden in den verschiedenen Prozeduren an geeigneten Stellen die jeweils aktuellen Werte zugewiesen. Den Aufbau des Fahrscheins, hier für einmaliges Umsteigen, zeigt das folgende Beispiel:

FAHRHINWEISE	
START: STARTBHF.BHFNAME	ZIEL: ZIELBHF.BHFNAME
SIE MÜSSEN UM:1 -MAL UMSTEIGEN	
VON : PRINT(1).NAME(1)	RICHTUNG: PRINT(1).NAME(2)
BIS : PRINT(1).NAME(3)	LINIE: a) STATIONEN: b)
VON : PRINT(2).NAME(1)	RICHTUNG: PRINT(2).NAME(2)
BIS : PRINT(2) NAME(3)	LINIE: c) STATIONEN: d)
IHR ZIEL FOLGT AUF DIE STATIONEN: BHFVORZIEL.BHFNAME	
ANZAHL DER STATIONEN : WAY:2	
GUTE FAHRT!	IHRE BVG

Dabei steht für a)-d):

a) PRINT(1).LINE, b) PRINT(1).WAY

c) PRINT(2).LINE, d) PRINT(2).WAY

Die Variablen sind mit ------ unterstrichen.

Figur 3.21 :

"Fahrschein"

Die auf der folgenden Seite aufgelisteten Module bewirken dann eine kundengerechte Ausgabe (Figur 3.22).

<table>
<tr><th>Modul-abkürzung</th><th>Prozedurname, Programmzeilen</th><th>Funktion des Moduls</th></tr>
<tr><td>M4.5</td><td>FAHRHINWEISE
Zeilen 815-836</td><td>Erstellt die Überschrift und ruft die einzelnen Ausgabeprozeduren in Abhängigkeit von der Anzahl des Umsteigens auf.</td></tr>
<tr><td>M4.2.8</td><td>PRINTINITIALISIEREN
Zeilen 545-561</td><td>Initialisiert die Variable PRINT vom Typ ERGEBNISFELD</td></tr>
<tr><td>M4.5.1</td><td>BLOCK1
Zeilen 744-752</td><td rowspan="4"><u>Druckbild</u>

Block 1
bei 0,1,2-mal umsteigen

Block 2
bei 1,2-mal umsteigen

Block 3
bei 2-mal umsteigen

Block 4
bei 0,1,2-mal umsteigen

Ausgaben in diesen Blöcken siehe Figur 3.21</td></tr>
<tr><td>M4.5.2</td><td>BLOCK2
Zeilen 755-763</td></tr>
<tr><td>M4.5.3</td><td>BLOCK3
Zeilen 766-774</td></tr>
<tr><td>M4.5.4</td><td>BLOCK4
Zeilen 801-812</td></tr>
<tr><td>M4.5.4.1</td><td>STRICHMITSTERN
(LAENGE:INTEGER)
Zeilen 777-787</td><td>Druckt eine Reihe von Strichen, begrenzt auf jeder Seite durch einen Stern.</td></tr>
<tr><td>M4.5.4.2</td><td>STERNE
(LAENGE:INTEGER)
Zeilen 790-799</td><td>Druckt eine Reihe von Sternen.</td></tr>
</table>

Figur 3.22 : Funktionen der Module M4.5,M4.5.1-M4.5.4

DOK 4 : MODULPROGRAMME, TESTPROTOKOLLE

Bezüglich der Modulprogrammierung wird auf das Programmlisting in DOK5 verwiesen. Dort sind die einzelnen Module entsprechend den in der Entwurfsphase festgelegten Bezeichnungen (s.o.) kenntlich gemacht.

Aus den Modul-Testprotokollen werden im folgenden einige Ausschnitte dokumentiert.

```
!!!!!!!!!!!!!!!!!!!!!!!!!!!!!!!!!!
!!!!!  U - B A H N           !!!!!
!!!!!!!!!!!!!!!!!!!!!!!!!!!!!!!!!!

WAS WUENSCHEN SIE?
   FUER VERWALTER DES SYSTEMS:
 1: EINGABEN ZUM U-BAHNNETZ ?
 2: KORREKTUREN AM U-BAHNNETZ ?
 3: LISTE VON U-BAHN-BAHNHOFEN ?

   FUER ANWENDER:
 4: AUSKUENFTE (WESTBERLINER NETZ) ?
 0: ENDE?
```

Zu Modul M1

LIESBAHNHOF

```
GEBEN SIE DIE GEWUENSCHTE ZIFFER EIN!
1
GEBEN SIE DIE DATEN EINES BAHNHOFS EIN:
BAHNHOFSNUMMER IM GESAMTEN NETZ, Z.B. 43
LINIENNUMMER,Z.B.       0 0 6
BAHNHOFSNUMMERN AUF DEN EINZELNEN LINIEN,Z.B. 00 13 23
ENDBAHNHOF,Z.B.         0 1 1
BAHNHOF,Z.B.KRUMME LANKE,INSGESAMT HOECHSTENS 25 STELLEN
  **             NUMMER IM NETZ
  11
 * * *          LINIE:
 0 9 1
 ** ** **       NUMMERN AUF DEN LINIEN:
 00 10 11
 * * *          ENDBAHNHOF:
 0 0 0
 *************************   BHFNAME:
zoologischer garten
NOCH EIN BAHNHOF (J,N) ?
j
 **             NUMMER IM NETZ
 12
 * * *          LINIE:
 0 0 1
 ** ** **       NUMMERN AUF DEN LINIEN:
 00 00 12
 * * *          ENDBAHNHOF:
 0 0 0
 *************************   BHFNAME:
ernst/reuter-platz
NOCH EIN BAHNHOF (J,N) ?
n
 2 BAHNHOEFE EINGEGEBEN.
HABEN SIE WEITERE WUENSCHE? (J,N)
j
!!!!!!!!!!!!!!!!!!!!!!!!!!!!!!!!!!
!!!!!  U - B A H N           !!!!!
!!!!!!!!!!!!!!!!!!!!!!!!!!!!!!!!!!

WAS WUENSCHEN SIE?
   FUER VERWALTER DES SYSTEMS:
 1: EINGABEN ZUM U-BAHNNETZ ?
 2: KORREKTUREN AM U-BAHNNETZ ?
 3: LISTE VON U-BAHN-BAHNHOFEN ?
```

Die Datei UB.NETZ wird erstellt.

Falsche Schreibweise, wird später korrigiert.

```
   FUER ANWENDER:
 4: AUSKUENFTE (WESTBERLINER NETZ) ?
 0: ENDE?

GEBEN SIE DIE GEWUENSCHTE ZIFFER EIN!
3
IN DER DATEI BEFINDEN SICH     2 WERTE.
AUS WELCHEM DATEIBEREICH WOLLEN SIE DATEN AUSGEBEN LASSEN?
ANFANGSZAHL   ENDZAHL
    1           2
11     0  9  1     0 10 11     0  0  0
ZOOLOGISCHER GARTEN
----------------------------------------------------------
12     0  0  1     0  0 12     0  0  0
ERNST/REUTER-PLATZ
----------------------------------------------------------
HABEN SIE WEITERE WUENSCHE? (J,N)
j
!!!!!!!!!!!!!!!!!!!!!!!!!!!!!!!!!
!!!!!  U - B A H N         !!!!!
!!!!!!!!!!!!!!!!!!!!!!!!!!!!!!!!!

WAS WUENSCHEN SIE?
   FUER VERWALTER DES SYSTEMS:
 1: EINGABEN ZUM U-BAHNNETZ ?
 2: KORREKTUREN AM U-BAHNNETZ ?
 3: LISTE VON U-BAHN-BAHNHOFEN ?

   FUER ANWENDER:
 4: AUSKUENFTE (WESTBERLINER NETZ) ?
 0: ENDE?

GEBEN SIE DIE GEWUENSCHTE ZIFFER EIN!
2
NAME DES ZU BEARBEITENDEN BAHNHOFS EINGEBEN !
ernst/reuter-platz
12     0  0  1     0  0 12     0  0  0
ERNST/REUTER-PLATZ
----------------------------------------------------------
BITTE EINGEBEN  L: BAHNHOF LOESCHEN        ODER
                A: BAHNHOFSDATEN AENDERN   ODER
                O: NICHTSAENDERN .
a
GEBEN SIE DIE DATEN EINES BAHNHOFS EIN:
BAHNHOFSNUMMER IM GESAMTEN NETZ, Z.B. 43
LINIENNUMMER,Z.B.       0 0 6
BAHNHOFSNUMMERN AUF DEN EINZELNEN LINIEN,Z.B. 00 13 23
ENDBAHNHOF,Z.B.         0 1 1
BAHNHOF,Z.B.KRUMME LANKE,INSGESAMT HOECHSTENS 25 STELLEN
 **             NUMMER IM NETZ
 12
 * * *          LINIE:
 0 0 1
 ** ** **      NUMMERN AUF DEN LINIEN:
 00 00 12
 * * *         ENDBAHNHOF:
 0 0 0
 *************************   BHFNAME:
ernst-reuter-platz
```

Zu Modul M3

ZEIGEBAHNHOEFE

Zu Modul M2

BHFKORREKTUR

Die falsche Schreibweise des Bahnhofs wird korrigiert.

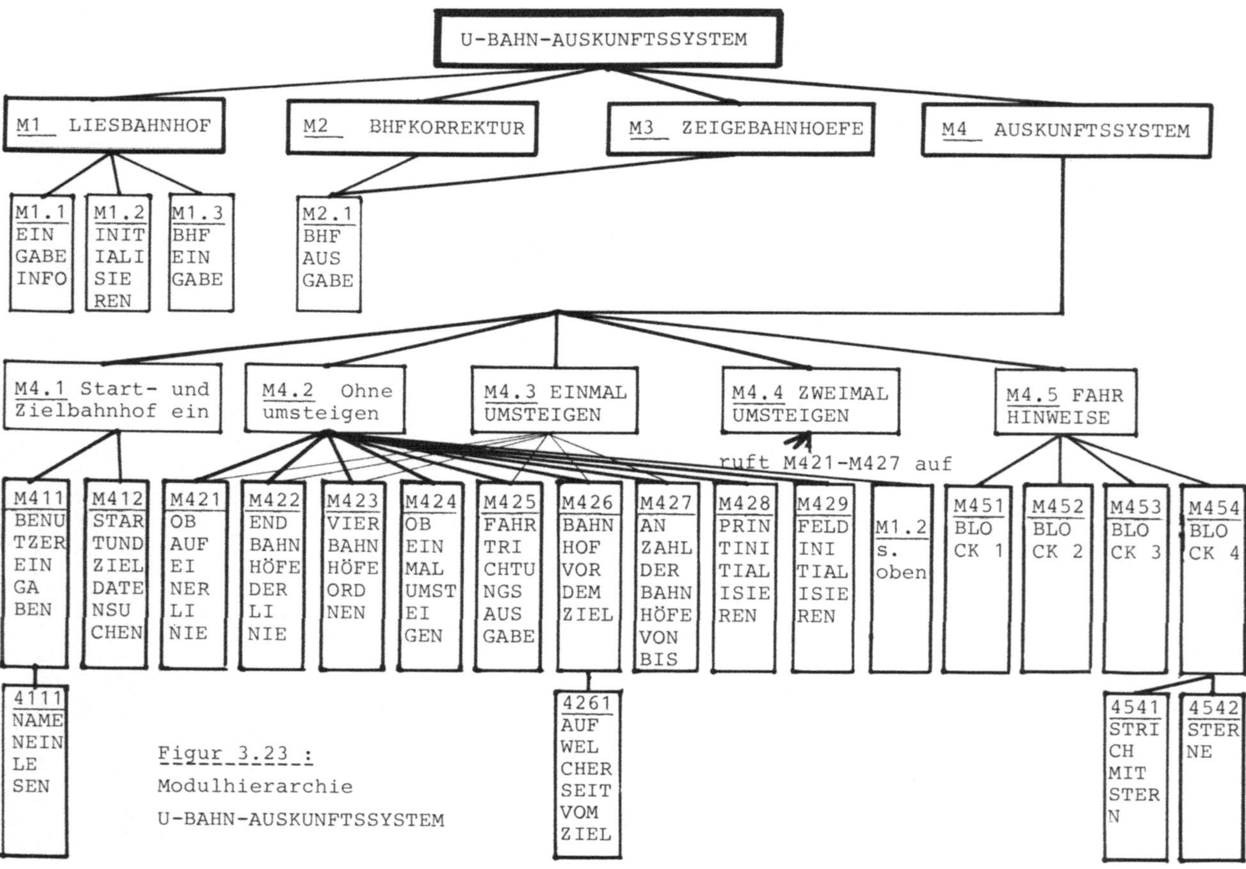

Figur 3.23 :
Modulhierarchie
U-BAHN-AUSKUNFTSSYSTEM

DOK 5 : SYSTEMINTEGRATION

Die Systemintegration fand unter Zuhilfenahme der Modulhierarchie von Figur 3.23 statt. Die einzelnen Prozeduren wurden gemäß dieser Hierarchie schrittweise in das Programmsystem übernommen. Das sich auf diese Weise jeweils erweiternde System wurde jeweils neu getestet.

1) Deklarationsteil, Hauptprogramm, M1 LIESBAHNHOF, M3 ZEIGEBAHNHOEFE,
2) Einfügen von M2 BHFKORREKTUR,
3) Einfügen von M4 AUSKUNFTSSYSTEM, M4.1 und M4.2,
4) Einfügen von M4.3 EINMALUMSTEIGEN und M4.5 FAHRHINWEISE,
5) Einfügen von M4.4 ZWEIMALUMSTEIGEN.

Es folgen einige Testläufe, die die Lauffähigkeit des integrierten Systems zeigen:

```
!!!!!!!!!!!!!!!!!!!!!!!!!!!!!!!!!
!!!!!  U - B A H N          !!!!!
!!!!!!!!!!!!!!!!!!!!!!!!!!!!!!!!!

WAS WUENSCHEN SIE?
   FUER VERWALTER DES SYSTEMS:
 1: EINGABEN ZUM U-BAHNNETZ ?
 2: KORREKTUREN AM U-BAHNNETZ ?
 3: LISTE VON U-BAHN-BAHNHOFEN ?

   FUER ANWENDER:
 4: AUSKUENFTE (WESTBERLINER NETZ) ?
 0: ENDE?

GEBEN SIE DIE GEWUENSCHTE ZIFFER EIN!
 3
IN DER DATEI BEFINDEN SICH   120 WERTE.
AUS WELCHEM DATEIBEREICH WOLLEN SIE DATEN AUSGEBEN LASSEN?
ANFANGSZAHL   ENDZAHL
 1            120
 1    0 0 1    0 0 1    0 0 1
SCHLESISCHES TOR
--------------------------------------------------
 2    0 0 1    0 0 2    0 0 0
GOERLITZER BAHNHOF
--------------------------------------------------
 3    0 8 1    0 5 3    0 0 0
KOTTBUSSER TOR
--------------------------------------------------
 4    0 0 1    0 0 4    0 0 0
PRINZENSTRASSE
--------------------------------------------------
 5    0 6 1    0 10 5   0 0 0
HALLESCHES TOR
--------------------------------------------------
```

Ausgabe der Datei UB.NETZ

usw.... bis

```
HANSAPLATZ
------------------------------------------------------------
113      0  0  9     0  0 12     0  0  0
TURMSTRASSE
------------------------------------------------------------
114      0  0  9     0  0 13     0  0  0
BIRKENSTRASSE
------------------------------------------------------------
115      0  0  9     0  0 14     0  0  0
PUTLITZSTRASSE
------------------------------------------------------------
116      0  0  9     0  0 15     0  0  0
AMRUMER STRASSE
------------------------------------------------------------
117      0  0  9     0  0 17     0  0  0
NAUENER STRASSE
------------------------------------------------------------
118      0  0  8     0  0 11     0  0  0
FRANZ-NEUMANN-PLATZ
------------------------------------------------------------
119      0  0  8     0  0 12     0  0  0
RESIDENZSTRASSE
------------------------------------------------------------
120      0  0  8     0  0 13     0  0  1
PARACELSUS-BAD
------------------------------------------------------------
HABEN SIE WEITERE WUENSCHE? (J,N)
 j
!!!!!!!!!!!!!!!!!!!!!!!!!!!!!!!!!!
!!!!!  U - B A H N          !!!!!
!!!!!!!!!!!!!!!!!!!!!!!!!!!!!!!!!!

WAS WUENSCHEN SIE?
   FUER VERWALTER DES SYSTEMS:
 1: EINGABEN ZUM U-BAHNNETZ ?
 2: KORREKTUREN AM U-BAHNNETZ ?
 3: LISTE VON U-BAHN-BAHNHOFEN ?

   FUER ANWENDER:
 4: AUSKUENFTE (WESTBERLINER NETZ) ?
 0: ENDE?

GEBEN SIE DIE GEWUENSCHTE ZIFFER EIN!
 4
BITTE DEN NAMEN DES STARTBAHNHOFS EINGEBEN :
 thielplatz
BITTE DEN NAMEN DES ZIELBAHNHOFS EINGEBEN :
 krumme lanke
*******************************************************************************
*        F A H R H I N W E I S E                                              *
*-----------------------------------------------------------------------------*
* START: THIELPLATZ                    ZIEL: KRUMME LANKE                     *
*-----------------------------------------------------------------------------*
* SIE MUESSEN 0 -MAL UMSTEIGEN!                                               *
*-----------------------------------------------------------------------------*
* VON: THIELPLATZ                      RICHTUNG : KRUMME LANKE                *
* BIS: KRUMME LANKE                    LINIE    : 2   STATIONEN:  3           *
*-----------------------------------------------------------------------------*
* IHR ZIEL FOLGT AUF DIE STATION: ONKEL TOMS HUETTE                           *
```

Ende der Datei UB.NETZ

Die BVG-Kunden interessiert nur das Auskunfts-system!

```
* ANZAHL DER STATIONEN          : 3                                         *
*--------------------------------------------------------------------------*
* G U T E   F A H R T                  I H R E   B V G                     *
****************************************************************************
*--------------------------------------------------------------------------*
WEITERE AUSKUENFTE ? (J,N)
 j
BITTE DEN NAMEN DES STARTBAHNHOFS EINGEBEN :
 thielplatz
BITTE DEN NAMEN DES ZIELBAHNHOFS EINGEBEN :
 seidelstrasse
****************************************************************************
*        F A H R H I N W E I S E                                           *
*--------------------------------------------------------------------------*
* START: THIELPLATZ                  ZIEL: SEIDELSTRASSE                   *
*--------------------------------------------------------------------------*
* SIE MUESSEN 2 -MAL UMSTEIGEN!                                            *
*--------------------------------------------------------------------------*
* VON: THIELPLATZ                    RICHTUNG : WITTENBERGPLATZ            *
* BIS: SPICHERNSTRASSE               LINIE    : 2   STATIONEN:  8          *
*--------------------------------------------------------------------------*
* VON: SPICHERNSTRASSE               RICHTUNG : OSLOER STRASSE             *
* BIS: LEOPOLDPLATZ                  LINIE    : 9   STATIONEN:  8          *
*--------------------------------------------------------------------------*
* VON: LEOPOLDPLATZ                  RICHTUNG : TEGEL                      *
* BIS: SEIDELSTRASSE                 LINIE    : 6   STATIONEN:  6          *
*--------------------------------------------------------------------------*
* IHR ZIEL FOLGT AUF DIE STATION: SCHARNWEBERSTRASSE                       *
* ANZAHL DER STATIONEN          : 22                                       *
*--------------------------------------------------------------------------*
* G U T E   F A H R T                  I H R E   B V G                     *
****************************************************************************
*--------------------------------------------------------------------------*
WEITERE AUSKUENFTE ? (J,N)
 j
BITTE DEN NAMEN DES STARTBAHNHOFS EINGEBEN :
 boddinstrasse
BITTE DEN NAMEN DES ZIELBAHNHOFS EINGEBEN :
 spichernstrasse
****************************************************************************
*        F A H R H I N W E I S E                                           *
*--------------------------------------------------------------------------*
* START: BODDINSTRASSE               ZIEL: SPICHERNSTRASSE                 *
*--------------------------------------------------------------------------*
* SIE MUESSEN 2 -MAL UMSTEIGEN!                                            *
*--------------------------------------------------------------------------*
* VON: BODDINSTRASSE                 RICHTUNG : PARACELSUS-BAD             *
* BIS: KOTTBUSSER TOR                LINIE    : 8   STATIONEN:  3          *
*--------------------------------------------------------------------------*
* VON: KOTTBUSSER TOR                RICHTUNG : RUHLEBEN                   *
* BIS: WITTENBERGPLATZ               LINIE    : 1   STATIONEN:  7          *
*--------------------------------------------------------------------------*
* VON: WITTENBERGPLATZ               RICHTUNG : KRUMME LANKE               *
* BIS: SPICHERNSTRASSE               LINIE    : 2   STATIONEN:  2          *
*--------------------------------------------------------------------------*
* IHR ZIEL FOLGT AUF DIE STATION: AUGSBURGER STRASSE                       *
* ANZAHL DER STATIONEN          : 12                                       *
*--------------------------------------------------------------------------*
* G U T E   F A H R T                  I H R E   B V G                     *
```

```
****************************************************************************
*--------------------------------------------------------------------------*
WEITERE AUSKUENFTE ? (J,N)
 j
BITTE DEN NAMEN DES STARTBAHNHOFS EINGEBEN :
 thillplatz
BITTE DEN NAMEN DES ZIELBAHNHOFS EINGEBEN :
 uhlandstrasse
STARTBAHNHOFEINGABE WAR FEHLERHAFT,
BITTE WIEDERHOLEN !
BITTE DEN NAMEN DES STARTBAHNHOFS EINGEBEN :
 thielplatz
BITTE DEN NAMEN DES ZIELBAHNHOFS EINGEBEN :
 uhlandstrasse
****************************************************************************
*       F A H R H I N W E I S E                                            *
*--------------------------------------------------------------------------*
* START: THIELPLATZ                 ZIEL: UHLANDSTRASSE                    *
*--------------------------------------------------------------------------*
* SIE MUESSEN 1 -MAL UMSTEIGEN!                                            *
*--------------------------------------------------------------------------*
* VON: THIELPLATZ                   RICHTUNG : WITTENBERGPLATZ             *
* BIS: WITTENBERGPLATZ              LINIE    : 2   STATIONEN: 10           *
*--------------------------------------------------------------------------*
* VON: WITTENBERGPLATZ              RICHTUNG : UHLANDSTRASSE               *
* BIS: UHLANDSTRASSE                LINIE    : 3   STATIONEN:  2           *
*--------------------------------------------------------------------------*
* IHR ZIEL FOLGT AUF DIE STATION: KURFUERSTENDAMM                          *
* ANZAHL DER STATIONEN          : 12                                       *
*--------------------------------------------------------------------------*
*  G U T E   F A H R T              I H R E   B V G                        *
****************************************************************************
*--------------------------------------------------------------------------*
WEITERE AUSKUENFTE ? (J,N)
 n
```

Bemerkung: Da die BVG-Kunden nur an dem eigentlichen Auskunftssystem interessiert sind, existieren zwei Programmversionen! Für die Kunden werden die beim Systemstart möglichen Eingaben 1,2,3 herausgenommen (im Programmlisting die Zeilen 890-894,907-909), da sie nur für den Systemverwalter von Bedeutung sind. Der Kunde darf an diesen Daten nicht manipulieren! Der Verwalter dagegen muß die Möglichkeit haben,an den Daten über die Bahnhöfe Änderungen vorzunehmen.

Es folgt das Programmlisting für das U-BAHN-AUSKUNFTSSYSTEM.

Programmlisting

U-BAHN-AUSKUNFTSSYSTEM

```
PROGRAM UBAHN(INPUT, OUTPUT, NETZ, HILF);
(* UB.83.KLEININGROSS MIT DATEI UB.NISAM.83 , 31.10.83 *)
LABEL
  999;

TYPE
        BAHNHOEFE = RECORD
                      BHFNUMMER: INTEGER;
                      BHFNAME: ARRAY [1 .. 25] OF CHAR;
                      LINIE: ARRAY [1 .. 3] OF INTEGER;
                      NUMMERAUFLINIE: ARRAY [1 .. 3] OF INTEGER;
                      ENDBHF: ARRAY [1 .. 3] OF INTEGER;
                    END;
        NAMENFELD = ARRAY [1 .. 25] OF CHAR;
     ERGEBNISFELD = ARRAY (.1 .. 3.) OF RECORD
                         NAME: ARRAY (.1 .. 3.) OF NAMENFELD;
                         WAY: INTEGER;
                         LINE: INTEGER;
                                        END;

VAR
                B,
                H,
           AUFRUF,
              WAY,
              WEG,
               UM,
      UMGEMEINSAM,
             DIFF,
             FALL,
               LI,
          GESDIFF,
           ZWDIFF: INTEGER;
          NOCHEIN,
           WUNSCH,
         AUSKUNFT,
           WEITER: CHAR;
               OK: BOOLEAN;
            START,
             ZIEL,
            BNAME: NAMENFELD;
            PRINT: ERGEBNISFELD;
             NETZ,
             HILF: FILE (BHFNUMMER) OF BAHNHOEFE;
         STARTBHF,
             UBF1,
             UBF2,
          ZIELBHF,
       BHFVORZIEL,
          BAHNHOF: BAHNHOEFE;
              DIF,
              DIW: ARRAY (.1 .. 10.) OF INTEGER;
             ENDB: ARRAY [1 .. 2] OF BAHNHOEFE;
            BFELD: ARRAY [1 .. 4] OF BAHNHOEFE;
         UMSTFELD: ARRAY [1 .. 7, 1 .. 6] OF BAHNHOEFE;
               U1: ARRAY [1 .. 7] OF BAHNHOEFE;
      UMSTEIGEBHF: ARRAY [1 .. 10] OF BAHNHOEFE;
(* ############################################################ *)
PROCEDURE KLEININGROSS(VAR C:CHAR);
```

```
  BEGIN
    if c in ['a'..'z'] then
    C:=CHR(ORD(C)+64);
  END (* KLEININGROSS *);
(* ‡‡‡‡‡‡‡‡‡‡‡‡‡‡‡‡‡‡‡‡‡‡‡‡‡‡‡‡‡‡‡‡‡‡‡‡‡‡‡‡‡‡‡‡‡‡‡‡‡‡‡‡‡‡‡‡‡‡‡‡‡‡‡‡‡‡ *)
PROCEDURE EINGABEINFO;
                                                          Modul M1.1
  BEGIN
    WRITELN('GEBEN SIE DIE DATEN EINES BAHNHOFS EIN:');
    WRITELN('BAHNHOFSNUMMER IM GESAMTEN NETZ, Z.B. 43');
    WRITELN('LINIENNUMMER,Z.B.     0 0 6');
    WRITELN('BAHNHOFSNUMMERN AUF DEN EINZELNEN LINIEN,Z.B. 00 13 23');
    WRITELN('ENDBAHNHOF,Z.B.       0 1 1');
    WRITELN('BAHNHOF,Z.B.KRUMME LANKE,INSGESAMT HOECHSTENS 25 STELLEN');
  END (* EINGABEINFO *);

(* ‡‡‡‡‡‡‡‡‡‡‡‡‡‡‡‡‡‡‡‡‡‡‡‡‡‡‡‡‡‡‡‡‡‡‡‡‡‡‡‡‡‡‡‡‡‡‡‡‡‡‡‡‡‡‡‡‡‡‡‡‡‡‡‡‡‡ *)
PROCEDURE INITIALISIEREN(VAR B1: BAHNHOEFE);
                                                          Modul M1.2
  VAR
                  I: INTEGER;

  BEGIN
    FOR I := 1 TO 3
    DO BEGIN
         B1.LINIE[I] := 0;
         B1.NUMMERAUFLINIE[I] := 0;
         B1.ENDBHF[I] := 0;
       END;
    FOR I := 1 TO 25
    DO B1.BHFNAME[I] := ' ';
  END (* INITIALISIEREN *);

(* ‡‡‡‡‡‡‡‡‡‡‡‡‡‡‡‡‡‡‡‡‡‡‡‡‡‡‡‡‡‡‡‡‡‡‡‡‡‡‡‡‡‡‡‡‡‡‡‡‡‡‡‡‡‡‡‡‡‡‡‡‡‡‡‡‡‡ *)
PROCEDURE BHFEINGABE;
                                                          Modul M1.3
  VAR
                  A: INTEGER;

  BEGIN
    WRITELN(' **             NUMMER IM NETZ');
    READLN;
    READ(BAHNHOF.BHFNUMMER);
    WRITELN(' * * *          LINIE:');
    READLN;
    FOR A := 1 TO 3
    DO READ(BAHNHOF.LINIE[A]);
    WRITELN(' ** ** **      NUMMERN AUF DEN LINIEN:');
    READLN;
    FOR A := 1 TO 3
    DO READ(BAHNHOF.NUMMERAUFLINIE[A]);
    WRITELN(' * * *         ENDBAHNHOF:');
    READLN;
    FOR A := 1 TO 3
    DO READ(BAHNHOF.ENDBHF[A]);
    WRITELN(' *************************   BHFNAME:');
    A := 1;
    READLN;
    REPEAT
```

```
      READ(BAHNHOF.BHFNAME[A]);
      KLEININGROSS(BAHNHOF.BHFNAME[A]);
      A := A + 1;
    UNTIL (A = 25) OR (EOLN);
  END (* BHFEINGABE *);

(* ############################################################## *)
PROCEDURE LIESBAHNHOF;
```

Modul M1

```
  VAR
                  N: INTEGER;

  BEGIN
    EXTEND(NETZ);
(*BEI SEQUENTIELLER DATEI: REWRITE(NETZ) *)
    N := 0;
    EINGABEINFO;
    NOCHEIN := 'J';
    WHILE NOCHEIN = 'J'
    DO BEGIN
         INITIALISIEREN(BAHNHOF);
         NETZ@ := BAHNHOF;
         BHFEINGABE;
         NETZ@ := BAHNHOF;
         PUT(NETZ);
         N := N + 1;
         WRITELN('NOCH EIN BAHNHOF (J,N) ?');
         READLN;
         READ(NOCHEIN);
         KLEININGROSS(NOCHEIN);
       END;
    WRITELN(N: 2, ' BAHNHOEFE EINGEGEBEN.');
  END (* LIESBAHNHOF *);

(* ############################################################## *)
PROCEDURE BHFAUSGABE;
```

Modul M2.1

```
  VAR
                  A: INTEGER;

  BEGIN
    WRITE(BAHNHOF.BHFNUMMER: 2);
    WRITE('   ');
    FOR A := 1 TO 3
    DO WRITE(BAHNHOF.LINIE[A]: 3);
    WRITE('   ');
    FOR A := 1 TO 3
    DO WRITE(BAHNHOF.NUMMERAUFLINIE[A]: 3);
    WRITE('   ');
    FOR A := 1 TO 3
    DO WRITE(BAHNHOF.ENDBHF[A]: 3);
    WRITE('   ');
    WRITELN;
    FOR A := 1 TO 25
    DO WRITE(BAHNHOF.BHFNAME[A]);
    WRITELN;
    FOR A := 1 TO 50
    DO WRITE('-');
    WRITELN;
```

Modul M2

```
  END (* BHFAUSGABE *);

(* ################################################################ *)
PROCEDURE BHFKORREKTUR;

  VAR
                 I: INTEGER;
              PLAN: CHAR;

  BEGIN
    NOCHEIN := 'J';
    WHILE NOCHEIN = 'J'
    DO BEGIN
         RESET(NETZ);
         REWRITE(HILF);
         WRITELN('NAME DES ZU BEARBEITENDEN BAHNHOFS EINGEBEN !');
         FOR I := 1 TO 25
         DO BNAME[I] := ' ';
         I := 0;
         READLN;
         REPEAT
           I := I + 1;
           READ(BNAME[I]);
           KLEININGROSS(BNAME[I]);
         UNTIL (EOLN) OR (I = 25);
(* BAHNHOFSNAMEN SUCHEN: *)
         REPEAT
           HILF@ := NETZ@;
           BAHNHOF := NETZ@;
           IF   BAHNHOF.BHFNAME = BNAME
           THEN BEGIN
                  BHFAUSGABE;
                  WRITELN('BITTE EINGEBEN  L: BAHNHOF LOESCHEN        ODER');
                  WRITELN('                A: BAHNHOFSDATEN AENDERN  ODER');
                  WRITELN('                O: NICHTSAENDERN .            ');
                  READLN;
                  READ(PLAN);
                  KLEININGROSS(PLAN);
                  CASE PLAN OF
                    'L':;
(* SATZ NICHT UEBERNEHMEN *)
                    'A': BEGIN
                           EINGABEINFO;
                           INITIALISIEREN(BAHNHOF);
                           BHFEINGABE;
                           HILF@ := BAHNHOF;
                           PUT(HILF);
                         END;
(* SATZ GEAENDERT *)
                    'O': PUT(HILF);
(* KEINE AENDERUNG *)
                  END (* BHFKORREKTUR *);
                END
           ELSE PUT(HILF);
           GET(NETZ);
         UNTIL EOF(NETZ);
(* KOPIEREN VON DATEI HILF AUF DATEI NETZ: *)
         RESET(HILF);
         REWRITE(NETZ);
```

```
          REPEAT
            NETZ@ := HILF@;
            PUT(NETZ);
            GET(HILF);
          UNTIL EOF(HILF);
          WRITELN('NOCH MEHR AENDERUNGEN?  (J,N) ');
          READLN;
          READ(NOCHEIN);
          KLEININGROSS(NOCHEIN);
        END;
    END (* BHFKORREKTUR *);

(* ############################################################ *)
PROCEDURE ZEIGEBAHNHOEFE;
```

Modul M3

```

    VAR
                    J,I,
                  ANFANG,
                  ANZAHL,
                    ENDE: INTEGER;

    BEGIN
      I := 0;
      RESET(NETZ);
      REPEAT
        BAHNHOF := NETZ@;
        I := I + 1;
        GET(NETZ);
      UNTIL EOF(NETZ);
      WRITELN('IN DER DATEI BEFINDEN SICH ', I: 5, ' WERTE.');
      ANZAHL:=I;
      WRITELN('AUS WELCHEM DATEIBEREICH WOLLEN SIE DATEN AUSGEBEN LASSEN?');
      WRITELN('ANFANGSZAHL   ENDZAHL ');
      READLN;
      READ(ANFANG, ENDE);
      IF ENDE>ANZAHL THEN ENDE:=ANZAHL;
      I := 1;
      RESET(NETZ);
     WHILE (I<ANFANG) AND (NOT EOF(NETZ)) DO
     BEGIN
       GET(NETZ);
       I:=I+1;
     END;
     FOR I:=ANFANG TO ENDE DO
     BEGIN
       BAHNHOF:=NETZ@;
       BHFAUSGABE;
       GET(NETZ);
     END;
    END (* ZEIGEBAHNHOEFE *);

(* ############################################################ *)
PROCEDURE NAMENEINLESEN(VAR NAM: NAMENFELD);
```

Modul M4.1.1.1

```

    VAR
                      I: INTEGER;

    BEGIN
      FOR I := 1 TO 25
```

```
      DO NAM[I] := ' ';
      READLN;
      I := 0;
      REPEAT
        I := I + 1;
        READ(NAM[I]);
        KLEININGROSS(NAM[I]);
      UNTIL (EOLN) OR (I = 25);
    END (* NAMENEINLESEN *);

(* ############################################################### *)
PROCEDURE BENUTZEREINGABEN;                               Modul M4.1.1

    BEGIN
      OK := TRUE;
      WRITELN('BITTE DEN NAMEN DES STARTBAHNHOFS EINGEBEN :');
      NAMENEINLESEN(START);
      WRITELN('BITTE DEN NAMEN DES ZIELBAHNHOFS EINGEBEN :');
      NAMENEINLESEN(ZIEL);
(* DRUCKVORBEREITUNG *)
      PRINT(.1.).NAME(.1.) := START;
      PRINT(.3.).NAME(.3.) := ZIEL;
      PRINT(.2.).NAME(.3.) := ZIEL;
      PRINT(.1.).NAME(.3.) := ZIEL;
    END (* BENUTZEREINGABEN *);

(* ############################################################### *)
PROCEDURE STARTUNDZIELDATENSUCHEN;                        Modul M4.1.2
(* DATEN VON START SUCHEN *)

    VAR
          STARTGEFUNDEN,
           ZIELGEFUNDEN: BOOLEAN;

    BEGIN
      RESET(NETZ);
      STARTGEFUNDEN := FALSE;
      ZIELGEFUNDEN := FALSE;
      REPEAT
        WITH NETZ@
        DO BEGIN
             IF   BHFNAME = START
             THEN BEGIN
                     STARTBHF := NETZ@;
                     STARTGEFUNDEN := TRUE;
                  END
             ELSE IF   BHFNAME = ZIEL
                  THEN BEGIN
                          ZIELBHF := NETZ@;
                          ZIELGEFUNDEN := TRUE;
                       END;
           END;
        GET(NETZ);
      UNTIL (EOF(NETZ)) OR (STARTGEFUNDEN AND ZIELGEFUNDEN);
      IF   NOT (STARTGEFUNDEN)
      THEN BEGIN
             WRITELN('STARTBAHNHOFEINGABE WAR FEHLERHAFT,');
             WRITELN('BITTE WIEDERHOLEN !');
             OK := FALSE;
```

```
          END;
     IF   NOT (ZIELGEFUNDEN)
     THEN BEGIN
            WRITELN('ZIELBAHNHOFEINGABE WAR FEHLERHAFT,');
            WRITELN('BITTE WIEDERHOLEN !');
            OK := FALSE;
          END;
   END (* STARTUNDZIELDATENSUCHEN *);

(* ############################################################## *)
PROCEDURE OBAUFEINERLINIE(B1, B2: BAHNHOEFE);
```

Modul M4.2.1

```

   VAR
                     C,
                     D: INTEGER;

   BEGIN
     IF   B1 <> B2
     THEN BEGIN
            FALL := 0;
            FOR C := 1 TO 3
            DO FOR D := 1 TO 3
               DO IF   (B1.LINIE[C] = B2.LINIE[D]) AND (B1.LINIE[C] <> 0)
                  THEN BEGIN
                         FALL := 1;
                         LI := B1.LINIE[C];
                       END;
          END;
   END (* OBAUFEINERLINIE *);

(* ############################################################## *)
PROCEDURE ENDBAHNHOEFEDERLINIE(LIN: INTEGER);
```

Modul M4.2.2

```

   VAR
                     I,
                     J: INTEGER;

   BEGIN
     RESET(NETZ);
     J := 1;
     WITH NETZ@
     DO REPEAT
          FOR I := 1 TO 3
          DO IF   (LINIE[I] = LIN) AND (ENDBHF[I] = 1)
             THEN BEGIN
                    ENDB[J] := NETZ@;
                    J := J + 1;
                  END;
          GET(NETZ);
        UNTIL (J = 3) OR (EOF(NETZ));
   END (* ENDBAHNHOEFEDERLINIE *);
(* DAMIT STEHEN DIE ENDBAHNHOEFE ENDB[1] UND ENDE[2] BEREIT *)
(* ############################################################## *)
PROCEDURE VIERBAHNHOEFEORDNEN(VAR B1, B2, E1, E2: BAHNHOEFE);
```

Modul M4.2.3

```
   VAR
                     I,
                     J,
                     K,
```

```
                    L: INTEGER;

  BEGIN
    FOR I := 1 TO 3
    DO FOR J := 1 TO 3
       DO FOR K := 1 TO 3
          DO FOR L := 1 TO 3
             DO IF   ((B1.LINIE[I] = B2.LINIE[J])
                AND (B1.LINIE[I] = E1.LINIE[K])
                AND (B1.LINIE[I] = E2.LINIE[L]))
                THEN BEGIN
                       IF   E1.NUMMERAUFLINIE[K] < E2.NUMMERAUFLINIE[L]
                       THEN BEGIN
                              BFELD[1] := E1;
                              BFELD[4] := E2;
                            END
                       ELSE BEGIN
                              BFELD[1] := E2;
                              BFELD[4] := E1;
                            END;
                       IF   B1.NUMMERAUFLINIE[I] < B2.NUMMERAUFLINIE[J]
                       THEN BEGIN
                              BFELD[2] := B1;
                              BFELD[3] := B2;
                            END
                       ELSE BEGIN
                              BFELD[2] := B2;
                              BFELD[3] := B1;
                            END;
                     END;

  END (* VIERBAHNHOEFEORDNEN *);

(* ################################################################## *)
PROCEDURE OBEINMALUMSTEIGEN(B3, B4: BAHNHOEFE);           Modul M4.2.4

  VAR
                    K: INTEGER;

  BEGIN
    RESET(NETZ);
    K := 0;
    REPEAT
      OBAUFEINERLINIE(B3, NETZ@);
      IF   FALL = 1
      THEN BEGIN
             OBAUFEINERLINIE(B4, NETZ@);
             IF   FALL = 1
             THEN BEGIN
                    K := K + 1;
                    UMSTEIGEBHF[K] := NETZ@;
                  END;
             FALL := 2;
           END;
      GET(NETZ);
    UNTIL EOF(NETZ);
    UMGEMEINSAM := K;
  END (* OBEINMALUMSTEIGEN *);
(* ################################################################## *)
```

```
PROCEDURE FAHRTRICHTUNGSAUSGABE(B1: BAHNHOEFE);

  VAR
                I: INTEGER;

  BEGIN
    IF   BFELD(.2.) = B1
    THEN PRINT(.AUFRUF.).NAME(.2.) := BFELD(.4.).BHFNAME
    ELSE PRINT(.AUFRUF.).NAME(.2.) := BFELD(.1.).BHFNAME;
  END (* FAHRTRICHTUNGSAUSGABE *);

(* ############################################################## *)
PROCEDURE AUFWELCHERSEITEVOMZIEL(EINS, LIZ: INTEGER);
```

Modul M4.2.6.1

```

  VAR
                K: INTEGER;
         GEFUNDEN: BOOLEAN;

  BEGIN
    RESET(NETZ);
    GEFUNDEN := FALSE;
    WITH NETZ@
    DO REPEAT
         FOR K := 1 TO 3
         DO IF   (LINIE[K] = LIZ)
            AND (NUMMERAUFLINIE[K]=ZIELBHF.NUMMERAUFLINIE[H]-EINS)
            THEN BEGIN
                   BHFVORZIEL.BHFNAME := BHFNAME;
                   GEFUNDEN := TRUE;
                 END;
         GET(NETZ);
       UNTIL EOF(NETZ) OR GEFUNDEN;
  END (* AUFWELCHERSEITEVOMZIEL *);

(* ############################################################## *)
PROCEDURE BAHNHOFVORDEMZIEL(B1: BAHNHOEFE; LIN: INTEGER);
(* VOM START HER ZUM ZIEL *)
```

Modul M4.2.6

```
  VAR
                I,
                J: INTEGER;

  BEGIN
    FOR I := 1 TO 3
    DO FOR J := 1 TO 3
       DO IF   (B1.LINIE[I] = LIN) AND (ZIELBHF.LINIE[J] = LIN)
          THEN IF  B1.NUMMERAUFLINIE[I] < ZIELBHF.NUMMERAUFLINIE[J]
               THEN BEGIN
                      H := J;
                      AUFWELCHERSEITEVOMZIEL(1, LIN);
                    END
               ELSE BEGIN
                      H := J;
                      AUFWELCHERSEITEVOMZIEL(- 1, LIN);
                    END;
  END (* BAHNHOFVORDEMZIEL *);

(* ############################################################## *)
PROCEDURE ANZAHLDERBAHNHOEFEVONBIS(B1, B2: BAHNHOEFE; LIN: INTEGER);
```

Modul M4.2.7

```
  VAR
                 I,
                 J: INTEGER;

  BEGIN
    FOR I := 1 TO 3
    DO FOR J := 1 TO 3
       DO IF   (B1.LINIE[I] = LIN) AND (B2.LINIE[J] = LIN)
          THEN DIFF := ABS(B1.NUMMERAUFLINIE[I] - B2.NUMMERAUFLINIE[J]) ;
  END (* ANZAHLDERBAHNHOEFEVONBIS *);

(* ############################################################ *)
PROCEDURE PRINTINITIALISIEREN;
```

Modul M4.2.8

```
  VAR
                 I,
                 J,
                 K: INTEGER;

  BEGIN
    FOR I := 1 TO 3
    DO FOR J := 1 TO 3
       DO FOR K := 1 TO 25
          DO BEGIN
               PRINT(.I.).NAME(.J, K.) := ' ';
               PRINT(.I.).WAY := 0;
               PRINT(.I.).LINE := 0;
             END;
  END (* PRINTINITIALISIEREN *);


(* ############################################################ *)
PROCEDURE FELDINITIALISIEREN;
```

Modul M4.2.9

```
  VAR
                 I,
                 P,
                 Q: INTEGER;

  BEGIN
    FOR P := 1 TO 7
    DO BEGIN
         FOR Q := 1 TO 6
         DO BEGIN
              FOR I := 1 TO 3
              DO BEGIN
                   UMSTFELD[P, Q].LINIE[I] := 0;
                   UMSTFELD[P, Q].NUMMERAUFLINIE[I] := 0;
                   UMSTFELD[P, Q].ENDBHF[I] := 0;
                 END;
              FOR I := 1 TO 25
              DO UMSTFELD[P, Q].BHFNAME[I] := ' ';
            END;
       END;
  END (* FELDINITIALISIEREN *);

(* ############################################################ *)
PROCEDURE EINMALUMSTEIGEN;
```

Modul M4.3

```

 VAR
                  A,
                  I,
                  J: INTEGER;

 BEGIN
   UM := 1;
   FOR I := 1 TO 10
   DO DIF[I] := 0;
   DIW := DIF;
   FOR A := 1 TO UMGEMEINSAM
   DO BEGIN
        OBAUFEINERLINIE(STARTBHF, UMSTEIGEBHF[A]);
        ANZAHLDERBAHNHOEFEVONBIS(STARTBHF, UMSTEIGEBHF[A], LI);
        DIF[A] := DIFF;
(* DAMIT IST DIE WEGLAENGE VON START BIS UMSTEIGEBHF BESTIMMT *)
(* ------------------------------------------------------------*)
        OBAUFEINERLINIE(UMSTEIGEBHF[A], ZIELBHF);
        ANZAHLDERBAHNHOEFEVONBIS(ZIELBHF, UMSTEIGEBHF[A], LI);
        DIW[A] := DIFF;
(* DAMIT IST DIE WEGLAENGE VON UMSTEIGEBHF BIS ZIEL BESTIMMT *)
      END;
(*-------------------------------------------------------*)
   DIFF := DIF[1] + DIW[1];
(*-------------------------------------------------------*)
   FOR A := 1 TO UMGEMEINSAM
   DO BEGIN
        IF   (DIF[A] + DIW[A]) <= DIFF
        THEN BEGIN
               DIFF := DIF[A] + DIW[A];
(* KUERZEREN WEG GEFUNDEN! *)
               UBF1 := UMSTEIGEBHF[A];
(* DRUCKVORBEREITUNG: *)
               PRINT[1].NAME[3] := UBF1.BHFNAME;
               PRINT[2].NAME[1] := UBF1.BHFNAME;
               PRINT[1].WAY := DIF[A];
               PRINT[2].WAY := DIW[A];
               WAY := DIFF;
(*-------------------------------------------------------*)
               OBAUFEINERLINIE(STARTBHF, UBF1);
               PRINT[1].LINE := LI;
        ENDBAHNHOEFEDERLINIE(LI);
        VIERBAHNHOEFEORDNEN(STARTBHF, UMSTEIGEBHF[A], ENDB[1], ENDB[2]);
        AUFRUF := 1;
        FAHRTRICHTUNGSAUSGABE(STARTBHF);
               OBAUFEINERLINIE(UBF1, ZIELBHF);
               PRINT[2].LINE := LI;
        ENDBAHNHOEFEDERLINIE(LI);
        VIERBAHNHOEFEORDNEN(UMSTEIGEBHF[A], ZIELBHF, ENDB[1], ENDB[2]);
        AUFRUF := 2;
        FAHRTRICHTUNGSAUSGABE(UMSTEIGEBHF[A]);
BAHNHOFVORDEMZIEL(UBF1,LI);
             END;
      END;
 END (* EINMALUMSTEIGEN *);

(* ################################################################# *)
PROCEDURE ZWEIMALUMSTEIGEN;
```

Modul M4.4

```

 VAR
                  P,
                  Q,
                ANZ: INTEGER;

 BEGIN
   UM := 2;
   ANZ := 0;
   RESET(NETZ);
(*-----------------------------------------------------*)
(*ALLE UMSTEIGEBAHNHOEFE AUF STARTLINIE(N) FESTSTELLEN*)
(*UND INS FELD U1 SCHREIBEN                           *)
   REPEAT
     OBAUFEINERLINIE(STARTBHF, NETZ@);
     IF   FALL = 1
     THEN IF   NETZ@.LINIE[2] > 0
          THEN BEGIN
                 ANZ := ANZ + 1;
                 U1[ANZ] := NETZ@;
               END;
     GET(NETZ);
   UNTIL EOF(NETZ);
(*-----------------------------------------------------*)
(* VON WELCHEN UMSTEIGEBAHNHOEFEN DER STARTLINIE(N) IST DER *)
(* ZIELBAHNHOF MIT EINMAL UMSTEIGEN ERREICHBAR ?            *)
(* DIESE BAHNHOEFE WERDEN  NACH FELD UMSTFELD GESCHRIEBEN    *)
   GESDIFF := 1000;
(* INITIALISIERT DIE WEGLAENGEN-BERECHNUNGEN *)
   FOR P := 1 TO ANZ
   DO BEGIN
        OBEINMALUMSTEIGEN(U1(.P.), ZIELBHF);
        FOR Q := 1 TO UMGEMEINSAM
        DO BEGIN
             UMSTFELD(.P, Q.) := UMSTEIGEBHF(.Q.);
             ZWDIFF := 0;
             DIFF := 0;
(* INITIALISIERT WEGLAENGEN/BERECHNUNG       *)
             OBAUFEINERLINIE(STARTBHF, U1(.P.));
             ANZAHLDERBAHNHOEFEVONBIS(STARTBHF, U1(.P.), LI);
             ZWDIFF := DIFF;
             OBAUFEINERLINIE(U1(.P.), UMSTEIGEBHF(.Q.));
             ANZAHLDERBAHNHOEFEVONBIS(U1(.P.), UMSTEIGEBHF(.Q.), LI);
             ZWDIFF := ZWDIFF + DIFF;
             OBAUFEINERLINIE(UMSTEIGEBHF(.Q.), ZIELBHF);
             ANZAHLDERBAHNHOEFEVONBIS(UMSTEIGEBHF(.Q.), ZIELBHF, LI);
             ZWDIFF := ZWDIFF + DIFF;
             IF   ZWDIFF < GESDIFF
             THEN BEGIN
                    UBF1 := U1(.P.);
                    UBF2 := UMSTEIGEBHF(.Q.);
                    GESDIFF := ZWDIFF;
                  END;
           END;
      END;
(*-----------------------------------------------------*)
(* DRUCKVORBEREITUNG *)
   PRINT(.1.).NAME(.3.) := UBF1.BHFNAME;
   PRINT(.2.).NAME(.1.) := UBF1.BHFNAME;
```

```
    PRINT(.2.).NAME(.3.) := UBF2.BHFNAME;
    PRINT(.3.).NAME(.1.) := UBF2.BHFNAME;
    WAY := GESDIFF;
(*-------------------------------------------------------*)
    OBAUFEINERLINIE(STARTBHF, UBF1);
    ANZAHLDERBAHNHOEFEVONBIS(STARTBHF, UBF1,LI);
    PRINT(.1.).WAY := DIFF;
    PRINT(.1.).LINE := LI;
    ENDBAHNHOEFEDERLINIE(LI);
    VIERBAHNHOEFEORDNEN(STARTBHF, UBF1, ENDB[1], ENDB[2]);
    AUFRUF := 1;
    FAHRTRICHTUNGSAUSGABE(STARTBHF);
(*-------------------------------------------------------*)
    OBAUFEINERLINIE(UBF1, UBF2);
    ANZAHLDERBAHNHOEFEVONBIS(UBF1, UBF2,LI);
    PRINT(.2.).WAY := DIFF;
    PRINT(.2.).LINE := LI;
    ENDBAHNHOEFEDERLINIE(LI);
    VIERBAHNHOEFEORDNEN(UBF1, UBF2, ENDB[1], ENDB[2]);
    AUFRUF := 2;
    FAHRTRICHTUNGSAUSGABE(UBF1);
(*-------------------------------------------------------*)
    OBAUFEINERLINIE(UBF2, ZIELBHF);
    ANZAHLDERBAHNHOEFEVONBIS(UBF2, ZIELBHF,LI);
    PRINT(.3.).WAY := DIFF;
    PRINT(.3.).LINE := LI;
    ENDBAHNHOEFEDERLINIE(LI);
BAHNHOFVORDEMZIEL(UBF2,LI);
    VIERBAHNHOEFEORDNEN(UBF2, ZIELBHF, ENDB[1], ENDB[2]);
    AUFRUF := 3;
    FAHRTRICHTUNGSAUSGABE(UBF2);
(*-------------------------------------------------------*)
  END (* ZWEIMALUMSTEIGEN *);

(* ############################################################## *)
PROCEDURE BLOCK1;                                      Modul M4.5.1

  BEGIN
WRITELN('* VON: ',PRINT[1].NAME[1],'    RICHTUNG : ',
                  PRINT[1].NAME[2],'        *');
WRITE('* BIS: ',PRINT[1].NAME[3]);
WRITELN('    LINIE    : ',PRINT[1].LINE:1,'   STATIONEN: ',
                          PRINT[1].WAY:2,'                *');
  END (* BLOCK1 *);

(* ############################################################## *)
PROCEDURE BLOCK2;                                      Modul M4.5.2

  BEGIN
WRITELN('* VON: ',PRINT[2].NAME[1],'    RICHTUNG : ',
                  PRINT[2].NAME[2],'        *');
WRITE('* BIS: ',PRINT[2].NAME[3]);
WRITELN('    LINIE    : ',PRINT[2].LINE:1,'   STATIONEN: ',
                          PRINT[2].WAY:2,'                *');
  END (* BLOCK2 *);

(* ############################################################## *)
PROCEDURE BLOCK3;                                      Modul M4.5.3
```

```
  BEGIN
WRITELN('* VON: ',PRINT[3].NAME[1],'    RICHTUNG : ',
                    PRINT[3].NAME[2],'       *');
WRITE('* BIS: ',PRINT[3].NAME[3]);
WRITELN('    LINIE    : ',PRINT[3].LINE:1,'   STATIONEN: ',
                         PRINT[3].WAY:2,'                *');
  END (* BLOCK3 *);

(* ############################################################ *)
PROCEDURE STRICHMITSTERN(LAENGE: INTEGER);
```

Modul M4.5.4.1

```

  VAR
                    I: INTEGER;

  BEGIN
    WRITE('*');
    FOR I := 1 TO LAENGE
    DO WRITE('-');
    WRITELN('*');
  END (* STRICHMITSTERN *);

(* ############################################################ *)
PROCEDURE STERNE(LAENGE: INTEGER);
```

Modul M4.5.4.2

```

  VAR
                    I: INTEGER;

  BEGIN
    FOR I := 1 TO LAENGE
    DO WRITE('*');
    WRITELN;
  END (* STERNE *);
(* ############################################################ *)
PROCEDURE BLOCK4;
```

Modul M4.5.4

```

  BEGIN
    WRITELN('* IHR ZIEL FOLGT AUF DIE STATION: ',
                BHFVORZIEL.BHFNAME, '                *');
    WRITELN('* ANZAHL DER STATIONEN           : ',
            WAY:2,'                                   *');
    STRICHMITSTERN(78);
    WRITELN('*  G U T E    F A H R T',
'                 I H R E   B V G                     *');
    STERNE(80);
  END (* BLOCK4 *);

(* ############################################################ *)
PROCEDURE FAHRTHINWEISE;
```

Modul M4.5

```
BEGIN
STERNE(80);
WRITELN('*            F A H R H I N W E I S E',
'                                            *');
STRICHMITSTERN(78);
WRITELN('* START: ',STARTBHF.BHFNAME,'  ZIEL: ',
                      ZIELBHF.BHFNAME,'            *');
STRICHMITSTERN(78);
WRITELN('* SIE MUESSEN ',UM:1,
' -MAL UMSTEIGEN!                                       *');
STRICHMITSTERN(78);
```

```
CASE UM OF
0: BEGIN BLOCK1;STRICHMITSTERN(78); BLOCK4; STRICHMITSTERN(78);END;
1: BEGIN BLOCK1;STRICHMITSTERN(78); BLOCK2;STRICHMITSTERN(78);
         BLOCK4;STRICHMITSTERN(78);
   END;
2: BEGIN BLOCK1;STRICHMITSTERN(78);BLOCK2;STRICHMITSTERN(78);
         BLOCK3;STRICHMITSTERN(78);BLOCK4;STRICHMITSTERN(78);
   END;
END;
END;
(* ############################################################## *)
PROCEDURE AUSKUNFTSSYSTEM;
```

Modul M4

```

  BEGIN
    REPEAT
      BENUTZEREINGABEN;
      STARTUNDZIELDATENSUCHEN;
    UNTIL OK;
    FELDINITIALISIEREN;
    INITIALISIEREN(UBF1);
    INITIALISIEREN(UBF2);
    FALL:=0;
    OBAUFEINERLINIE(STARTBHF, ZIELBHF);
(*----------------------------------------------------*)
    IF   FALL = 1
    THEN (* AUF EINER LINIE *) BEGIN
           UM := 0;
           ENDBAHNHOEFEDERLINIE(LI);
           PRINT[1].LINE := LI;
           VIERBAHNHOEFEORDNEN(STARTBHF, ZIELBHF, ENDB[1], ENDB[2]);
(* DAMIT STEHEN DIESE VIER BAHNHOEFE SORTIERT  NACH *)
(* NUMMERAUFDERLINIE IM BFELD                      *)
           AUFRUF := 1;
           FAHRTRICHTUNGSAUSGABE(STARTBHF);
           BAHNHOFVORDEMZIEL(STARTBHF, LI);
           ANZAHLDERBAHNHOEFEVONBIS(STARTBHF, ZIELBHF, LI);
           WAY:=DIFF;
           PRINT[1].WAY:=DIFF;
         END;
    UMGEMEINSAM := 0;
(*----------------------------------------------------*)
    IF   FALL = 0
    THEN BEGIN OBEINMALUMSTEIGEN(STARTBHF,ZIELBHF);
    IF   UMGEMEINSAM > 0
THEN EINMALUMSTEIGEN
ELSE
ZWEIMALUMSTEIGEN;
END;
FAHRTHINWEISE;
  END (* AUSKUNFTSSYSTEM *);

(* # # # # # # # # # # # # # # # # # # # # # # # # # ############### *)
BEGIN (*  HAUPTPROGRAMM *)
```

Hauptprogramm

```
CMD('FILE UB.NISAM.83,LINK=NETZ',OK);
CMD('FILE TEMP.UB.HILF,LINK=HILF,BLKSIZE=STD',OK);
  WEITER := 'J';
  WHILE WEITER = 'J'
  DO BEGIN
       WRITELN('!!!!!!!!!!!!!!!!!!!!!!!!!!!!!!!!!!!!');
```

```
        WRITELN('!!!!!  U - B A H N           !!!!!');
        WRITELN('!!!!!!!!!!!!!!!!!!!!!!!!!!!!!!!!!!!!');
        WRITELN;
        WRITELN('WAS WUENSCHEN SIE?');
        WRITELN('   FUER VERWALTER DES SYSTEMS:');
        WRITELN(' 1: EINGABEN ZUM U-BAHNNETZ ?');
        WRITELN(' 2: KORREKTUREN AM U-BAHNNETZ ?');
        WRITELN(' 3: LISTE VON U-BAHN-BAHNHOFEN ?');
        WRITELN;
        WRITELN('   FUER ANWENDER:');
        WRITELN(' 4: AUSKUENFTE (WESTBERLINER NETZ) ?');
        WRITELN(' 0: ENDE?');
        WRITELN;
        WRITELN('GEBEN SIE DIE GEWUENSCHTE ZIFFER EIN!');
        READLN;
        REPEAT
          READ(WUNSCH);
          B := 1;
          IF   WUNSCH IN ['0', '1', '2', '3', '4']
          THEN CASE WUNSCH OF
                 '0': GOTO 999;
                 '1': LIESBAHNHOF;
                 '2': BHFKORREKTUR;
                 '3': ZEIGEBAHNHOEFE;
                 '4': AUSKUNFTSSYSTEM;
               END (* UBAHN *)
          ELSE BEGIN
                 B := 0;
                 WRITELN('FALSCHE EINGABE! BITTE WIEDERHOLEN!');
                 WRITELN(' 0,1,2,3 ODER 4 EINGEBEN!');
               END;
        UNTIL B = 1;
        IF   WUNSCH = '4'
        THEN BEGIN
               REPEAT
                 WRITELN('WEITERE AUSKUENFTE ? (J,N) ');
                 READLN;
                 READ(AUSKUNFT);
                 KLEININGROSS(AUSKUNFT);
                 IF   AUSKUNFT = 'J'
                 THEN AUSKUNFTSSYSTEM;
               UNTIL AUSKUNFT = 'N';
             END;
        WRITELN('HABEN SIE WEITERE WUENSCHE? (J,N)');
        READLN;
        READ(WEITER);
        KLEININGROSS(WEITER);
      END;
    999:
    END (* UBAHN *).
```

<u>Programmende</u>

Ein <u>Benutzerhandbuch</u> ist für das U-BAHN-AUSKUNFTSSYSTEM zumindest für den BVG-Kunden überflüssig. Fehlerhandbuch und Änderungshandbuch (DOK 6) wurden nicht erstellt.

Abschließend einige Angaben zur Implementation des Programmsystems. Das Auskunftssystem in der vorliegenden Form wurde auf einem Siemens-Großrechner S7.531 mit dem Mehrzweckbetriebssystem BS2000 realisiert. Speicherplatzprobleme traten daher nicht auf. Für eine Realisierung des Systems auf Mikrocomputern sind etliche Verkürzungen möglich, z.B. das Herausnehmen von Kommentaren und Raffung von Textausgaben. Auch braucht die Datei UB.NETZ nicht den großen Umfang des Berliner U-Bahnnetzes zu haben.
Das Betriebssystem BS2000 stellt auch indexsequentielle Dateien zur Verfügung. Die hier benutzten Dateien NETZ und HILF sind indexsequentiell. HILF ist dabei im Grunde überflüssig, wurde aber eingeführt (siehe BHFKORREKTUR), um das Umschreiben des Programms für die Benutzung sequentieller Dateien zu erleichtern. Man beachte dazu die Hinweise im Programm. Insbesondere müßte die Prozedur LIESBAHNHOF umgeschrieben werden:

1) Kopiere Datei NETZ auf Datei HILF,
2) füge die neu einzugebenden Sätze (z.B. bei einer Ergänzung des schon vorhandenen Netzes) an die Datei HILF an (diese ist vom Kopiervorgang her noch geöffnet),
3) kopiere Datei HILF auf Datei NETZ,
4) ggf. Datei NETZ sortieren!

....

Bemerkung: Die obige Dokumentation wäre noch durch Inhaltsverzeichnis und Stichwortverzeichnis zu ergänzen!

....

4 Projekte im Informatikunterricht

4.1 Weitere Projektthemen mit Lösungsansätzen

An geeigneten Projektthemen für den Informatikunterricht herrscht kein Mangel!

- Berichte über Computeranwendungen in Zeitungs- oder Zeitschriftenartikeln,
- Beobachtung von Computereinsatz im täglichen Leben,
- Aufträge von Kollegen aus anderen Fachbereichen,
- in der Literatur bereits behandelte Themen,
- Vorschläge von Schülern usw.

liefern eine breite Palette möglicher Themen.
Im folgenden werden einige Projektvorschläge mit Lösungsansätzen unterbreitet. Gelegentlich wird versucht, anhand der dargestellten Lösungsideen Methoden zur Softwareentwicklung beispielhaft darzustellen, die in diesem Buch vorher nicht oder nur kurz erwähnt wurden.

....

A) PLATZBUCHUNG

In der Tageszeitung DER TAGESSPIEGEL vom 16.1.1983 heißt es unter der Überschrift "Philharmonie-Abonnements auf EDV umgestellt":

> DIE NEUREGELUNG DER PHILHARMONISCHEN ABONNEMENTSREIHEN ZU BEGINN DER SAISON 1982/83 HABEN 3000 ZUSÄTZLICHE INTERESSENTEN BEGÜNSTIGT. STATT NEUN REIHEN MIT ACHT KONZERTEN GIBT ES SEIT DER UMSTELLUNG ZWÖLF REIHEN MIT JEWEILS SECHS KONZERTEN ... WEITER HEISST ES ...,DIE UMSTELLUNG GEHE HAND IN HAND MIT EINEM SYSTEM DER ELEKTRONISCHEN DATENERFASSUNG, DIE RATIONALISIEREND DER GRÖSSEREN ABONNENTENLISTE MIT 9000 "EINZELVORGÄNGEN" RECHNUNG TRAGE.
> DIE VERWALTUNG DES PHILHARMONISCHEN ORCHESTERS HABE LAUT SENATSANTWORT AN DEN ABGEORDNETEN SORGFALT AUF EIN "GLEICHWERTIGES" PLATZANGEBOT FÜR ABONNENTEN GELEGT, AUCH WÜRDEN "INDIVIDUELLE HÄRTEN", ZUM BEISPIEL BEI BEHINDERTEN BERÜCKSICHTIGT, DIE WEITERHIN ECKPLÄTZE ZUGEWIESEN BEKÄMEN. ES SIND NOCH REICHLICH HUNDERT ABONNENTEN-WÜNSCHE NICHT GEPRÜFT. (TSP)

Eine derartige Zeitungsnotiz kann Anlaß zu einem Projekt sein. Platzbuchungssysteme werden in den verschiedensten Bereichen benö-

15

ein Tochterunternehmen der HARU-Reisen KG Berlin

Berlin – Harz – Berlin

über **Helmstedt – Schöningen – Schöppenstedt – Hornburg – Bad Harzburg – Torfhaus – Braunlage – St. Andreasberg – Bad Lauterberg – Steina – Hohegeiß – Zorge – Wieda – Walkenried – Bad Sachsa**

mit WC, Garderobe, Restauration und Stewardess

Freitag, Montag	Samstag, Mittwoch, auch am 20.4. und 31.5.84 nicht am 21.4.84		**Fahrplan** gültig vom 7.4.–4.11.84		Dienstag	Samstag, Donnerstag, nicht am 21.4.84	Sonntag, auch am 23.4., 1.5. und 11.6.84 nicht am 22.4.84
8.00	8.00	ab	**Berlin,** Omnibusbahnhof	an	15.00	15.00	22.15
11.10	11.10	an	**Helmstedt,** Braunschwg.Tor	ab	11.45	11.45	19.05
11.30	11.30	an	**Schöningen,** ZOB	ab	11.25	11.25	18.45
11.50	11.50	an	**Schöppenstedt,** Markt	ab	11.05	11.05	18.25
12.15	12.15	an	**Hornburg,** ZOB	ab	10.40	10.40	18.00
12.40	12.40	an	**Bad Harzburg,** Bahnhof	ab	10.15	10.15	17.30
12.45	12.45	an	**Bad Harzburg,** DER-Büro	ab	10.10	10.10	17.25
13.00	13.00	an	**Torfhaus**	ab	9.50	9.50	17.05
13.15	13.15	an	**Braunlage,** Am Brunnen	ab	9.35	9.35	16.50
–	13.35	an	**St. Andreasberg,** Stadtbhf.	ab	–	9.15	–
–	13.50	an	**Bad Lauterberg,** Post	ab	–	9.00	–
–	14.10	an	**Steina,** Gasth.z.Erholung	ab	–	8.40	–
13.35	–	an	**Hohegeiß,** Hahne	ab	9.10	–	16.25
13.45	–	an	**Zorge,** Pötzsch	ab	9.00	–	16.15
13.55	–	an	**Wieda,** Zorger Str.	ab	8.50	–	16.05
14.05	–	an	**Walkenried,** Ortsmitte	ab	8.40	–	15.55
14.20	14.20	an	**Bad Sachsa,** Hindenburgstr.	ab	8.25	8.30	15.40

Fahrpreis zwischen Berlin und	Code	Einzelfahrt Normal-	Einzelfahrt Erm.-Tarif**	Hin- und Rückfahrt* Rückfahr-	Hin- und Rückfahrt* Erm.-Tarif**
Helmstedt	038	35,—	26,—	67,—	52,—
Schöningen	123	36,—	27,—	69,—	54,—
Schöppenstedt	124	38,—	28,50	75,—	57,—
Hornburg	125	41,—	31,—	80,—	61,50
Bad Harzburg	044	47,—	35,—	88,—	70,— Wo
Torfhaus	093	47,—	35,—	91,—	70,— Wo
Braunlage	094	50,—	37,50	96,—	75,— Wo
St. Andreasberg	095	51,—	38,—	98,—	76,—
Bad Lauterberg	096	52,—	39,—	100,—	78,—
Steina	097	53,—	40,—	102,—	79,50
Hohegeiß	098	51,—	38,—	98,—	76,—
Zorge	099	51,—	38,—	98,—	76,—
Wieda	126	52,—	39,—	100,—	78,—
Walkenried	100	52,—	39,—	100,—	78,—
Bad Sachsa	101	55,—	41,—	103,—	82,— Wo
oder umgekehrt					

* Rückfahrscheine gelten 2 Monate

Fahrpreisermäßigungen (Einzelheiten Seite 20):

25%:**	**tb**	für Fahrgäste von 12 bis einschließlich 24 Jahren
	T60	für Fahrgäste ab 60 Jahren
	G8	Für Reisegruppen ab 8 Personen
	Wo	Wochenendrückfahrkarte für die mit Wo gekennzeichneten Orte bei Reiseantritt in der Zeit von Samstag bis Sonntag, an Feiertagen die auf einen Montag fallen, bis Montag
50% :	**I12**	für Kinder von 4 bis einschließlich 11 Jahren
	A50	Sonderermäßigung ab 15.10.84 für Fahrgäste ab 60 Jahren
	G25	Großgruppenermäßigung für Reisegruppen ab 25 Personen

Platzreservierung erforderlich Fahrtrichtung	**Reservierungsstellen**
siehe Seite 14	siehe Seite 14

Figur 4.1

tigt (Theater, Schulveranstaltungen, Autobus, Eisenbahn, Flugzeug usw.).

Betrachten wir z.B. die Platzbuchung für den Autobus-Linienverkehr zwischen Berlin und dem Harz! Die folgenden Daten sind dem Sommerfahrplan 1984 entnommen (Figur 4.1).

Die Tabelle in Figur 4.1 ist das wichtigste Hilfsmittel für die Datenstrukturierung und weitere Lösungsansätze. Über das Buchungsverfahren lassen sich bei Reisebüros oder bei der Fahrtenleitstelle Auskünfte einholen.

1. Buchungswunsch äußern.
2. Überprüfen, ob Buchung möglich, ggf. Buchung durchführen.
3. Fahrschein ausstellen, kassieren.

Dieser Lösungsansatz wäre nun zu verfeinern.

....

B) SPIELE

Bei zahlreichen Schülern ist die Programmierung von Spielen beliebt. Regelmäßig werden mehrere Spiele als Projektthema vorgeschlagen. Bei Bei voller Würdigung der hier offenbar vorhandenen großen Motivation, sollte doch bedacht werden, daß weitere Kriterien für die Themenwahl (siehe Kap.4.2) wichtig sind. Jeder Spielvorschlag sollte besonders sorgfältig geprüft werden, ob sich mit ihm die übergeordneten Ziele der Projektarbeit verwirklichen lassen.

Ein Spielprojekt gewinnt an Wert, wenn über das Spiel hinaus allgemeine Grundsätze zur Spielprogrammierung erarbeitet werden. Man vergleiche hierzu

G.Schrage: Die algorithmische Struktur strategischer Spiele, LOGIN 1983, Heft 2, S.43f..

Dort heißt es:

"Ein Spielprogramm soll folgende Aufgaben wahrnehmen:

1. Es beschreibt die Spielregeln und gibt Anweisungen für den Benutzer.
2. Es legt die Startposition und den anziehenden Spieler fest - üblicherweise aufgrund von Benutzerangaben, deren Zulässigkeit überprüft werden sollte. Eventuell sind Parameter festzulegen, die in den Spielregeln enthalten sind.
3. Es steuert die Partie bis zu einer Endposition, indem es Informationen über die Züge der Spieler entgegennimmt, sie kontrolliert und den jeweils aktuellen Spielstand mitteilt. Übernimmt der Computer selbst die Rolle eines Spielers, so muß das Programm eine Prozedur enthalten, die zu jeder Position, in der der Rechner am Zug ist, dessen "Entscheidung" ermittelt.

4. Es informiert über den Spielausgang."

Schrage erarbeitet schließlich den folgenden Überblick für eine allgemeine Programmstruktur strategischer Spiele:

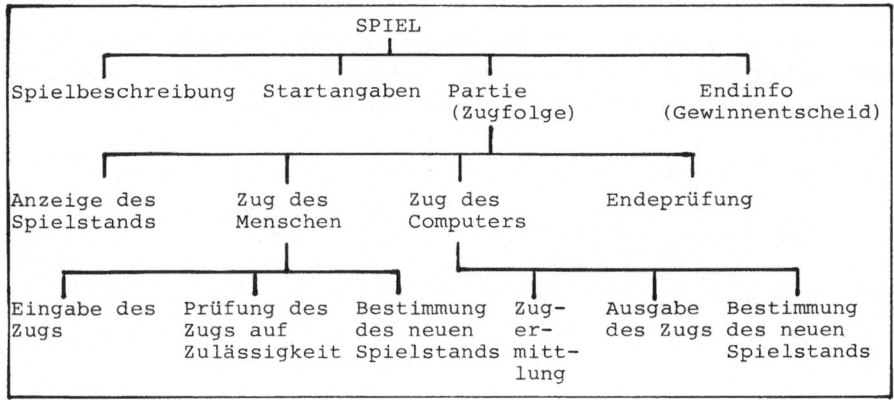

<u>Literatur:</u> Baumann, R.: Computerspiele und Knobeleien, programmiert in BASIC, Würzburg 1982.

....

<u>C) PROJEKTE AUS DER MATHEMATIK</u>

Selbstverständlich bieten sich auch komplexe Themen aus anderen Schulfächern als Projektthema an. Als Beispiel sei hier ein Thema aus der Mathematik, MATRIZENRECHNUNG, genannt.

Matrizen haben einen breiten Anwendungsbereich bei der Bewältigung linearer Probleme aller Art. Ziel eines Projekts kann sein, ein Paket von Matrizenmodulen für die Bearbeitung von Problemstellungen aus der linearen Algebra zu Verfügung zu stellen, das z.B. in Mathematikkursen der Oberstufe Verwendung finden kann.

Unter einer Matrix versteht man ein rechteckiges Zahlenschema. Eine Matrix aus m Zeilen und n Spalten kann man mit Hilfe von Doppelindizes so aufschreiben:

$$A_{(m,n)} = \begin{bmatrix} a_{11} & a_{12} & \cdots & a_{1n} \\ a_{21} & a_{22} & \cdots & a_{2n} \\ . & . & \cdots & . \\ a_{m1} & a_{m2} & \cdots & a_{mn} \end{bmatrix}.$$

Für das <u>Rechnen mit Matrizen</u> werden häufiger gebraucht:

```
procedure mtxeingeben (var matein: matrix; var z,s: integer);
procedure mtxausgeben (    mataus: matrix;     z,s: integer);
procedure mtxaendern  (var matneu: matrix; var z,s: integer);
procedure mtxgleich   (mat1,mat2: matrix; z1,s1,z2,s2:integer);
procedure mtxinitial  (var matini: matrix;z,s:integer;ini:real);
procedure mtxsumme    (mat1,mat2: matrix: z1,s1,z2,s2:integer);
procedure mtxdifferenz(mat1,mat2: matrix; z1,s1,z2,s2:integer);
procedure mtxprodukt  (mat1,mat2: matrix; z1,s1,z2,s2:integer);
procedure rmalmatrix  (mat1 : matrix; z1,s1:integer; r:real);
procedure mtxtranspon (mat1 : matrix; z1,s1:integer);
procedure mtxspur     (mat1 : matrix; grad: integer);
procedure mtxinvers   (mat1 : matrix; grad: integer);
procedure mtxpotenz   (mat1 : matrix; grad, hoch: integer);
procedure mtxeinheits (var mate: matrix; grad: integer);
```

Dabei sei z.B.

<u>type matrix</u> = array(1..10,1..10) of real,

z und s geben die Zeilenanzahl bzw. Spaltenanzahl der jeweiligen Matrix an.

Die Funktion der Prozeduren läßt sich aus der folgenden Übersicht ablesen:

Prozedurname	Funktion
mtxeingeben	Eingabe einer Matrix
mtxausgeben	Ausgabe einer Matrix
mtxaendern	Änderung einer Matrix
mtxgleich	prüft 2 Matrizen auf Gleichheit
mtxinitial	setzt alle Elemente einer Matrix auf einen bestimmten Wert
mtxsumme	addiert 2 Matrizen
mtxdifferenz	subtrahiert 2 Matrizen
mtxprodukt	multipliziert 2 Matrizen
rmalmatrix	multipliziert eine Matrix mit einer reellen Zahl
mtxtranspon	transponiert eine Matrix
mtxspur	bildet die Spur einer Matrix
mtxinvers	bildet die Inverse einer Matrix
mtxpotenz	potenziert eine Matrix
mtxeinheits	konstruiert eine Einheitsmatrix

Literatur: Lehmann,E.: Lineare Algebra mit dem Computer, B.G.Teubner, Stuttgart 1983

....

D) KRAFTFAHRZEUG-KOSTENANALYSE

Die folgende Anregung ist dem "Computer Journal" entnommen. In dem zitierten Text steckt schon ein Teil der Systemanalyse.
H.Penzkofer: Kraftfahrzeug-Kostenanalyse, in Computer Journal (Computer-Praxis für Commodore-Anwender), März/April 1984, S.34f.

"BETRIEBSKENNZAHLEN SIND EINE DER WICHTIGSTEN ENTSCHEIDUNGSGRUNDLAGEN IN EINEM UNTERNEHMEN. IM TRANSPORTGEWERBE STELLEN DIE KOSTEN PRO KILOMETER DEN WICHTIGSTEN FAKTOR DAR. UM DIE BETRIEBSKOSTEN DES FUHRPARKS EINES KLEINEN FUHRUNTERNEHMENS (3 LKW) KONTROLLIEREN ZU KÖNNEN, WURDE DIESES PROGRAMM GESCHRIEBEN. DIE ANWENDUNG IST JEDOCH VOM TAXIUNTERNEHMEN BIS ZUM FAHRSCHUL-FUHRPARK OHNE ÄNDERUNG MÖGLICH.
DAS PROGRAMM DIFFERENZIERT ZWISCHEN TREIBSTOFFKOSTEN, ÖLKOSTEN UND WARTUNGSKOSTEN. BEI TREIBSTOFFKOSTEN UND ÖL WERDEN JEWEILS DAS DATUM, DER KILOMETERSTAND, DER BETRAG UND DIE LITERZAHL (ÖL ODER TREIBSTOFF) EINGEGEBEN. BEIM TREIBSTOFF WIRD EINE VOLLTANKUNG VORAUSGESETZT. DIE BERECHNUNG DER GEFAHRENEN KILOMETER ZWISCHEN DEM AKTUELLEN UND DEM LETZTEN TANKSTOPP, DES VERBRAUCHS PRO 100 KM SOWIE DIE KOSTEN PRO 100 KM WIRD DANN AUTOMATISCH DURCHGEFÜHRT.
BEI DEN WARTUNGSKOSTEN WERDEN DATUM, KILOMETERSTAND, BETRAG UND EIN KURZER TEXT EINGEGEBEN. UNTER WARTUNGSKOSTEN WERDEN ALLE ZUSÄTZLICHEN KOSTEN NEBEN TREIBSTOFF UND ÖL VERSTANDEN, ALSO AUCH VERSICHERUNGSKOSTEN UND REPARATUREN.
JEDES FAHRZEUG WIRD UNTER EINEM AUS MAXIMAL ACHT ZEICHEN BESTEHENDEN CODE GEFÜHRT. AM BESTEN EIGNET SICH HIERZU DIE BUCHSTABEN/ZAHLENKOMBINATION DES NUMMERNSCHILDES."

Die Realisierung der Zielvorstellungen bedingt die Einrichtung einer oder mehrerer Dateien. Die Auswertung der Daten kann sich z.B. auf einen Monat oder größere Zeiträume beziehen. Wichtigstes Ergebnis ist die Angabe der Kosten pro gefahrenem Kilometer.
Das Problem der Kostenanalyse läßt sich selbstverständlich auch auf ganz andere Bereiche übertragen.

....

E) DV-EINSATZ BEI DER ORGANISATION EINER VERSAMMLUNG

Bei der Organisation größerer Veranstaltungen, wie z.B. Tagungen, bildet der Einsatz von Datenverarbeitung eine wesentliche Hilfe. Als Beispiel wird die Organisation der Hauptversammlung einer Aktiengesellschaft betrachtet, zu der zahlreiche Teilnehmer erwartet werden. Die Aktionäre müssen namentlich erfaßt werden und die Abstimmungsergebnisse sind möglichst schnell zu ermitteln und zu verarbeiten. Diese Verarbeitung (rechnen, schreiben, prüfen) erfordert einen hohen Personal- und Zeitaufwand, so daß der Computereinsatz unerläßlich ist.

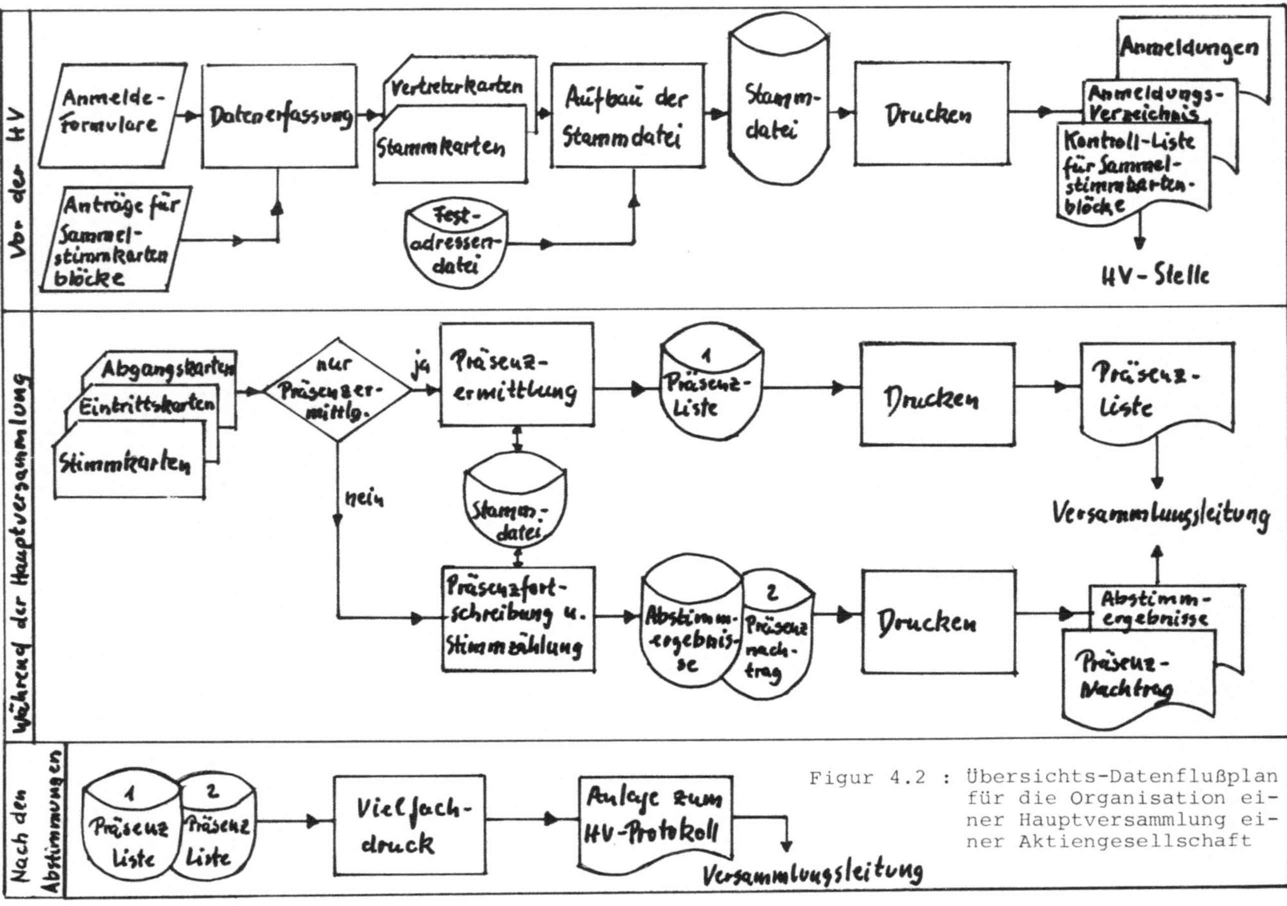

Figur 4.2 : Übersichts-Datenflußplan für die Organisation einer Hauptversammlung einer Aktiengesellschaft

Als Lösungsansatz wird ein Übersichtsplan angegeben, der in der Schriftenreihe DATA PRAXIS veröffentlicht ist.
R.Sellesk: Aus der Praxis der Datenverarbeitung, in DATA PRAXIS, Siemens AG, München 1977.

....

F) SIMULATIONEN

Besonders beliebt sind Projektthemen, in den reale Vorgänge simuliert werden. Hier bieten sich u.a. Themen aus den Naturwissenschaften und der Mathematik an. Als Beispiel einer Simulation wird eine Idee aufgegriffen, über die in LOGIN berichtet wird.
J.Eger,V.Klingspor,S.Pape,M.Schmidt: Simulation eines Parkhauses mit betriebswirtschaftlicher Optimierung, in LOGIN, 1981, Heft 1.
Dort wird auch ein ELAN-Programm aufgelistet.

"DAS PROGRAMM DIENT DAZU, DEN TÄGLICHEN BETRIEBSWIRTSCHAFTLICHEN ABLAUF EINES PARKHAUSES "RUND UM DIE UHR" MÖGLICHST WIRKLICHKEITSGETREU NACHZUAHMEN.
DAZU LÄUFT EINE DIGITALUHR (IN 2-MINUTENABSTÄNDEN) MIT ENTSPRECHENDER ANZEIGE VON 7 UHR MORGENS BIS 22 UHR ABENDS. NACH ERÖFFNUNG DES PARKHAUSES WERDEN SEINE DREI DECKS MIT JE 10 STELLPLÄTZEN, DIE ALLE AUF DEM BILDSCHIRM GEZEIGT WERDEN, MIT ANKOMMENDEN AUTOS GEFÜLLT. DER EINFACHHEIT HALBER HABEN ALLE AUTOS EINE BONNER ZULASSUNG, JEDOCH SONST UNTERSCHIEDLICHE KENNZEICHEN, DIE VOM ZUFALLSGENERATOR AUS ZWEI BUCHSTABEN UND DREI ZAHLEN BESTIMMT WERDEN. ... DIE KENNZEICHEN WERDEN AUF IHREN STELLPLÄTZEN EINGEORDNET, UNDZWAR AUF DEM JEWEILS NÄCHSTEN FREIEN PLATZ IM JEWEILS UNTERSTEN PARKDECK,...WENN BEI DER EINFAHRT KEIN DECK MIT FREIEN STELLPLÄTZEN ZUGEWIESEN WERDEN KANN, ERSCHEINT EINE ANZEIGE ÜBER DIE TOTALBELEGUNG MIT DER AUFFORDERUNG ZUM WEITERFAHREN.
DIE ANKUNFTSWAHRSCHEINLICHKEIT IST NICHT IMMER DIESELBE, VIELMEHR WIRD Z.B. DIE RUSH-HOUR DUCH EINE HÖHERE ANKUNFTSWAHRSCHEINLICHKEIT BERÜCKSICHTIGT. ...
WENN DIE AUFENTHALTSDAUER ABGELAUFEN IST, ERSCHEINT UNTER DEN PARKDECKS DIE AUTONUMMER UND DER ZU ZAHLENDE PARKPREIS. DER ANWENDER HAT NUN DIE AUFGABE, DEN PARKPREIS ... EINZUGEBEN. DER COMPUTER ZAHLT DAS ENTSPRECHENDE WECHSELGELD. ... AM ENDE DES PARKHAUSTAGES WIRD EINE BETRIEBSSTATISTIK AUSGEDRUCKT. DIESE ZEIGT DIE TAGESEINNAHMEN, DIE GESAMTZAHL DER AUTOS, DIE GESAMTZAHLEN DER AUTOS PRO DECK, DIE DURCHSCHNITTLICHE PARKDAUER UND DEN DURCHSCHNITTLICHEN PARKPREIS."

Diese Zitate genügen, um einen Eindruck von der Zielsetzung zu erhalten. Gleichzeitig geben sie Anregungen zu einer Erweiterung der Problemstellung und zu ähnlich gelagerten Problemen.
Wir nennen nun noch weitere Projektthemen, bei denen mit Simulation gearbeitet werden kann:

Simulation von Wartesystemen, Lagerhaltungssystemen, Produktionsabläufen, populationsgenetischen Modellen.

Literatur:

Hengartner/Theodorescu: Einführung in die Monte-Carlo-Methode, Hanser-Verlag, 1978

Krüger, S.: Simulation (Grundlagen, Techniken, Anwendungen), de Gruyter-Verlag, 1975

Lehmann,E.: Simulation von endlichen Markoff-Ketten, in Didaktik der Mathematik, Bayerischer Schulbuch-Verlag, 1978, S.227f.

LOGIN 1983, Heft 1: Thema: Simulation im naturwissenschaftlichen Unterricht.

Mittelbach,H.: Simulation in BASIC, Teubner-Verlag, 1984

....

G) LAGERHALTUNG, BUCHHALTUNG, VERSAND

Zahlreiche Kleinbetriebe stehen heute vor der Frage, ob sie eigene elektronische Datenverarbeitung benutzen sollen. Dabei geht es u.a. um die Vorgänge, die durch die Bestellung eines Kunden in Gang gesetzt werden.

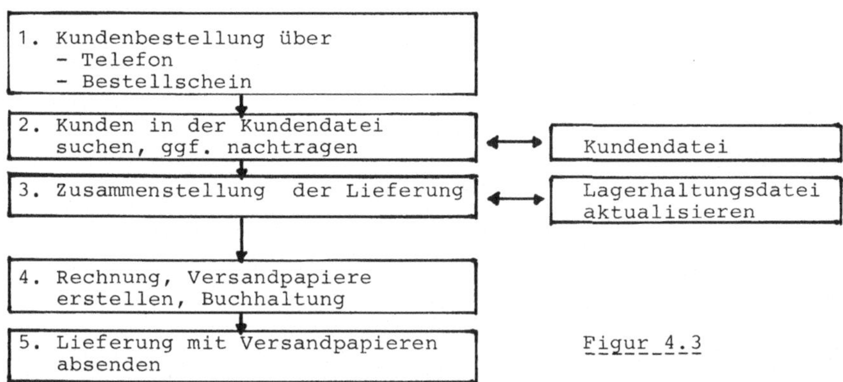

Figur 4.3

Die Zusammenstellung der Lieferung (3.) umfaßt wieder etliche Einzelvorgänge.

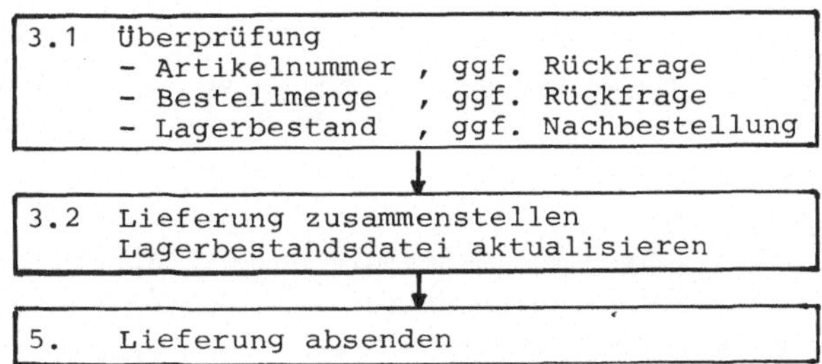
3.1 Überprüfung
- Artikelnummer , ggf. Rückfrage
- Bestellmenge , ggf. Rückfrage
- Lagerbestand , ggf. Nachbestellung

3.2 Lieferung zusammenstellen
Lagerbestandsdatei aktualisieren

5. Lieferung absenden

Für die Lagerhaltung in einer Buchhandlung schreibt J.Brunold in MICRO (Das Praxismagazin für Mikrocomputer), 1984, Heft2, S.24f.:

"DURCH DIE GESTEIGERTE LEISTUNGSFÄHIGKEIT IST SO EIN KLEINES COMPUTERSYSTEM IN DER LAGE, ALL DIE EINZELNEN KONTROLL- UND OPTIMIERUNGSVERSUCHE IM LAGERBEREICH IHRER BUCHHANDLUNG ZU EINEM INTEGRIERTEN LAGERBEWIRTSCHAFTUNGSSYSTEM AUSZUBAUEN. ... BEVOR SIE JEDOCH DAS BESCHRIEBENE BUCHHÄNDLERISCHE PARADIES ERREICHEN, IST NOCH EINIGES AN ARBEIT NÖTIG. ... SIE MÜSSTEN VOR ALLEM IHRE BESTEHENDE ORGANISATION UND DIE ARBEITSABLÄUFE IN IHREM LAGERBEREICH DURCHLEUCHTEN UND DOKUMENTIEREN. WENN SIE IHRE ORGANISATION NICHT KENNEN, KÖNNEN SIE NICHT BESTIMMEN, WAS SIE IN ZUKUNFT ANDERS ODER BESSER MACHEN WOLLEN. FESTZUHALTEN IN IHRER BUCHHANDLUNG WÄRE:
A) WELCHE TÄTIGKEITEN WERDEN BEI WARENEINGANG DURCHGEFÜHRT? Z.B. AUSPACKEN, AUSZEICHNEN, BÜCHER NACH ABTEILUNGEN VERTEILEN, BUCHLAUFKARTEN SCHREIBEN, BUCHLAUFKARTEN INS BUCH STECKEN USW.
B) WELCHE ARBEITEN WERDEN IN DEN EINZELNEN ABTEILUNGEN NOTWENDIG? Z.B. BÜCHER INS REGAL STELLEN, LAGERKONTROLLE MACHEN, VERTRETERAUFTRÄGE VORBEREITEN USW.
C) WELCHE TÄTIGKEITEN WERDEN BEI VERKAUF EINES BUCHES ANFALLEN? Z. B. ENTNEHMEN DER BUCHLAUFKARTE, EINTIPPEN IN DIE KASSE, BUCHLAUFKARTEN IN EINEM FACH SAMMELN, NEUE BESTELLANZAHL AUF DER BUCHLAUFKARTE NOTIEREN, BUCHLAUFKARTE AN BESTELLABTEILUNG GEBEN USW.
D) WAS MUSS BEI DER BESTELLUNG GETAN WERDEN? Z.B. BUCHLAUFKARTEN NACH VERLAGEN SORTIEREN, VERLAGSKARTEI ZIEHEN, KONDITIONEN VERGLEICHEN, BESTELLUNGEN IN BESTELLTERMINAL EINGEBEN ODER POSTFERTIG MACHEN USW.
DIESER GROBE ABLAUFPLAN DES DURCHLAUFS EINES TITELS DURCH IHRE BUCHHANDLUNG KANN NATÜRLICH NICHT VOLLSTÄNDIG SEIN. ER SOLL ABER ANDEUTEN, WIE SIE IN EINER IST-UNTERSUCHUNG VORGEHEN KÖNNEN.
GEGRÜNDET AUF DIE KENNTNIS DES IST-ZUSTANDES MUSS IN IHRER BUCHHANDLUNG EIN FORDERUNGSKATALOG ERSTELLT WERDEN, DER ALL IHRE ANSPRÜCHE AN EINE MIT HILFE DER EDV GEFÜHRTE LAGERORGANISATION UMFASST.
A) SOLLEN ALLE TITEL DES LAGERS VERWALTET WERDEN? ODER SOLL NUR FÜR EINEN BESTIMMTEN BEREICH (Z.B. DAS SCHULBUCHGESCHÄFT) EIN TEIL DES SORTIMENTS IN DIE EDV ÜBERNOMMEN WERDEN?
B) WIEVIELE TITEL UND WIEVIELE ANGABEN PRO TITEL SIND AUFZUNEHMEN? ...
C) WIEVIELE UND WELCHE WARENGRUPPEN MÖCHTEN SIE PFLEGEN? JE FEINER DIE WARENGRUPPENUNTERTEILUNG, DESTO FEINER DIE BETRIEBSWIRTSCHAFTLICHE BEOBACHTUNG UND ABSTIMMUNG IHRES LAGERS...."

Weitere Lösungsansätze können Sie dem o.g. Heft entnehmen.

In LOGIN 1981/4 und 1982/2 berichtet J.Lohmann ausführlich von der Durchführung eines Projekts MATERIALBESTANDSFÜHRUNG an einer Fachoberschule Wirtschaft.
"Eine Abteilung aus dem Werkstattbereich ... hat gegenüber der DV-Abteilung den Wunsch geäußert, Möglichkeiten der Arbeitserleichterung beim Bestellverfahren von Material, bei der Abrechnung, der Lagerbuchführung und der Verbrauchsstatistik zu prüfen."
Das Endprodukt dieses Projekts besteht aus einem Programmpaket (nach Bild 7 des o.g. Aufsatzes):

Nr.	Tätigkeit	Programmname
1	Erfassung der Stammdaten	STAMMDATENVERARBEITUNG
2	Stammdaten nach Nummern sortieren	SORTIERENSTAMMDATEN
3	Erweitern der Stammdatei, danach sortieren	STAMMDATENVERARBEITUNG
4	Eingabe der Inventurbestände	WARENEINGANG
5	Inventurdaten nach Nummern sortieren	SORTIERENBEWEGUNGSDAT
6	Buchen der Inventurbestände	BUCHUNG
4-6	sind einmal zu Beginn druchzuführen	
7	Eingabe der Wareneingänge	WARENEINGANG
8	Sortieren nach Nummern	SORTIERENBEWEGUNGSDAT
9	Eingangsliste drucken	WARENEINGANG
10	Buchen der Wareneingänge	BUCHUNG
11	Eingabe der Ausgaben und Rückgaben	WARENAUSGABERUECKGABE
12	Sortieren nach Nummern	SORTIERENBEWEGUNGSDAT
13	Liste drucken	WARENAUSGABERUECKGABE
14	Buchen der Ausgaben und Rückgaben	BUCHUNG
15	Auswertung nach Kursen	KURSAUSWERTUNG

Für die Stammdaten gibt Lohmann den folgenden Datensatzaufbau an:

```
type - Vereinbarung
     TARTIKEL

        NUMMER            ... integer
        BEZEICHNUNG       ... type ZEICHENKETTE  25 char
        LIEFERER          ... type ZEICHENKETTE  25 char
        PREIS             ... real (pro Mengeneinheit)
        MINDESTBESTAND    ... integer
        BESTAND           ... integer
```

Wie man Problemstellungen aus dem Bereich Lagerhaltung/Buchhaltung/ Versand mit Hilfe von Entscheidungstabellen (→) bearbeiten kann, zeigt Dreßler am Beispiel einer AUFTRAGSBEARBEITUNG.

Dreßler,H.: Problemlösen mit Entscheidungstabellen, Oldenbourg-Verlag, München 1975.

"DIE AUFTRAGSBEARBEITUNG EINER FIRMA GESCHIEHT PER COMPUTER. ES GIBT EINE KUNDEN-STAMM-DATEI, EINE ARTIKEL-DATEI UND EINE STATISTIK DATEI...EIN KUNDE SOLL MIT SEINER KUNDEN-NUMMER BESTELLEN. DIE ARTIKELNUMMER HAT ER NACH EINEM KATALOG HERAUSGESUCHT (FÜR DAS BEISPIEL PRO BESTELLUNG NUR EINE POSITION). DER KUNDE DARF EINE LIEFERFRIST (LF) SETZEN. DIE LIEFERZEIT (LZ) DES ARTIKELS STEHT IN DER ARTIKELDATEI. IN DER KUNDEN-DATEI IST U.A. DIE KREDITWÜRDIGKEIT GESPEICHERT UND AUSSERDEM, OB ER NOCH FRÜHERE LIEFERUNGEN ZU BEZAHLEN HAT: OFFENE POSTEN (OP). DER BETREFFENDE KUNDEN-SATZ UND DER ARTIKEL-SATZ WERDEN AUS DER DATEI HERAUSGESUCHT. DANACH GESCHIEHT FOLGENDES:

	R1	R2	R3	R4	R5	R6	R7	R8
B1 Kunden-Nr. korrekt	n							
B2 Kunde kreditwürdig			n					
B3 Offene Posten vorhanden		y						
B4 Artikel-Nummer gültig				n				
B5 Lieferzeit(LZ) Lieferfrist (LF)							y	
B6 LZ 2 LF					y			
A1 Meldung:"Falsche Kundennummer"	x							
A2 Meldung an Verkauf: KDNR mit OP		x						
A3 Meldung an V-Leitung:KDNR-KREDIT?			x					
A4 PERFORM "AUFTRAGSBESTÄTIGUNG"						x		
A5 PERFORM "Zusatz-Lieferzeit"							x	
A6 ARTNR wird reklamiert				x				
A7 Meldung "Lieferzeit zu groß"					x			
A8 Bestellwerte in STATISTIK-Datei speichern								x
A9 GOTO ENDE	x		x	x	x			x

ERLÄUTERUNGEN
EINE GERINGERE ALS DIE DOPPELTE LIEFERZEIT WIRD DER KUNDE SCHON IN KAUF NEHMEN. (B6)
GELEGENHEIT ZUM MAHNEN. (A2)
WIRD DER KUNDE DENNOCH BELIEFERT? (A3)
ZWEI UNTERPROGRAMME.(A4,A5)
MEHR ALS DOPPELTE LIEFERZEIT IST ZUVIEL. (A7)
AUSGANG ZU DIESEM PROGRAMMTEIL. (A9) "

Der Themenkreis Einkauf/Lagerung/Verkauf wird abgeschlossen durch die Darstellung eines Lösungsansatzes mit Hilfe von SADT (→). Das Beispiel WEINHANDLUNG wird ausführlich dargestellt in

Balzert,H.: Die Entwicklung von Softwaresystemen, BI Wissenschaftsverlag, Mannheim/Wien/Zürich 1982.

Die folgenden SADT-Diagramme werden in dem genannten Buch entwikkelt.

Zielsetzung: Man entwerfe ein DVA-System zur Verwaltung des Einkaufs und Verkaufs sowie der Lagerung von Weinen.

Kontext: TOP

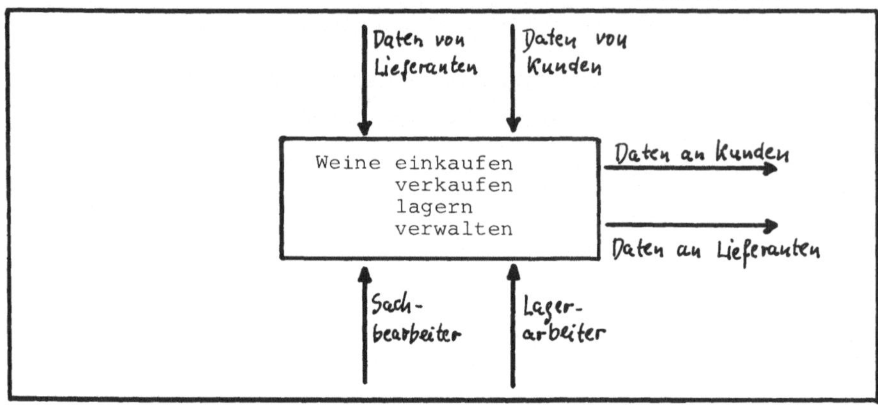

Knoten A-O (A minus O) WEINHANDLUNG (ÜBERBLICK)

Kontext: A-O

Knoten AO WEINHANDLUNG (EINKAUFEN-VERKAUFEN-LAGERN-VERWALTEN)

Dabei bedeuten: C: Control (Steuerung), O: Output, M: Mechanismus. Zur Verfeinerung werden die einzelnen Kästchen in immer weitere Kästchen mit detaillierterer Beschreibung aufgespalten, bis die gewünschte Feinstruktur erreicht ist.

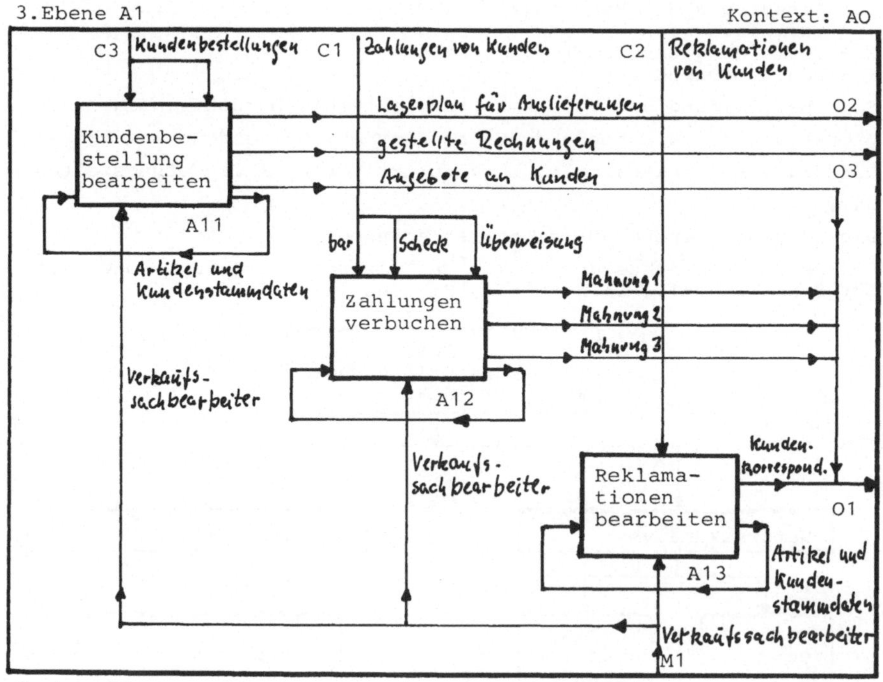

Knoten A1 WEINHANDLUNG (VERKAUF ABWICKELN)

Neben diesen Aktivitätsdiagrammen könnten Datendiagramme (Datenkästchen) entworfen werden. In diesen würden die Daten aufzugliedern sein. Auf diese Weise werden die Funktionen des Systems auf zwei sich ergänzende Arten beschrieben.

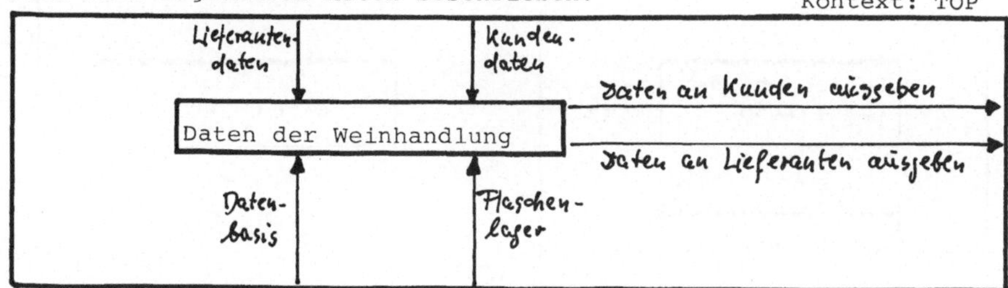

Knoten D-O WEINHANDLUNG (DATENÜBERBLICK)

H) EINSATZPLANUNG FÜR EINEN FUHRPARK

Für einen möglichst wirtschaftlichen Transport von Gütern zum Kunden ist eine optimale Tourenplanung nötig:

- Ausnutzung der Fahrzeugkapazitäten
- Vermeidung von Umwegen
- Vermeidung unnötiger Wartezeiten
- wenig Leerfahrten

Eine Bearbeitung des Problems kann weiterhin berücksichtigen: Ladekapazität verschiedener Fahrzeugtypen, Be- und Entladungsreihenfolge, Rampenkapazität, Lieferprioritäten, Anlieferungszeiten usw.

Die folgende grobe Übersicht ist entnommen aus

Sellesk,R. u.a.: Aus der Praxis der Datenverarbeitung, Sonderheft zur Schriftenreihe DATA PRAXIS, Siemens 1977, S.59.

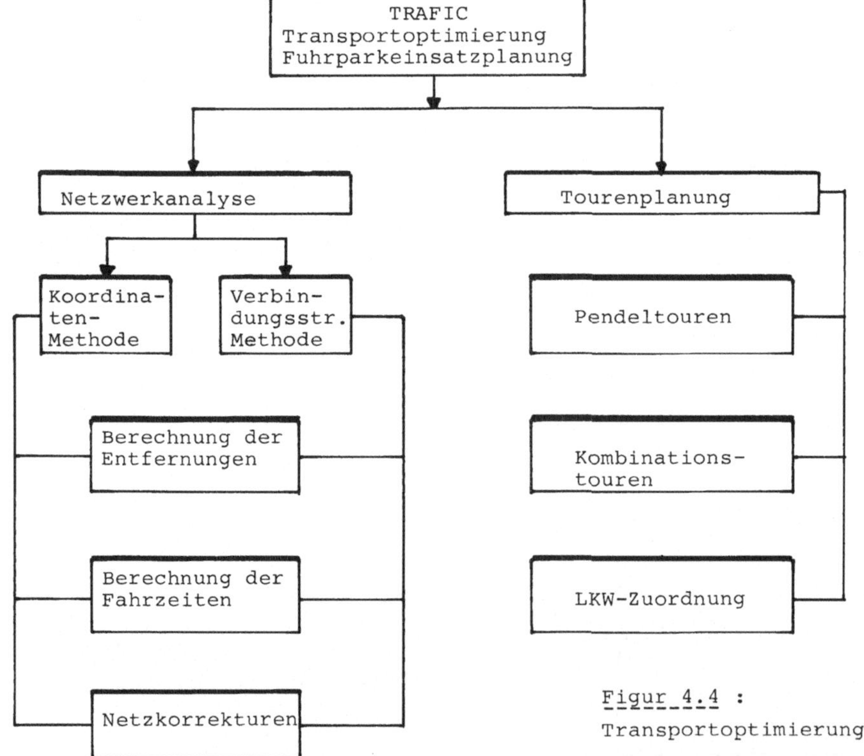

Figur 4.4 : Transportoptimierung

Literatur:

Noltemeier,H.: Graphentheorie, mit Algorithmen und Anwendungen, de Gruyter-Verlag, Berlin 1976.

Schmidt,K.: Algebraische Behandlung von Transportproblemen, in Didaktik der Mathematik, Bayerischer Schulbuch-Verlag, 1979, Heft 1

....

I) ENTSCHEIDUNGSTABELLEN

Mit Entscheidungstabellen (-➧) können komplexe Entscheidungsprozesse analysiert werden. Im Projektvorschlag G) wurde bereits eine Einsatzmöglichkeit (Auftragsbearbeitung) gezeigt. Projektthemen könnten nun z.B. sein:

- Verarbeitung von Entscheidungstabellen
- Programmieren nach Entscheidungstabellen.

In dem unten genannten Aufsatz von Zhong Kang Hu wird ein Ablaufdiagramm zur Bearbeitung von Entscheidungstabellen gezeigt:

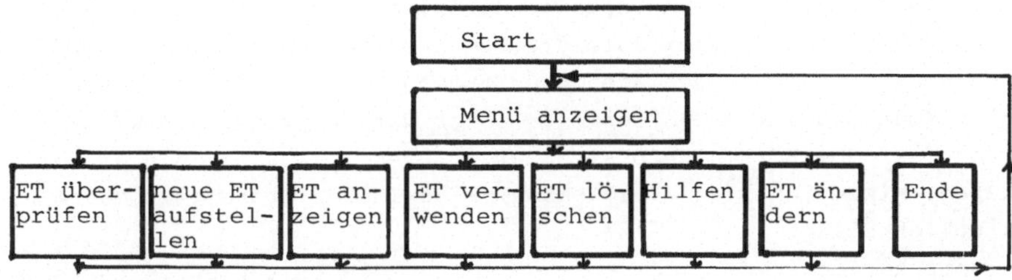

Figur 4.5 (nach Zhong Kang Hu)

Mit dem System kann man z.B. Regeln suchen, die den eingegebenen Bedingungen genügen oder Bedingungen ermitteln, die für eine eingegebene Aktion erfüllt sein müssen.

Für die Probleme

- Programmieren nach Entscheidungstabellen
- Entscheidungstabellen-Generatoren
- Entscheidungstabellen-Interprdter

wird auf das Buch von Dreßler verwiesen.

Literatur:

Dreßler,H.: Problemlösen mit Entscheidungstabellen, Oldenbourg-Verlag, München 1975

Zhong Kang Hu: Ein System zur Verarbeitung von Entscheidungstabellen auf einem Kleinrechner, in LOGIN 1984, Heft 1.

....

J) WERTPAPIERBÖRSE

Der Autor des Buches führt zur Zeit mit Informatikschülern des 3. Semesters (Grundkurs, 3 Stunden in der Woche) ein Projekt "BÖRSE" durch. Die Zielsetzung hat sich nach einem Besuch der Berliner Wertpapierbörse und Literaturstudium (Banklexikon)ergeben.

Zielsetzung:

1) Grundlage für alle Operationen auf der Börse sind die zugelassenen Wertpapiere
a) festverzinsliche Wertpapiere, b) Aktien.
Von jeder Wertpapierart sollen die Papiere von m Unternehmen gehandelt werden. Die Unternehmen werden mit einigen charakteristischen Daten beschrieben: Name - Sitz - Grundkapital - Anzahl der ausgegebenen Wertpapiere - Wertpapierart - Nominalwert - Daten zur wirtschaftlichen Stellung.

2) Der Handel mit den Wertpapieren wird betrieben von
a) Privatleuten (PL), die über eine Bank mit der Börse kommunizieren. Die Privatleute sind bekannt durch Name - Kontonummer - Kontostand - Wertpapierbesitz. Sie treffen ihre Kauf- und Verkaufsentscheidungen je nach Sachlage durch freien Wunsch, sind jedoch durch ihren Kontostand (ihr Börsenkonto) begrenzt. Eventuelle Gewinne werden auf dem Börsenkonto sichtbar. Dieses soll drei Angaben enthalten: Minimaler Stand (mit Datum) - maximaler Stand (mit Datum) - aktueller Stand.
b) Computerleuten(CL): Der Unterschied zu den Privatleuten besteht darin, daß die CL in ihren Kauf- und Verkaufsentscheidungen nicht frei sind. Vielmehr werden diese durch Zufallsentscheidungen bewirkt.

3) Kurseinflüsse: Sowohl die PL als auch die CL reagieren (frei bzw. gesteuert) auf Einflüsse verschiedener Art:
Politische Ereignisse - wirtschaftliche Ereignisse - unternehmensinterne Entscheidungen (Erhöhung des Grundkapitals, Dividendenfestlegung - Zinssatz - Fälligkeit bei festverzinslichen Wertpapieren - Katastrophen).
Diese Einflüsse können u.a. den Kurs eines Wertpapiers beeinflussen. Die Einflüsse sollen zufällig eintreten, in Abhängigkeit von der Bedeutung des Einflusses. Möglicherweise ist es auch erforderlich, den einen oder anderen Faktor selbst bestimmen zu können.

4) Die Börse selbst soll auf mehreren Ebenen realisiert werden:

Der Börsensaal.

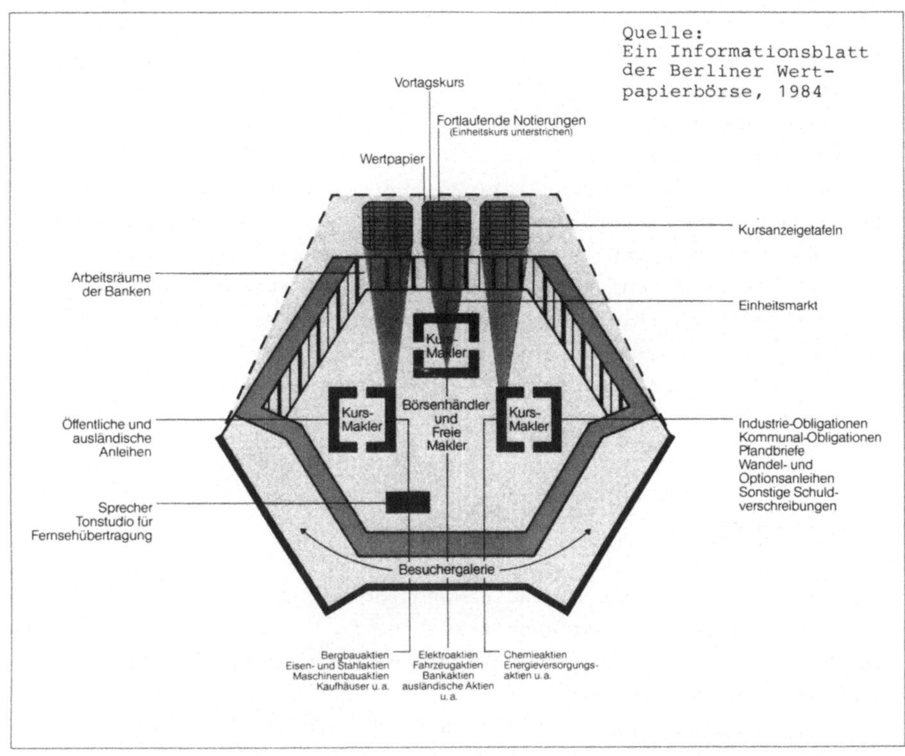

Quelle:
Ein Informationsblatt
der Berliner Wert-
papierbörse, 1984

a) Sie zeigt auf Tafeln die aktuelle Tagesentwicklung der Kurse an a1) für festverzinsliche Papiere (Namen - Kurse),
a2) für Aktion (Name - Kurse).

b) Kursberechnung: Sie soll zu etwa gleichen Wertpapieranzahlen erfolgen im
b1) Einheitskursverfahren,
b2) mit variablen Kursen.

c) Intern soll die Kursentwicklung über einen längeren Zeitraum hinweg gespeichert werden, insbesondere sollen Kursminimum/Datum, Kursmaximum/Datum und aktueller Kurs ausgegeben werden können.

d) Weiterhin soll auf Wunsch die Ausgabe der augenblicklichen "Großwetterlage" (Einflußkomponenten) möglich sein.

Von dieser sehr umfangreichen Zielsetzung sind je nach zur Verfügung stehender Zeit Abstriche zu machen.

....

K) SCHULVERWALTUNG

Themen aus der Verwaltung der eigenen Schule werden von Schülern wegen der eigenen Betroffenheit i.a. gerne bearbeitet. Als Beispiel werden im folgenden einige Ansätze zum Thema OBERSTUFENVERWALTUNG genannt. Sie stammen aus

Buhse,R.: Projekt "Oberstufenverwaltung"- ein Beispiel zur Durchführung eines Projektes im Fach Informatik, in LOGIN 1983, Heft 2.

Grobe Zielsetzung:

- Kurswahl der Schüler mit Hilfe von Markierungskarten
- Durchführung von Änderungen am Terminal
- Erstellen von Listen am Drucker
- Noteneingabe mit Überprüfung der Abiturzulassung

Als grobe funktionale Struktur gibt Buhse an:

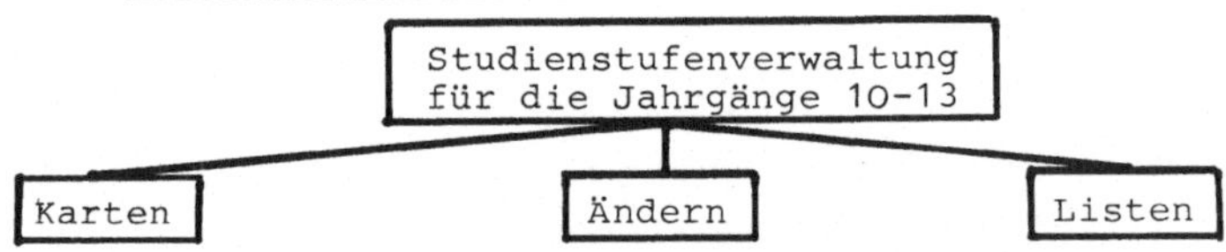

(hier folgt eine Auflistung von Funktionen)

Das Inhaltsverzeichnis der Benutzeranleitung macht die realisierten Funktionen des Systems deutlich:

1.	Ingangsetzen des Computers
1.1.	Disketteneinlegen
1.II.	Einstellen des Druckers
2.	Starten des Programms
3.	Arbeiten mit dem Programm
3.I.	Füllen der Datei mit Schülernamen
3.II.	Eingabe der Blockung
3.III.	Übertragen einer Jahrgangsliste in den nächsten Jahrgang
3.IV.	Neuzugang eines Schülers
3.V.	Streichen eines Schülers
3.VI.1.	Kurswahl über Karten
3.VI.2.	Kurswahl für das 2.,4. oder 6.Semester über Karten
3.VII.	Zensureneingabe in Punkten über Karten
3.VIII.	Tutorenwahl über Terminal
3.IX.	Wahlüberprüfung eines Semesters
3.X.	Listenausgabe
3.X.1.	Gesamtliste
3.X.2.	Tutorenlisten
3.X.3.	Karteikarten
3.X.4.	Kurslisten
3.X.5.	Blockungsausgabe
3.XI.	Änderungen
3.XI.1.	Blockungsänderung
3.XI.2.	Bemerkungsänderungen
3.XI.3	Namensänderungen
3.XI.4.	Belegungsänderungen
3-XI.5.	Schülernummeränderungen
3.XI.6.	Tutorenänderungen
3.XI.7.	Notenänderung
3.XI.8.	Rückkehr ins Programm
3.XII..	Ende

Hiermit erhält der Leser noch ein Beispiel, wie eine Benutzeranleitung aufgebaut werden kann.

....

L) WEITERE THEMEN

Abschließend werden noch einige Themen aufgelistet, die zum 2.Jugendwettbewerb in Computer-Programmierung bearbeitet wurden (siehe kurze Charakterisierung in LOGIN 1983, Heft 3).

- Zielsuche im Labyrinth und Bestimmung des direkten Weges
- Programmsystem zur graphischen und mathematischen Verarbeitung von Funktionen
- Zeichnen eines Schaltplanes aus elektrischen Symbolen
- Struktogrammzeichner
- Textbearbeitung mit Silbentrennung

....

4.2 Bemerkungen zum projektorientierten Unterricht

In Meyers Lexikon, Bibliographisches Institut, Mannheim/Wien/Zürich Band 6, 1980, heißt es:

" Projektorientierter Unterricht, im Bereich von Schule und Unterricht seit Mitte der 60 er Jahre allg. eine längere und fächerübergreifende Unterrichtsform, die durch Selbstorganisation der Lerngruppe gekennzeichnet ist. Das Projekt (Vorhaben) wird gemeinsam geplant, ausgeführt und ausgewertet, der Schüler ist von der Themenstellung bis zur Durchführung beteiligt und mitverantwortlich ...".

Hier ist nicht der Platz, allgemein oder in großer Breite Charakteristika und Prinzipien projektorientierten Unterrichts oder seine Stellung im Rahmen normalen Unterrichts darzustellen. Für den Schüler dürften derartige Ausführungen wenig interessant sein, der Lehrer findet weiter hinten Literaturhinweise. Einige Erläuterungen sind jedoch nötig, um die Problematik projektorientierten Unterrichts zu verdeutlichen. Schließlich soll der Lehrer wissen, was auf ihn und seine Schüler zukommt!

(1) Projektorientiertes Lernen versucht die Festgelegtheit schulischer Erfahrungsmöglichkeiten zu überwinden!
(2) Projektorientierter Unterricht behandelt komplexe, realitätsnahe Probleme und ist i.a. fächerübergreifend.
(3) Projektorientiertes Lernen will das Auseinanderfallen von Theorie und Praxis verhindern.
(4) Projektorientiertes Lernen ist der Lern- und Arbeitsprozeß in einer sozialen Gruppe, deren Ziel selbstgesetzt ist.
(5) Das Ziel realisiert sich in der Akkumulation gemeinsam gewonnener Erfahrungen.
(6) Beim projektorientierten Unterricht gehört die Methode mit zum Inhalt.
(7) Im projektorientierten Unterricht werden Produkte erzeugt, über die mit anderen kommuniziert werden kann.

Projekte im Informatikunterricht finden ihre Rechtfertigung in den Zielen des Faches Informatik. R.Schulz-Zander schreibt dazu in LOGIN 1981, Heft 1, S.25:

"Die inzwischen wohl weitgehend anerkannte Forderung, Projekte im Informatikunterricht durchzuführen, stützt sich auf allgemeine pädagogische Konzeptionen und darüber hinaus auf folgende Argumentationen:

- Verschiedene in der Informatik entwickelte Methoden und Verfahren (wie z.B. die Strukturierte Programmierung, Modulprogrammierung, Dokumentationstechniken) werden für den Anwender dieser Methoden und Verfahren erst ab einer gewissen Komplexitätsstufe notwendig und damit erst einsichtig ...
- Die Bedeutung des Einsatzes der Datenverarbeitung in gesellschaftlichen Bereichen kann erst dann vom Schüler eingeschätzt werden, wenn die Probleme eine größere Komplexität haben und da-

mit eine größere Realitätsnähe aufweisen.
- Die Schüler lernen die in den Anwenderbereichen übliche arbeitsteilige Entwicklung von DV-Systemen in Projekten und dort eingesetzte Formen der Arbeitsorganisation ansatzweise kennen."

Der Entwurf eines Rahmenplans für das Fach Informatik in der Gymnasialen Oberstufe (Stand Februar 1984), Senator für Schulwesen, Jugend und Sport, Berlin, sieht für das 3. und 4.Semester die Durchführung eines größeren Projekts oder zweier Kurzprojekte vor.
Zu den Zielen heißt es:

"In diesen Kursen soll ein ablauffähiges, benutzbares neues Programmsystem für den zur Verfügung stehenden Rechner erstellt oder ein vorhandenes modifiziert werden. Dabei soll die Methodik der Herstellung komplexer Software benutzt werden. Die Schüler sollen die mit der Arbeit verbundenen softwaretechnischen Aspekte kennenlernen.
Die in den vorangegangenen Kursen weitgehend getrennt behandelten Themenbereiche Anwendungen und Auswirkungen, Algorithmik, Rechnerorganisation sollen bei der Durchführung von Softwareprojekten integriert und auf das Projektthema bezogen behandelt werden.
Bei der Behandlung der stark anwenderbezogenen Phasen (Themenwahl, Problemanalyse,funktionelle Analyse, gegebenenfalls Einsatz des Systems) ist auf die Auswirkungen unterschiedlicher Designentscheidungen für Benutzer und Betroffene einzugehen.
Rechnerorganisationsthemen sollen nur in dem für das Projektthema nötigen Umfang ergänzt werden;schwerpunktartig sollen die Schüler einen Einblick in die Probleme der Daten- und Systemausfallsicherung erhalten.

Mit der Durchführung von Projekten werden insbesondere folgende Ziele verfolgt:

Allgemeine und soziale Ziele:
- Teamfähigkeit entwickeln,
- Notwendigkeit und Sinn von Arbeitsteilung einsehen,
- Artikulationsfähigkeit entwickeln,

Ziele zur Erlangung von Planungskompetenz:
- Arbeitsmittel und zur Verfügung stehende Ressourcen richtig einschätzen,
- Kritikfähigkeit eigener und fremder Arbeit gegenüber entwickeln,
- Gewinnung und Auswertung von Informationen üben,
- einzeln und im Team Entscheidungen treffen,

Auf die EDV-Anwendung bezogene Ziele:
- Komplexität realer Problemstellungen erkennen,
- unterschiedliche Interessenlage von Auftraggeber, Hersteller, Anwender und von der Anwendung Betroffenem erkennen,
- die Auswirkungen unterschiedlicher Designentscheidungen erkennen.

Auf die Softwareerstellung bezogene Ziele:
- Interdisziplinarität des Herstellungsvorganges erkennen und bewältigen,
- die Methodik der Softwareerstellung als Mittel zur Bewältigung inhaltlich und organisatorisch komplexer Probleme begreifen und erfahren,

- (einfache) Methoden der Softwareherstellung anwenden können."

Welche Schwierigkeiten bringt projektorientierter Unterricht mit sich?

(1) Schüler und Lehrer sind i.allg. nicht gewohnt, mehrere Monate an einem Problemkreis miteinander zu arbeiten und viele Einzelergebnisse in ein großes übergeordnetes System zu integrieren.
(2) Die Arbeit im Team über eine so lange Zeit hinweg erfordert viel gegenseitige Rücksichtnahme und Einordnung.
(3) Die Vielseitigkeit der Aufgabenstellung innerhalb eines Projekts bedeutet, daß die Schüler in ihrem bisherigen Informatikunterricht einen gewissen Überblick über Lösungsmethoden gewonnen haben müssen und in der Lage sind, diese zunächst mit Anleitung, dann aber doch weitgehend selbständig auswählen und anwenden zu können. Das ist nur bei interessierten und leistungsstärkeren Schülern zu erwarten.
(4) Der Motivation der Schüler kommt wegen der langen Laufzeit des Projekts erhebliche Bedeutung zu. So ist es wichtig, die Schüler an der Wahl des Projektthemas zu beteiligen und Wege zu finden, die Motivation aufrechtzuerhalten (z.B. durch abwechslungsreiche Aufgabenverteilung).
(5) In der Wahl des Themas liegt i.allg. ein gewisses Risiko, da anfangs oft nicht alle möglichen auftretenden Probleme erkennbar sind. So kann selbst das Scheitern eines Projektes nicht völlig ausgeschlossen werden.
(6) Für den Lehrer bedeutet Projektunterricht eine andere Art der Vorbereitung als er es z.B. als Mathematiklehrer gewohnt ist. Sie kann ja nicht darin bestehen, das Projekt vorab für sich selbst durchzuführen. Vielmehr verschiebt sich das Schwergewicht der Unterrichtsvorbereitung auf organisatorische Fragen. Im Unterricht selbst wird vom Lehrer wegen der parallel und arbeitsteilig tätigen Schülergruppen ein besonderes Maß an Übersicht und Flexibilität gefordert.

Abschließend noch einige Zitate aus einem Aufsatz von B.de Boutemard (aus: betrifft:erziehung Nr.1, Januar 1975), die die Situation des Lehrers sehr treffend beschreiben:

"Projektunterricht - wie macht man das?

- Man werde sich klar, was man nicht will!
- Man lasse sich nicht einschüchtern von dem, was ist!
- Man beachte, daß weniger oft mehr ist!
- Gemeinsame Vorbereitungen brauchen mehr Zeit, aber werden dafür gründlicher sein können. ...
- Man sensibilisiere sich selbst und Schüler dafür, daß und warum
  - man nicht alles selber wissen und können muß, ...
  - eigene Fehler zum Anlaß für neues Lernen werden, ...
  - Beharrlichkeit oft zum Ziel führt,
  - Perfektion selten zu erreichen ist,
  - Unabgeschlossenheit, Vorläufigkeit und Relativität der Ergebnisse Anlaß zum weiteren Lernen und nicht zum Aufgeben sind,
  - die völlige Übereinstimmung von Geplantem und Erreichtem meistens ... nicht den Handlungsabläufen in der alltäglichen Wirklichkeit entspricht,
  - es zur Zielerreichung alternative Mittel und Methoden gibt,...

- Improvisation und Spontaneität den Lernprozeß bereichern, aber auch stören können,
- Einteilung Kräfte spart,
- man auf gemachte Erfahrungen zurückschauen muß, wenn aus ihnen für künftiges Handeln verfügbares Interpretations- und Orientierungswissen werden soll! ...
- Durch den ... Projekterfahrungsbericht lernen Schüler, ihr Projekt eigenständig didaktisch und methodisch zu strukturieren."

> "Wer keine Lust am Entdecken hat, wer Unvorhergesehenes fürchtet und sich davor ängstigt, vom Bisherigen abweichende Erfahrungen zu machen, prüfe, ob er die Kraft zum Durchhalten hat!"

Diese ausgewählten Zitate zeigen deutlich die Problematik des Projektunterrichts Sie geben dem Lehrer aber außerdem wichtige allgemeine Hinweise für sein didaktisches und methodisches Vorgehen!

Eine systematische Vorbereitung auf die Erstellung umfangreicherer Softwaresysteme und die Erreichung der o.g. Ziele des Projektunterrichts können in Stufen geschehen (nicht immer wird entsprechend Zeit zur Verfügung stehen!):

(1) Benutzung und Analyse eines fertigen leicht überschaubaren Softwareprodukts (siehe Kapitel 1) und Durchführung einiger Änderungen.

(2) Durchführung eines Kurzprojekts: Dabei und auch bei Zeitmangel kann es durchaus sinnvoll sein, die Themenwahlphase bei Vorliegen eines überzeugenden Themas zu überspringen und den Schülern das Thema mit Begründung vorzustellen. Diese Idee der Verkürzung von Projektarbeit läßt sich auch auf die folgenden Phasen übertragen; z.B. kann die Zielsetzung innerhalb der Problemanalyse bereits formuliert sein (etwa vom Auftraggeber vorgegeben), oder es können bei der funktionellen Analyse teilweise vorgegebene Lösungsansätze (z.B. in Form von HIPO-Diagrammen) benutzt werden (siehe Kapitel 4.1). Dabei sind dann auch Aufgaben an die Schüler denkbar, die etwa die Übertragung von einer Darstellungsweise in eine andere verlangen (z.B. von HIPO in SADT).

(3) Herstellung eines umfangreicheren Softwareprodukts, wobei der Grad der Hilfestellung durch den Lehrer unterschiedlich sein kann.

Wir ergänzen diese allgemeinen Hinweise nun durch spezielle auf die Phasen der Softwareentwicklung zielende Hinweise.

I) THEMENWAHL

Man beachte hierzu auch die Ausführungen auf den Seiten 39/40! Für den Unterricht kann man folgende Einteilung dieser Phase wählen:

(1) Sammeln von Themenvorschlägen,
(2) Erstellung von Entscheidungskriterien,
(3) Beibringen von Informationen gemäß den Entscheidungskriterien und Bereitstellung für alle Schüler,
(4) Bewertung der Themen,
(5) begründete Entscheidung für ein Thema.

Diese Einteilung deutet an, daß hier ein hohes Maß an Schüleraktivität möglich ist. Jede Gruppe (jeder Schüler) wird auf die Annahme ihres (seines) Themenvorschlags hoffen und sich bemühen, ihn möglichst überzeugend darszustellen. Für mögliche Themen und Lösungsansätze wird auf Kapitel 4.1 verwiesen.

Als Entscheidungskriterien kommen in Frage:

- Wirklichkeitsnähe und Anwendbarkeit
- hinreichende Komplexität bei Aufgliederbarkeit in Teilprobleme; dadurch die Möglichkeit zu verkürzen oder zu erweitern,
- Umfang und Schwierigkeitsgrad der inhaltlichen Vorbereitung sowie die Zugänglichkeit benötigter Informationen,
- Präzisierbarkeit der Aufgabenstellung
- Umfang eventuell noch benötigter Programmierkenntnisse,
- voraussichtlicher Zeitbedarf,
- Realisierbarkeit auf dem zur Verfügung stehenden Rechner.

II) PROBLEMANALYSE

In dieser Phase muß der Schüler vor allem die Erstellung einer Anforderungsdefinition lernen (siehe Kapitel 2, S.45/46) und ihre Bedeutung für die folgende Arbeit erkennen. Er soll noch keine Lösungsmöglichkeiten untersuchen! Sollte das Projektthema dies zulassen, ist das Hinzuziehen von Betroffenen (oder dem Auftraggeber) zu empfehlen, die ihre Vorstellungen im Gespräch mit der Projektgruppe vortragen und diskutieren können. Auf die Bedeutung der in dieser Phase beginnenden Dokumentation (-➧) wurde bereits in Kapitel 2.0, S.37/38 hingewiesen.

III) FUNKTIONELLE ANALYSE

Der hier zu erstellende grobe Lösungsvorschlag mündet in eine Aufteilung des geplanten Systems in Untersysteme, die durch bestimmte Funktionen charakterisiert sind. Noch immer werden keine Detailalgorithmen erstellt, jedoch wird die Datenstruktur wichtig. Die Benutzerschnittstellen werden besonders in den anzubietenden Menüs deutlich. Besonders wichtig ist, daß die Ergebnisse dieser Phase auch für den Auftraggeber oder zukünftigen Benutzer verständlich formuliert werden. Durch graphische Übersichtsdarstellungen (grobe Modulhierarchie, Menüebenen, Datenüberblick , vergl. S.51-54) kann das erreicht werden.

IV) ENTWURF

Über Aktivitäten und Dokumentation in der Entwurfsphase können Sie sich in Kapitel 2.4, S.56-58, informieren.
Bereits für die funktionelle Analyse, mehr noch für den Entwurf bieten sich verschiedene Verfahren und Hilfsmittel an. Wir nennen die Stichwörter HIPO (→), SADT (→), Top-down (→), Bottom-up (→) Outside-in (→), Jackson-Methode (→), Modularisierung (→), Flußdiagramm, Struktogramm.
Man sollte sich nicht auf eine Methode oder Darstellungsform festlegen! Vielmehr wird das gerade zu bearbeitende Projekt die zu verwendenden Methoden bestimmen. Dabei sind auch Mischformen und eigene Darstellungsformen zuweilen geeignet! Oberstes Ziel bleibt die Verständlichkeit der Darstellung! Das schließt nicht aus, daß ein Projektbearbeiter gewisse Vorlieben entwickelt. So hält der Autor beispielsweise Struktogramme zur Darstellung von Algorithmen für besonders geeignet, da sie Überblick erzeugen, je nach Problemstellung klein oder groß gezeichnet und mit Text versehen werden sowie leicht in PASCAL übersetzt werden können. Weiterhin läßt sich der Vorgang der Modularisierung gut darstellen.

Der Umfang des zu bearbeitenden Projekts macht besondere Organisationsformen nötig. Bereits bei den vorhergehenden Softwareentwicklungsphasen ist in der betrieblichen Praxis ein spezielles Management nötig. In der Schule werden Themenwahl, Problemanalyse und funktionelle Analyse vorwiegend von allen Schülern des Kurses bearbeitet. Diese Phasen bilden ja die Grundlage für den Systementwurf, und ihre Ergebnisse müssen von jedem Schüler bis in die Ein-

zelheiten verstanden werden. Beim Systementwurf muß das Projektteam (der Kurs) in Arbeitsgruppen (2-4 Mitglieder) aufgeteilt werden,die weitgehend selbständig arbeiten. Dieser Zwang ergibt sich auch aus den Entwurfsprinzipien (-➧). Von besonderer Bedeutung beim Entwurf ist das Prinzip der strukturierten Programmierung. Ziel ist die Erstellung von gegliederten, leicht lesbaren und testbaren Programmen, in denen die Moduln entsprechend der vorher festgelegten Struktur zusammengefügt sind.
Bereits auf S.63 wurde auf das Problem hingewiesen, daß die Schüler den Entwurf eines Moduls auch möglichst bald in ihrer Programmiersprache realisieren wollen, weil ihnen erst das (trotz aller Schreibtischtests) die Überzeugung gibt, richtig gedacht zu haben. So empfiehlt sich für den Informatikunterricht ein sinnvolles Ineinandergreifen der Phasen Entwurf/Modulprogrammierung,Modultest/ Systemintegration. Wie das im einzelnen aussehen kann, wird auf den Seiten 62f. am Beispiel des Multiple Choice-Projekts geschildert.
Die Hauptaufgaben des Lehrers in dieser Phase sind:

(a) Organisation der Aufgabenverteilung,
(b) Drängen auf programmiersprachenunabhängige Dokumentation beim Entwurf (hier sind bei den Schülern oft Widerstände zu überwinden!),
(c) Leitung von Gesprächen im Plenum (Informationsaustausch bei Bedarf).

Diese Aufgaben können zumindest teilweise auch von einem besonders qualifizierten Schüler übernommen werden.
Innerhalb der einzelnen Gruppen werden die Schüler die Arbeit ggf. noch weiter aufteilen.

V) MODULPROGRAMMIERUNG, MODULTEST

In dieser Phase müssen möglicherweise noch einige Programmierkenntnisse bereitsgestellt werden. Die Schüler können sich diese aus der Literatur verschaffen, sie arbeiten möglichst selbständig. Die Programme sind gut strukturiert zu erstellen und sollten an geeigneten Stellen kurze Bemerkungen etwa zur Funktion von Programmteilen enthalten. Zur Testmethodik (-➧) kann in Kapitel 5 nachgelesen werden. Weitere Informationen erhält man auf S.82f., dargestellt am Multiple Choice-Projekt.
Möglicherweise ergeben sich bereits in dieser Phase Probleme mit der zeitlichen Bewältigung des Projekts. Man sollte dann bald zu

einer Teilintegration übergehen, um so wenigstens eine Teillösung des Projekts vorlegen zu können (vergl. S.95). Immer wieder erweisen sich Überblicksdarstellungen als wertvoll, z.B. Tabellen der Modulfunktionen). Der Lehrer darf nicht übersehen, daß schwächere Schüler mit den von ihnen zu bewältigenden Aufgaben so beschäftigt sind, daß sie den Überblick über das Ganze verlieren. Hier sind Berichte und Zusammenfassungen im Plenum nützlich.

VI) SYSTEMINTEGRATION

Bei der Systemintegration (siehe auch S.110), dem Zusammenfügen der von den einzelnen Gruppen bearbeiteten Module, wird es manche negative Überraschungen geben, z.B.

- Mängel bei der Schnittstellenvereinbarung,
- fehlende Benutzerfreundlichkeit,
- Programmiermängel.

Mängel sollten dabei möglichst von den jeweiligen Bearbeitern ausgemerzt werden. Für diese Phase ist Überblick erforderlich! Die Systemintegration wird in Schritten vorangetrieben. Jede Gruppe integriert ihren Modul. Erfahrungsgemäß sind aber hier häufiger Hilfen durch den Lehrer nötig und besonders bei Zeitnot wird dieser aktiv. Die Integrationsarbeit wird erleichtert, wenn man auf die nun vollständige Modulhierarchie (siehe z.B. S.111) oder eine Tabelle der gegenseitigen Verknüpfung der Prozeduren blickt (Dokumentation!). Höhepunkt dieser Phase ist das lauffähige Programm, das nun als Programmlisting zusammen mit den Testläufen des integrierten Gesamtsystems in die Dokumentation eingeht.

VII) WARTUNG, BETRIEB

Leider kommt es aus Zeitgründen erfahrungsgemäß nur ansatzweise zu dieser Phase. Die Schüler mußten sich überlegen, wie sie dem Benutzer die Arbeit mit dem System beschreiben wollten (Benutzerhandbuch). Im Betrieb hat sich nun zu erweisen, ob das Produkt allen Anforderungen entspricht. Die Wartung des Systems beinhaltet Vorgänge, die in Kapitel 2.6, S.137, beschrieben sind.

ZEITLICHE AUFGLIEDERUNG DER PROJEKTPHASEN

Für die Dauer der einzelnen Phasen lassen sich keine eindeutigen Werte angeben. Auch in der Literatur werden unterschiedliche Angaben gemacht. Die eigenen Erfahrungen schwanken von Projekt zu Projekt. Ganz grob kann man sagen:

ca. 30% für Themenwahl, Problemanalyse, funktionelle Analyse,
ca. 45% für Entwurf, Modulprogrammierung, Modultest,
ca. 25% für Integration, Überarbeitung der Dokumentation.

Genauere Angaben für die einzelnen Phasen sind wenig sinnvoll.

AUFGABENSTELLUNGEN ZUR PROJEKTARBEIT, LERNERFOLGSKONTROLLE

Die in den Kapiteln 1 und 2 formulierten Aufgaben sind in der Mehrzahl nicht nur für das jeweils genannte Softwareprodukt möglich, sondern lassen sich häufig auf andere Softwareprodukte sinngemäß übertragen. Damit wird dem Lehrer Aufgabenmaterial für die Projektarbeit insgesamt zur Verfügung gestellt. Darüber hinaus werden im folgenden einige Aufgaben genannt, die als Beispiele für Klausuraufgaben oder für die mündliche Prüfung beim Abitur dienen können.

1) Der Mathematik-Fachbereichsleiter einer Schule möchte sich eine Datei anlegen, aus der er jederzeit ersehen kann, welcher seiner Kollegen in welchem Zeitraum welche Klasse unterrichtet.
a) Analysieren Sie das Problem und entwerfen Sie eine geeignete Datenstruktur.
b) Das Problem soll von einer Projektgruppe bearbeitet werden. Wie sollte das Team aufgeteilt werden?

2) Schreiben Sie eine Prozedur BÜCHERVOMAUTORVOMVERLAG, mit deren Hilfe alle Bücher ausgegeben werden können, die von einem bestimmten Verlag produziert und von einem bestimmten Autor verfaßt sind (die Aufgabe bezieht sich auf Kapitel 1).

3) Entwerfen Sie eine Datenstruktur, die geeignet ist, um einen Leihverkehr von Büchern aus der Schülerbibliothek zu organisieren.

4) Schildern Sie organisatorische Maßnahmen, die im Verlauf einer Projektarbeit im Informatikunterricht anfallen. - Erläutern Sie, inwiefern nur ein Team in der Lage ist, größere Projekte zu bewältigen. - Welche Probleme treten bei der Teamarbeit auf?

5) Ein Reisebusunternehmen plant die Umstellung seines Buchungssystems auf EDV. Das Unternehmen hat 5 Filialen, in denen gebucht werden kann und eine zentrale Bearbeitungsstelle. - Sie werden zum Projektleiter ernannt! Welche Schritte leiten Sie ein? Gehen Sie auf zwei Phasen genauer ein.

6) Zum Projekt U-BAHN (Kapitel 3): Es soll eine Prozedur mit geeigneten Parametern erstellt werden, die die Namen aller Umsteigebahnhöfe zwischen zwei Bahnhöfen einer Linie ausgibt und auf die jeweiligen Anschlußlinien hinweist. - Entwerfen Sie einen geeigneten Algorithmus (Programmierung nicht nötig). Zur Erinnerung wird die im Projekt verwendete Datenstruktur gegeben ...

7) In der Anlage wird ein automatisierter Ablauf der Börsenvorgänge schildert. Entwerfen Sie eine übersichtliche graphische Darstellung für diese Ablauforganisation.

Die Lernerfolgsmessung im Projektunterricht bedürfte detaillierterer Überlegungen als sie hier möglich sind. Im folgenden wird auf einige Kontrollmöglichkeiten hingewiesen:

- Klausuren, Tests zum Projektthema,
- Referate (fachübergreifende Themen, im Projekt benötigte neue Programmiertechniken, Darstellung von Ergebnissen einer Arbeitsgruppe),
- Protokolle,
- Diskussionsbeiträge im Plenum,
- Beiträge innerhalb der Arbeitsgruppe (vorbereitende Hausarbeit, Ideen,...)
- Arbeit am Gerät.

....

Literatur:

Projektorientierter Informatikunterricht, in LOGIN 1983, Heft2, Oldenbourg Verlag.
Dort auch weitere Literaturhinweise!

5 Wichtige Begriffe aus dem Bereich der Softwareentwicklung

ABSTRAKTER DATENTYP: Siehe unter ABSTRAKTION.

ABSTRAKTION: Der Entwurf eines Softwareprodukts spielt sich im Spannungsfeld von Abstraktion und Konkretisierung ab. Beim Abstraktionsvorgang wird oft über mehrere Abstraktionsebenen hinweg von Einzelheiten abgesehen. Man beschränkt sich auf das Wesentliche (Verallgemeinerung) und gelangt so zu einer Modellbildung. So wird beispielsweise beim Softwareprodukt ZINSY (s.Kapitel 1) die Variable VAR BIBLIOTHEK: FILE OF BUCH eingeführt, indem zuvor schrittweise abstrahiert wird (Datenabstraktion):

(1) ISBN, AUTOR, TITEL, STICHWOERTER bestehen aus Buchstaben (Zeichen) - unterste Abstraktionsebene,
(2) Für ISBN, AUTOR, TITEL werden eindimensionale Felder, für STICHWOERTER wird ein zweidimensionales Feld angelegt,
(3) diese Felder werden zu einem Verbund zusammengefaßt, der als TYPE BUCH bezeichnet wird,
(4) Nun kann eine Variable BIBLIOTHEK als FILE OF BUCH deklariert werden.

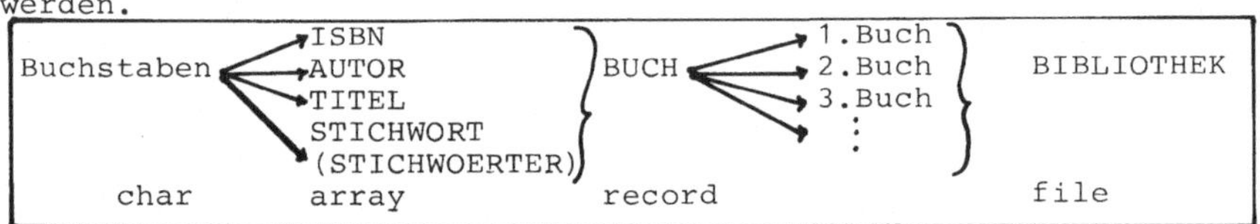

Typdefinition und Variablendeklaration wurden also voneinander getrennt, bei VAR ABSTAND: REAL ist das nicht der Fall.

ADAPTIERBARKEIT: Anpassung eines Softwareprodukts an veränderte Aufgabenstellungen und neue Benutzeranforderungen,s. ANPASSUNG.

ANFORDERUNGEN AN EIN SOFTWAREPRODUKT:
Man kann grob unterscheiden zwischen Qualitätsmerkmalen, Kostenfaktoren und Zeitfaktoren. Als Qualitätsmerkmale kommen in Frage:

a) Merkmale bezüglich der Konstruktion des Produkts:
 a1) Benutzbarkeit; a2) Zuverlässigkeit; a3) Effizienz;
b) Merkmale bezüglich der Wartung des Produkts:
 b1) Testbarkeit; b2) Dokumentiertheit;b3) Änderbarkeit.

Diese Merkmale sind erreichbar insbesondere durch Strukturiertheit und Modularität.

ANPASSUNG: (Customizing) Untersuchungen haben ergeben, daß Softwareprodukte den Anforderungen bzgl. ihrer Anpassungsfähigkeit (Adaptierbarkeit) an die Belange unterschiedlicher Anwender mit voneinander abweichenden Umgebungsbedingungen und Wünschen häufig nicht gerecht werden. Anwendersoftware hat sich i.a. an eine gewachsene Organisation anzupassen. Dabei geht es u.a. um

- Anpassung von Namen und Bezeichnungen,
- Anpassung von Satzaufbauten und Feldlängen,
- Benutzung anwenderspezifischer Schlüsselwerte,
- frei festlegbare Berechtigungseinschränkungen für Funktionen und Daten,
- anwenderspezifische Nutzung von Funktionstasten,
- Anpassung der Benutzeroberfläche als Kommunikationsschnittstelle zum Endbenutzer,
- Anpassung an die Hardware- und Softwareumgebung.

Literatur: Zimmermann,G.:Customizing von Anwendersoftware, in Angewandte Informatik, 1983,Heft3, Vieweg-Verlag.

BALKENDIAGRAMM: Der Terminablauf der einzelnen Phasen eines Projekts kann in einem Übersichtsplan überschaubar gemacht werden.Derartige Pläne werden z.B. auch bei der Bauplanung zusammen mit Netzplänen verwendet. Als Beispiel wird ein Balkendiagramm angegeben, das Balzert) 2 (für die einzelnen Tätigkeiten bei der Systementwicklung nennt.

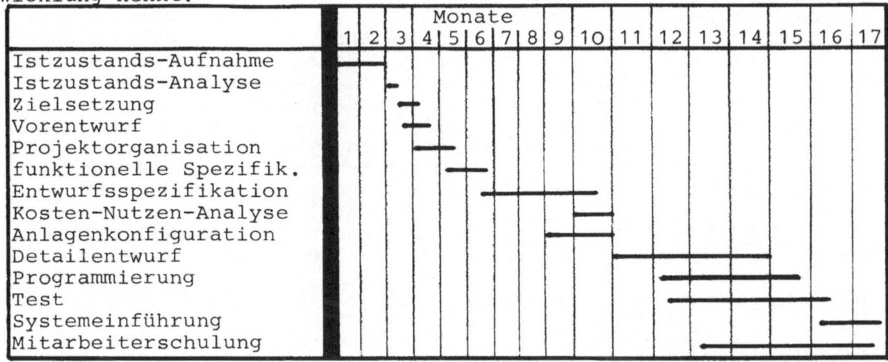

BASISMASCHINE: Die Einführung eines neuen Softwaresystems bringt Anforderungen an die Hardwarekonfiguration, an das Betriebssystem und an Dienstprogramme mit sich. Vor der Softwareentwicklung bzw. der Benutzung neuer Anwendersoftware ist also zu prüfen, ob das vorhandene DV-System diese Anforderungen erfüllt oder ggf. ergänzt oder ersetzt werden muß.

BEDIENUNGSKOMFORT: (Benutzerfreundlichkeit) Eigenschaften eines Softwaresystems, die den Benutzern ein leichtes und effizientes Arbeiten mit dem System ermöglichen.Dazu gehören u.a. die leichte Erlernbarkeit der Benutzung, eine benutzerangepaßte Kommunikationssprache, Robustheit gegen Fehlbedienung (s.a.Software-Ergonometrie)

BENUTZERSCHNITTSTELLE: Siehe SCHNITTSTELLEN.

DATEIALGORITHMEN:Bei der Entwicklung von Softwareprodukten werden in der Regel Dateien benötigt, so daß die grundlegenden Algorithmen zur Dateiverarbeitung beherrscht werden müssen: Datei erstellen - ausdrucken - kopieren - sortieren - mischen - ändern - - fortschreiben -selektieren - verdichten.

Literatur:-Schneider,G.: Elementare Dateialgorithmen, in LOGIN 1981 Heft 3, Oldenbourg-Verlag.
-Erbs/Stolz:) 3 (.

DATEIORGANISATION: Als Beispiel für die Organisation von Dateien wird ansatzweise auf eine betriebliche Dateiorganisation eingegangen (nach Steinbuch)12( )

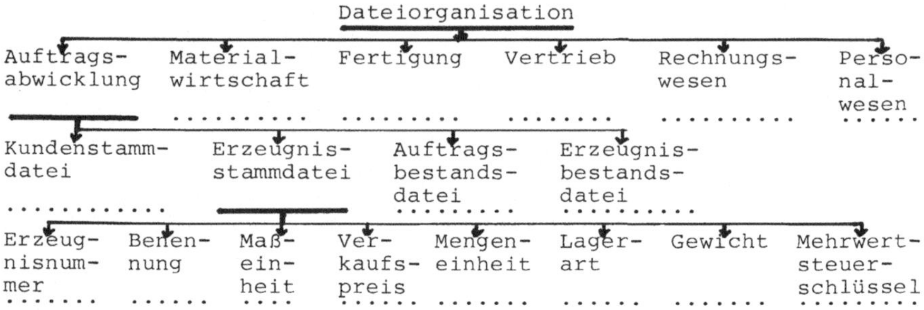

Dateiorganisation

Auftragsabwicklung | Materialwirtschaft .... | Fertigung .... | Vertrieb .... | Rechnungswesen .... | Personalwesen ......

Auftragsabwicklung:

Kundenstammdatei .... | Erzeugnisstammdatei | Auftragsbestandsdatei .... | Erzeugnisbestandsdatei ....

Erzeugnisstammdatei:

Erzeugnisnummer .... | Benennung ...... | Maßeinheit .... | Verkaufspreis ...... | Mengeneinheit .... | Lagerart ...... | Gewicht .... | Mehrwertsteuerschlüssel ....

Entsprechend können Materialwirtschaft usw. untergliedert werden. Nach Häufigkeit der Veränderung werden Stammdateien, Bestandsdateien und Bewegungsdateien unterschieden. Stammdateien enthalten die Stammdaten eines Bereichs, also Daten, die längerfristig erhalten bleiben, wie z.B. Name, Vorname, Geburtsdatum. Bestandsdateien enthalten zeitabhängige Daten, wie z.B. Lagerbestände, Kontostände. Bewegungsdateien: Je nach Geschäftsvorgang werden die Bestandsdaten durch Bewegungsdaten (Zugang und Abgang von Mengen oder Werten) geändert. Endbestand=Anfangsbestand+Zugang-Abgang.

DATEIVERARBEITUNG: Sammelbegriff für Verfahren der Verwaltung und Auswertung von Dateien, siehe auch DATEIALGORITHMEN.

DATENBANK: Unter einer Datenbank versteht man eine Sammlung von Datenbeständen, für die ein Dateiverwaltungssystem und ein Dateizugriffssystem besteht. Der Vorteil von Datenbanksystemen liegt u.a. darin, daß von verschiedenen Programmen (Benutzern) gleichzeitig auf die Daten zugegriffen werden kann. Es gibt hier also keine Dateien, die auf ein spezielles Programm zugeschnitten sind. Datenlogik und Programmlogik sind voneinander getrennt. So können z.B. alle Daten eines Unternehmens zentral gespeichert und verwaltet sein. Die einzelnen Abteilungen benutzen die Daten je nach ihren Bedürfnissen, indem sie die Daten nach den benötigten logischen Strukturen abfragen und auswerten. Beispiel:

<table>
<tr><td colspan="4">Datenbank "Schulverwaltung", bestehend aus
Schülerdatei (Name,Vorname,Geburtsdatum,Adresse,Klasse)
Lehrerdatei (Name,Vorname,Geburtsdatum,Adresse,Fächer)
Bücherdatei (ISBN,Verfasser,Titel,vorhandene Exemplare, entliehene Exemplare)</td></tr>
<tr><td>Sekretariat

Programme:
Schulstatistik
...</td><td>Oberstufenkoordinator
Programme:
Kurswahl
...</td><td>Klassenlehrer

Programme:
Elternspende
...</td><td>Bibliothek

Programme:
Leihverkehr
...</td></tr>
</table>

Die von einer Datenbank zur Verfügung gestellten Funktionen machen die Arbeit für Benutzer und Programmierer effizienter. Datenbanken sind u.a. erweiterungsfähig und umstrukturierbar angelegt.Besondere

Aufmerksamkeit muß der Datensicherung und dem Datenschutz gewidmet werden.

DATENFLUSSPLAN: Besteht aus Symbolen (genormt nach DIN 66001) zur Beschreibung von Zuständen und Funktionen von DV-Systemen.

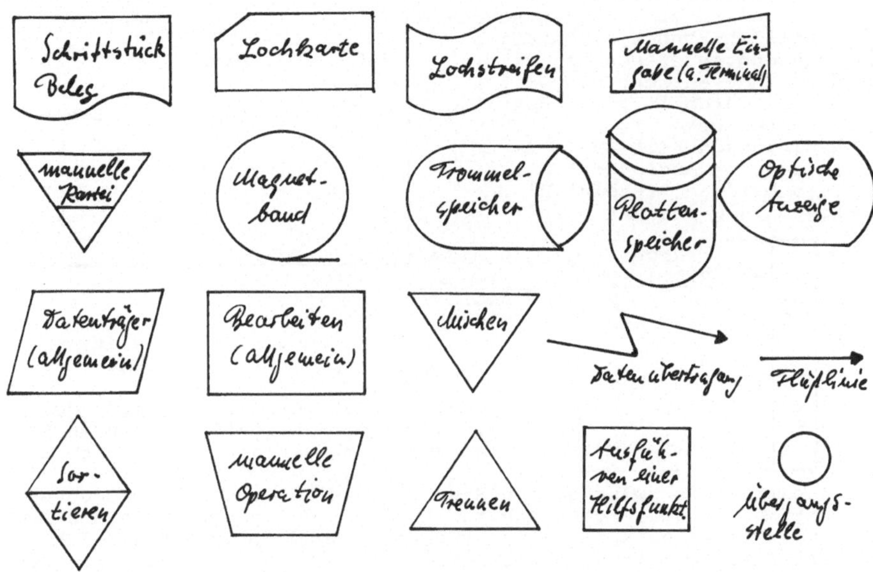

DATENSTRUKTUREN: Vertiefte Kenntnisse über Datenstrukturen und Operationen auf Datenstrukturen sind unerläßlich, wenn man an der Entwicklung von Softwareprojekten arbeitet. Sie lassen sich aus Sprachbeschreibungen erwerben, für PASCAL siehe z.B.) 9 (.
Literatur: Noltemeier,H.: Informatik III, Einführung in Datenstukturen, Hanser-Verlag,München,Wien 1982.

DOKUMENTATION: Bereits in Kapitel 2 wurde auf die Notwendigkeit einer projektbegleitenden Dokumentation und auf die einzelnen Dokumente eingegangen (Seite 37f,48). In der Dokumentation werden die projektspezifischen Unterlagen zusammengestellt. Sie beginnt mit einem Inhaltsverzeichnis, umfaßt die einzelnen Dokumente (S.48) und endet mit einem Stichwortverzeichnis. Eine Dokumentation muß vor allen Dingen adressatengerecht sein. Adressaten sind z.B. Auftraggeber, Benutzer, Operateur, Projektmanager, Qualitätskontrolle, Wartungspersonal, Vertrieb. Die unterschiedlichen Adressaten bedingen Varianten in der Dokumentation, die sich z.B. in einer angepaßten Form des Inhalts und der Darstellung (Sprache, Umfang, Form) äußern. Eine Dokumentation erfüllt insbesondere die Ziele der Wartung (Systemanpassung, Fehlersuche) und Rekonstruktion.

DUMMY: Beim Top-down-Test ist es nötig, noch fehlende Systemkomponenten (Prozeduraufrufe, benutzte Module) zu simulieren, siehe TEST. Derartige Platzhalter werden als dummies bezeichnet.

EFFIZIENZ: Je geringer Speicherplatzbedarf und Laufzeit eines Programms sind, desto effizienter ist es.

ENTSCHEIDUNGSTABELLE: Entscheidungen lassen sich graphisch als Weggabelungen darstellen (s.Figur). Derartige Entscheidungsbäume sind wichtige Hilfsmittel bei Problemlösungen aller Art. Mit Entscheidunstabellen können mehrstufige Entscheidungsprozesse analysiert werden. Eine Entscheidungssituation kann durch folgende Begriffe beschrieben werden:

- Bedingungen B(i)
- Aktionen (Handlungen) A(i)
- Vorschriften (Regeln) R(i)
- Ergebnisse der Aktionen

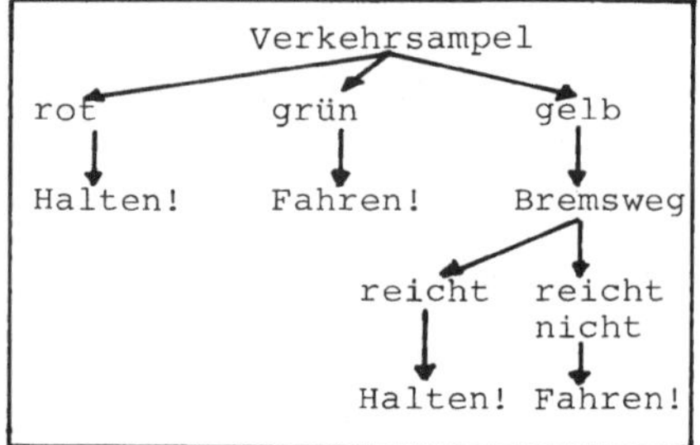

	Regeln		
	R1	R2 ...	Rn
B1	j	j	n
B2	n	j	-
.			
Bm	n	n	n
A1	x		x
A2		x	x
.			
Ap	x		

Bedingungsanzeiger:
j (ja) Bedingung erfüllt,
n (nein) Bedingung nicht erfüllt,
- Bedingung spielt keine Rolle.
Handlungsanzeiger :
x Diese Aktion ist bei Vorliegen der in der gleichen Spalte stehenden Bedingungskombination auszuführen.

Der Zusammenhang zwischen den Stufen eines Entscheidungsprozesses besteht darin, daß Ergebnisse von Aktionen der einen Stufe als Bedingungen einer nächsten Stufe abgefragt werden, so daß sie für weitere Entscheidungen wirksam sind. Die Entscheidungstabellentechnik ist innerhalb der Softwareentwicklung z.B. bei der Aufnahme des Istzustands geeignet und kann zum Entwurf von Algorithmen herangezogen werden (siehe S.195,199).
Vorteile von Entscheidungstabellen sind:
- Komplexe Zusammenhänge werden eindeutig, knapp und übersichtlich dargestellt,
- sie sind änderungsfreundlich und leicht überprüfbar,
- Personen mit unterschiedlicher Fachsprache können sich leicht mit diesem Hilfsmittel verständigen.

Nachteile von Entscheidungstabellen sind:
- Beim Aufstellen von Regeln müssen redundante und irreale Kombinationen eliminiert werden,
- es besteht die Gefahr, daß nicht alle realen Gegebenheiten erfaßt werden (Vollständigkeitstest durchführen!),
- Widersprüche zwischen Regeln.

Literatur: Dreßler,H.: Problemlösen mit Entscheidungstabellen, Oldenbourg Verlag 1975.

ENTWURFSHILFSMITTEL: Zur Darstellung bei der Softwareentwicklung getroffener Entscheidungen und als Hilfsmittel beim Entwurfsprozeß wurden verschiedene Methoden entwickelt, siehe S.209.

ERGONOMISCHE ANFORDERUNGEN: Siehe SOFTWARE-ERGONOMIE.

EXPORTSCHNITTSTELLE: Siehe unter SCHNITTSTELLE.

GEHEIMNISPRINZIP: (information hiding) Für die Benutzung eines Moduls ist nur interessant, was er von außen importiert bzw. nach außen exportiert und wie auf ihn zugegriffen werden kann, d.h. welche Funktionen er bereitstellt. Andere Informationen benötigt der Benutzer i.a. nicht, sie können "versteckt" werden (wie der Modul arbeitet). Das gilt insbesondere für die konkrete Realisierung eines abstrakten Datentyps. Das Geheimnisprinzip ist eine wichtige Leitlinie beim Entwurf und der Modulprogrammierung sowie bei der Spezifikation. Es erhöht die Lesbarkeit durch Beschränkung auf das Wesentliche. Das Geheimnisprinzip wird beispielsweise nicht eingehalten, wenn ein Modul direkt auf ein Datenelement eines anderen Moduls zugreift (also nicht über definierte Schnittstellen). Derartige externe Datenkopplungen sind besonders fehleranfällig!

HIERARCHISIERUNG: In den Kapiteln 1,2,3 wurden Modulhierarchien für die Systeme ZINSY, MUCHO und U-BAHN entwickelt (s.S.28,111,162). Mit der Hierarchisierung werden die Strukturen eines Systems festgelegt. Man kann baumartige und netzartige Hierarchien unterscheiden (s.S.57f). Vorteile baumorientierter Hierarchien sind: Übersichtlichkeit und leichte Verständlichkeit, Unterstützung der schrittweisen Gliederung in Teilprobleme, fehlende Querverbindungen zwischen getrennten Baumzweigen, leichtes Lokalisieren der Auswirkung von Änderungen. Bei komplexen Problemen lassen sich baumorientierte Hierarchien kaum durchhalten bzw. führen zu längeren Programmen.

HIPO-METHODE: (Hierarchy plus Input, Process and Output) Methode zur schematischen Unterstützung des Algorithmen- bzw. Programmentwufs und der Dokumentation von Softwaresystemen, entwickelt bei IBM. HIPO besteht aus zwei Diagrammtypen:
(1) Das Hierarchiediagramm (H-Diagramm) zeigt die hierarchische Struktur der Moduln (s. HIERARCHISIERUNG, MODULHIERARCHIE) in baumartiger Darstellung.
(2) Aus den H-Diagrammen leiten sich durch Betrachtung der einzelnen Module IPO-Diagramme ab, in denen die Funktionen der Module in einer Ebene dargestellt werden (s.S.59f.). Ggf. werden ausgehend von einem derartigen Diagramm weitere Detaildiagramme entwickelt. Entscheidend sind dabei die Beziehungen zwischen Ein- und Ausgabedaten. Der Datenfluß zwischen den Eingabeparametern, ihrer Verarbeitung und den Ausgabeparametern wird duoch Pfeile markiert. Die HIPO-Methode unterstützt die Methode des strukturierten Programmierens. Elemente der HIPO-Methode wurden oben beim Entwurf von MUCHO benutzt (s.S.59f.).

IMPORTSCHNITTSTELLE: Siehe unter SCHNITTSTELLE.

INFORMATION HIDING: Siehe unter GEHEIMNISPRINZIP.

JACKSON-METHODE: Methode zur schematischen Unterstützung des Algorithmen und Programmentwurfs, ausgehend von den vorliegenden Datenstrukturen durch Abbildung derselben. Einsatzmöglichkeiten gibt es insbesondere bei ausgeprägter Strukturierung der Ein- und Ausgabedaten. Schritte:
(1) Analyse der Ein- und Ausgabedaten, Darstellung in Baumdiagrammen als Sequenz, Auswahl oder Wiederholung in festgelegter Notation durch Strukturierung der Daten.

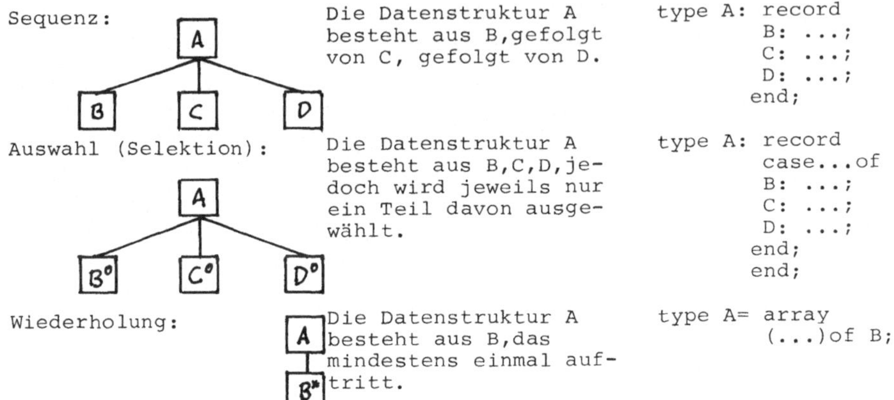

Beliebige Baumhierarchien können durch Kombination dieser drei Strukturen dargestellt werden.
(2) Analyse der Beziehungen zwischen den festgelegten Datenstrukturen und Ermitteln der Abbildungen zwischen den Datenstrukturen.
(3) Algorithmen zur Realisierung der Abbildungen, Programmierung.
Beispiele für die Anwendung der Jackson-Methode finden sich bei Balzert)1 (,S.400 und Koch)6 (,S.213.

Literatur:
- Jackson,M.A.: Principles of Program Design, New York, Academic Press 1975.
- Claus,V.: Strukturierte Programmierung nach Jackson, in LOGIN 1981, Heft 3, S.63.
- Schumann,C.-P.: Strukturierte Programmierung - die Jackson-Methode, in DATASCOPE (Sperry Inivac),1979,H.30.

KOMPATIBILITÄT: Verträglichkeit eines Softwaresystems mit anderen Softwaresystemen, um beispielsweise Bausteine aus verschiedenen Produkten anders zusammenstellen zu können.

KOSTENSCHÄTZUNG: (Kalkulation) Vor der Projektgründung hat ein Unternehmen eine Kostenschätzung durchzuführen, um die Wirtschaftlichkeit der geplanten Softwareentwicklung festzustellen. Entwicklungskosten=Personalkosten+Maschinenkosten+andere Dienstleistungen. Bei den Berechnungen kann es sich lediglich um Schätzungen ausgehend von Erfahrungen bei früheren Projekten handeln. Es wurden zahlreiche Kalkulationsmodelle entwickelt. Sie berücksichtigen u.a. Systemumfang, Systemkomplexität, Anwendungsbereich, Art und Umfang der Dokumentation, Vorbildung und Produktivität der Mitarbeiter, Eigenschaften des verwendeten Computers.

LESBARKEIT: Die Funktionen des Systems sollten beim Lesen des Programms leicht erkennbar sein. Das kann u.a. geschehen durch Verwendung einer höheren Programmiersprache mit selbsterklärenden Schlüsselwörtern, Bemerkungen innerhalb der einzelnen Prozeduren über deren Funktion.

LOKALITÄT: Die für einen Benutzer relevanten Informationen (beispielsweise über einen Modul) sollten an einer Stelle (auf einer Seite) zu finden sein. Ein Zusammensuchen von Informationen aus verschiedenen Dokumenten kostet Zeit und verringert die Lesbarkeit. Eine Realisierung des Prinzips der Lokalität ist oft schwierig.

Beispielsweise liegen bei einem PASCAL-Programmlisting Deklarationsteil und Benutzung dort definierter globaler Variabler etwa im Hauptprogramm räumlich weit auseinander.

MEHRFACHVERWENDUNG: Bei der Entwicklung von Softwareprodukten wiederholen sich gelegentlich Detailproblemstellungen. So ist es naheliegend, auf früher erarbeitete Problemlösungen zurückzugreifen.Das setzt allerdings voraus, daß der Sachverhalt erkannt wird und der Zugriff auf bereits früher programmierte Module leicht möglich ist. Es muß also ein gut dokumentiertes projektübergreifendes Produktarchiv vorhanden sein, das geeignet zu verwalten ist. - Für den Informatikunterricht bedeutet das, daß grundlegende Algorithmen aus dem Unterricht vor der Projektarbeit archiviert werden sollten. Für die Schüler erhält dann frühere Entwicklungsarbeit gelegentlich eine nachträgliche Rechtfertigung. Auch die Verwendung von Modulen aus Projekten anderer Kurse gehört zu den vielseitigen Anforderungen von Projektarbeit und ist ein wichtiges Lernziel.

MITARBEITERSCHULUNG: Häufig werden neue Methoden und Werkzeuge von den Mitarbeitern oder dem Management mit Skepsis aufgenommen. Dabei geht es um persönliche emotionale Vorbehalte gegenüber Neuem, aber auch um Kosten, die mit der Einführung verbunden sind. Erfahrene Software-Entwickler lassen sich oft nur schwer von der Notwendigkeit neuer Methoden und Werkzeuge bei der Softwareentwicklung überzeugen, da sie u.a. eine Einschränkung in ihrer Kreativität befürchten. Bei der Mitarbeiterschulung sind daher geeignete Einführungsstrategien anzuwenden. Entsprechende Probleme ergeben sich bei der Einführung eines neuen Softwareprodukts. Die Schulung hierfür muß bereits während der Arbeit am Projekt beginnen, siehe Balkendiagramm S.215.

MODULARISIERUNG: Ein Softwaresystem gilt als modularisiert, wenn es aus Modulen besteht. Dabei ist ein Modul ein durch die Entwurfslogik oder Programmlogik bestimmter Teil, der eine eindeutige Aufgabe innerhalb des Gesamtsystems übernimmt. Die Modularisierung eines Systems ermöglicht seine Aufgliederung in überschaubare Teile. -Kennzeichnende (wünschenswerte) Eigenschaften eines Moduls wurden bereits auf S.56 beschrieben. Zusammengefaßt:
- Überschaubarer Umfang,
- minimale Bindungen zwischen Modulen über Schnittstellenparameter (Prinzip der schmalen Datenkopplung),
- Verstecken von Informationen (Geheimnisprinzip),
- Testbarkeit unabhängig von Nachbarmodulen.

Auf S.58 wird ein mögliches Schema einer Modulbeschreibung angegeben.

MODULHIERARCHIE: Eine Modulhierarchie gibt darüber Auskunft, welche Module Objekte oder Operationen von anderen Modulen eines Systems benutzen. Siehe HIERARCHISIERUNG.

MODULKONZEPT: Arbeitet mit dem Prinzip der MODULARISIERUNG.

MODULSCHNITTSTELLEN: Siehe unter SCHNITTSTELLE.

MODULSPEZIFIKATION: Die Dokumentation eines Moduls sollte mindestens bestehen aus dem Namen des Moduls, den Export- und Importschnittstellen und seiner Funktion, siehe S.58.

ORGANISATIONSMÖGLICHKEITEN: Siehe S.209f.

OUTSIDE-IN: Eine neuere Methode zur industriellen Softwareerstellung. Im Unterschied zur Top-down-Methode, die ein System mit baumartiger Struktur modelliert, erfolgt hier die Systemmodellierung m. H. von Interaktionsnetzen. Diese werden schrittweise verfeinert.Das Zielsystem wird von außen betrachtet und ermittelt, wer mit ihm kommuniziert. Die dabei ausgetauschten Daten werden beschrieben.

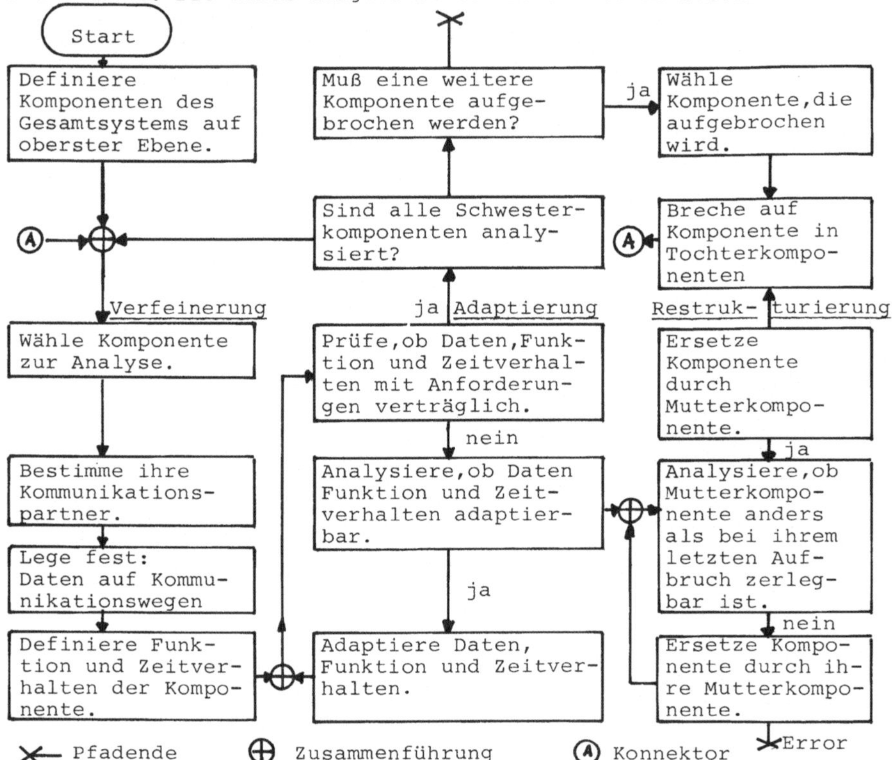

Die dargestellte Vorgehensweise verdeutlicht, daß es sich bei Outside-in um eine reproduzierbare und damit lehrbare Methode handelt. (Figur nach DATA REPORT, 1984, Heft3,S.15).
"Komponente"ist dabei eine Sammelbezeichnung für Prozesse in einem System oder Prozeßträger (abgrenzbares Gebilde,in dem Prozesse ablaufen). "Funktion": Einem Input wird mittels eines algorithmischen Prozesses ein Output zugeordnet. Das "Zeitverhalten" des Prozesses w rd bestimmt durch die Antwortzeit nach dem Initiieren einer Systemfunktion, die Zeitdauer für das Abarbeiten der Funktion und die zeitliche Belastung der Systembasis (Hardware,Betriebssystem,Datentransport usw.). - Das Engineering Center der Siemens AG erprobt zur Zeit ein Modell CADOS zur Softwareerstellung, das auf der Basis der Outside-in-Methode arbeitet (CADOS: Computer Aided Design für Organisatoren und Systemingenieure).Man erwartet, daß sich die Kosten der Softwareerstellung um mindestens 30% reduzieren lassen.

Literatur: Groh,H./Lutz,K.: Outside-in statt Top-down, in DATA REPORT 1984, Heft 3, Siemens.

PFLICHTENHEFT: Zusammenstellung aller Anforderungen, die das zu erstellende System aus Auftraggebersicht erfüllen muß, s.S.36.

PHASEN: Es gibt zahlreiche Phasenkonzepte für die Entwicklung eines Softwareprodukts, siehe z.B. Balzert) 1 (,S.469. Ein für die Schule praktikables und in diesem Buch verwendetes Konzept finden Sie auf S.36,37. Im folgenden wird eine Phaseneinteilung angegeben, die in einem größeren Betrieb der metallverarbeitenden Industrie benutzt wird:

1. Vorgehensübersicht			
1.1	Gliederung des Vorgehens	1.2	Arbeitsorganisation des Projekts
1.3	Arbeitsergebnisse	1.4	Aktivitäten
2. Vorgehensphasen			
2.0	Initialisierung (Phase 0)		
2.0.1	Zielsetzung	2.0.2	Arbeitsergebnisse
2.0.3	Aktivitäten	2.0.4	Dokumente
2.1	Voruntersuchung (Phase 1)		
2.1.1	Zielsetzung	2.1.2	Arbeitsergebnisse
2.1.3	Aktivitäten	2.1.4	Dokumente
2.2	Grobentwurf (Phase 2)		
2.2.1	Zielsetzung	2.2.2	Arbeitsergebnisse
2.2.3	Aktivitäten	2.2.4	Dokumente
2.3	Detailentwicklung (Phase 3)		
2.3.1	Zielsetzung	2.3.2	Arbeitsergebnisse
2.3.3	Aktivitäten	2.3.4	Dokumente
2.4	Systemrealisierung (Phase 4)		
2.4.1	Zielsetzung	2.4.2	Arbeitsergebnisse
2.4.3	Aktivitäten	2.4.4	Dokumente
2.5	Einführung (Phase 5)		
2.5.1	Zielsetzung	2.5.2	Arbeitsergebnisse
2.5.3	Aktivitäten	2.5.4	Dokumente
2.6	Erfolgskontrolle (Phase 6)		
2.6.1	Zielsetzung	2.6.2	Arbeitsergebnisse
2.6.3	Aktivitäten	2.6.4	Dokumente
3. Wartung			
3.1	Einleitung	3.2	Definition — 3.3 Initialisierung
3.4	Vorgehen	3.5	Dokumentation.

PORTABILITÄT: Ein Qualitätsmerkmal für ein Softwareprodukt. Aufwand, um das Produkt von einer Hardware/Software-Umgebung in eine andere zu übertragen.

PRINZIPIEN beim Entwurf von Softwaresystemen: Die folgende Figur orientiert sich an Balzert) 1 (,S.67. Die verwendeten Begriffe sind unter dem entsprechenden Stichwort hier nachlesbar.

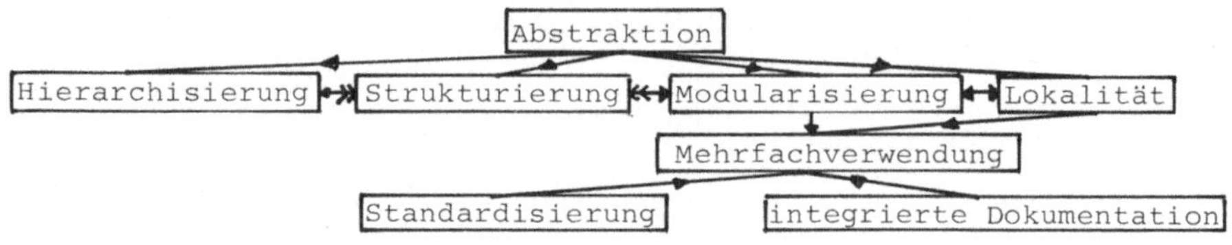

a ↞→ b : a entsteht aus b
a ←→ b : a steht in Wechselwirkung mit b
a ← b : a setzt b voraus

PROJEKT: Siehe S.204f.

PROJEKTDAUER: Die folgenden Zahlen geben einen Eindruck von dem Aufwand, den die Entwicklung eines realen Systems erfordern kann. Zur Realisierung des DV-Konzepts der Stadtsparkasse Frankfurt waren etwa 30 Mannjahre Entwicklungsarbeit im Zeitraum von 1974-1978 erforderlich (Scholz,E.:Der Mengenprobleme Herr geworden; die Abwicklung des Bar- und Unbarverkehrs bei der Stadtsparkasse Frankfurt (Main), in DATA REPORT 1981, Heft 6, Siemens). Über die Projektdauer im Informatikunterricht muß der jeweilige amtliche Stoffplan entscheiden. In Berlin können Kurzprojekte (weniger als ein halbes Jahr Dauer) oder ein längeres Projekt (bis maximal ein Schuljahr Dauer) gewählt werden. Siehe auch unter BALKENDIAGRAMM.

PROJEKTMANAGEMENT: Organisationsformen und Tätigkeiten zur Planung, Steuerung, fachlichen Überwachung und (wirtschaftlichen) Kontrolle eines Projekts. Projekte geraten außer Kontrolle, wenn die eingesetzten Methoden der Planung und Terminüberwachung versagen oder nicht konsequent eingesetzt werden. Oft scheitern Projekte an einer ungeeigneten Organisationsform. So erfordert die Durchführung eines (Software-)Projekts seitens eines Unternehmens umfangreiche Maßnahmen:

- Projektanalyse (Vorstudie)
- Projektplanung,z.B. durch eine Planungsstelle oder den zukünftigen Projektleiter:
    - Personalplanung
    - Sachmittelplanung (Arbeitsplätze,Arbeitsmittel,Computer)
    - Terminplanung (z.B. mit Netzplantechnik,Balkendiagramme)
    - Kontrollplanung (Einrichtung einer Kontrollstelle für die ordnungsgemäße Projektdurchführung)
    - Kostenplanung.

Kostenvergleichsrechnung, Nutzwertanalyse, Vorteile und Nachteile bei Systemeinführung ergeben die Bilanz, die zur Projektentscheidung führt (s.KOSTENSCHÄTZUNG)., ggf. kommt es zur Projektgründung. Nachdem diese erfolgt ist (Projektfreigabe),setzt das Projektmanagement ein. Es besteht als Einrichtung von der Projektgründung bis zum Projektende.

Projektorganisation

Projektleiter benennen	Projektteam bilden	Organisation des Projektteams festlegen (Kompetenzen)	Einbettung des Projekts in Unternehmensstruktur	Kommunikationswege und -hilfsmittel festlegen

Der Projektleiter koordiniert den Personal- und Mitteleinsatz, er kontrolliert den Projektablauf und ist verantwortlich für das Erreichen der Projektziele. Er regelt den Mitarbeitereinsatz, so daß eine ausgewogene Arbeitsverteilung gewährleistet ist. Man erwartet von ihm fachliche Kompetenz, Geschick in der Mitarbeiterführung und Entscheidungsfreudigkeit. Für das Projektteam gibt es verschiedene Organisationsformen,z.B. das "Chief Programmer Team" (CPT). Das CPT besteht aus

a) Chief Programmer: Verantwortlich für die Entwicklung des Systems und für die Arbeitseinsatzplanung. Er entwickelt das Gesamtdesign, programmiert kritische Stellen, plant den Testablauf und die Implementation. Er implementiert zentrale Teile.

b) Assistent: Vertreter des Chief Programmers, unterstützt diesen, untersucht Alternativen.

c) Programmsekretär: Verwaltet die Programmbibliothek, organisiert die Kommunikation zwischen Programmierer und Computer.

d) Einige Programmierer: Detailentwurf, Codierung, Implementierung.

e) Eventuell Spezialisten: Für besondere Techniken und Werkzeuge.

Insgesamt besteht das CPT aus bis zu 10 Mitarbeitern. Es ist geeignet für kleine bis mittlere Projekte (und damit in abgewandelter Form auch für Projekte im Informatikunterricht). Bei größeren Projekten ist ggf. eine Zerlegung in Teilprojekte mit eigenen CPT möglich. Kriterien für die Art der Projektorganisation sind u.a. Komplexität, Umfang, Dauer, Risiko, Kosten, Kontinuität der Arbeit. Die Art der Projektorganisation kann im Verlauf der Arbeit am Projekt auch wechseln, was aus didaktisch-methodischen Gründen auch für die Projektarbeit im Informatikunterricht sinnvoll sein kann.

PROJEKTUNTERSTÜTZUNG: In den letzten Jahren sind Softwareprodukte entwickelt worden, die ihrerseits den Entwicklungsprozeß bei anderen Softwareprodukten unterstützen. Als Beispiel sei hier das IBM-Programmprodukt "Online-Projektunterstützungs-System" (OPUS) genannt (siehe IBM-Nachrichten, August 1983,S.33f.). Dort heißt es: "Die OFD (Oberfinanzdirektion Kiel) sah sich vor der Notwendigkeit, für die immer größer und komplexer werdenden Systementwicklungen,in deren Mittelpunkt ein umfassendes Gesamtverfahren für die Besteuerung steht ..., eine standardisierte und methodische Vorgehensweise einzuführen. Diese sollte die Systementwicklung beschleunigen und die Qualität der Dokumentation und der Programme spürbar verbessern. Bedingt durch die Probleme der OFD (sehr komplexe Anwendungen, knappe Personalzuweisung,ein Teil der Programmierer ohne DV-Erfahrungen, wenig Mittel) war von vornherein klar, daß dies nur mit einer sinnvollen Software-Unterstützung realisierbar sein würde."

Als Anforderungen an ein derartiges Projektunterstützungssystem werden u.a. genannt:

- Übereinstimmung von Dokumentation und Programmcode,
- komfortable, einfache Bedienerführung,
- notwendige Änderungen zu jedem Zeitpunkt ohne großen Aufwand,
- Anschlußmöglichkeit eines Data Dictionary und eines Entscheidungstabellengenerators,
- ausgewogenes Kosten/Nutzen-Verhältnis,
- schnelle Erlernbarkeit bei geringem Schulungsaufwand.

Für Projekte im Informatikunterricht werden derartige Unterstützungssysteme i.a. nicht zur Verfügung stehen. Eine wesentliche Hilfe, insbesondere bei der Dokumentation, kann aber der Computer selbst sein,wenn er einen leistungsfähigen Editor aufweist oder ein Textverarbeitungssystem zur Verfügung steht.

PROZEDURKONZEPT: Angesichts der Komplexität der Algorithmen bei der Softwareentwicklung ist ein durchdachtes Vorgehen bei der Konstruktion von Prozeduren unerläßlich. Dabei geht es u.a. um eine aussagekräftige, auf das Problem bezogene Bezeichnung von Prozeduren, um eine problemgerechte Festlegung des Prozedurtyps (procedure, function) und um eine passende Parameterliste (konstante Parameter, variable Parameter).

PROZEDURSPEZIFIKATION: Die Dokumentation einer Prozedur sollte enthalten: Prozedurname, Parameterliste, Liste der benutzten globalen Datenobjekte, Aufrufe anderer Prozeduren, Beschreibung der Funktion der Prozedur.

QUALITÄTSMERKMALE EINES SOFTWAREPRODUKTS: Siehe ANFORDERUNGEN AN EIN SOFTWAREPRODUKT.

RECHNERAUSWAHL: Die Herstellung eines Softwareprodukts ist auch von der zur Verfügung stehenden oder anzuschaffenden Hardware abhängig. Für die Rechnerauswahl (spätestens nach der Entwurfsphase) hat ein Unternehmen zahlreiche Faktoren zu berücksichtigen, wie z.B. Kosten/Leistung - Ausbaufähigkeit - Zuverlässigkeit - Herstellerunterstützung.

RECORD: Eine Zusammenfassung einer festen Anzahl von Komponenten unterschiedlichen oder gleichen Typs zu einem Ganzen. Die besondere Bedeutung von records besteht darin, daß Daten unterschiedlichen Typs zusammengefaßt werden können. Bei einem Feld oder bei einer Datei dagegen müssen alle Komponenten vom gleichen Typ sein. Die Einführung von records trägt wesentlich zu einer übersichtlichen Programmgestaltung bei. Mit ihrer Hilfe ist es möglich, auch für komplexe Aufgaben problemadäquate Datentypen einzuführen. Diese wiederum bewirken verständliche, leicht lesbare, selbstdokumentierende und wartbare Programme. Beispiele siehe Programmlistings.

REVISION: Prüfung z.B. der Ordnungsmäßigkeit, Sicherheit und Richtigkeit von Softwaresystemen und der damit bearbeiteten Daten.

SADT: (Structured Analysis and Design Technique) In einer SADT-Hierarchie werden zwei graphische Grundelemente unterschieden: a) Aktivitäten (Funktionen) des Systems, b) Daten, Datenstruktur.

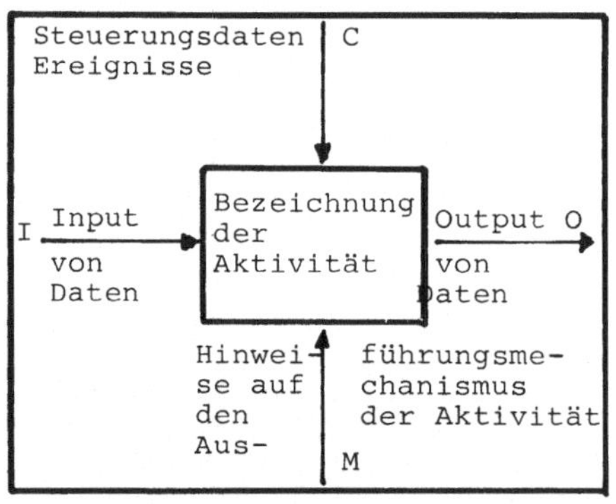

Aktigramm

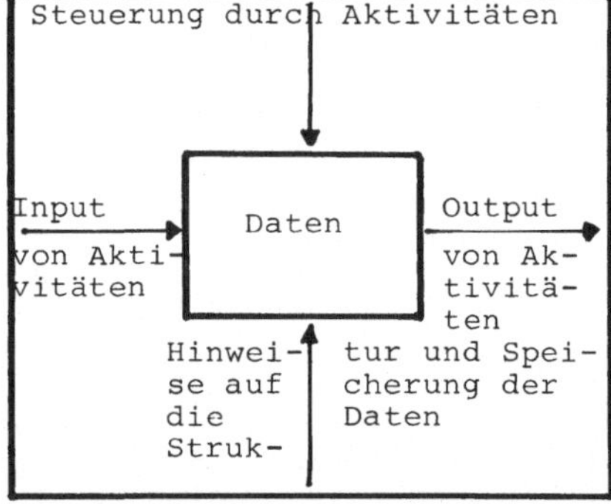

Datagramm

Die Eingabedaten werden durch die Aktivität in Ausgabedaten transformiert. Der Transformationsvorgang wird durch die Steuerungsdaten und den Ausführungsprozessor ermöglicht. Jedes Kästchen kann durch verfeinerte SADT-Diagramme untergliedert werden. In einem Diagramm können mehrere Kästchen von links oben nach rechts unten dargestellt werden. Beispiel siehe S.196f.

SCHNITTSTELLE: Schnittstellen vermitteln den Austausch von Informationen, z.B. zwischen
- Programmsystem und Umwelt (etwa über ein Menü),
- Teilsystem I und Teilsystem II (etwa über Parameter),
- Systemersteller und Auftraggeber/Benutzer (z.B. Pflichtenheft).

Man kann zwischen externen Schnittstellen (Benutzerschnittstellen: Die für den Benutzer sichtbaren Datenstrukturen, wie z.B. Eingabemenüs, Masken und Dialoge mit dem System) und internen Schnittstellen (Verknüpfungen zwischen Modulen, Dateien, zur Hardware) unterscheiden. Bei einem größeren Softwareprodukt muß eine erhebliche Anzahl von Schnittstellen zwischen den Programmteilen und zwischen Programm und Umwelt beherrscht werden, um die Qualität des Produkts zu gewährleisten Ein Modul hat i.a. Exportschnittstellen (von außen benutztbare Modulteile) und Importschnittstellen (vom betrachteten Modul aufgerufene Teile anderer Module). Die Schnittstellenbreite und Kopplungsstärke eines Moduls werden größer mit wachsender Zahl der Parameter und Komplexität der verwendeten Datentypen. Über die Intensität der Verbindungen zwischen Modulen bzw. Prozeduren kann auch eine Tabelle der Beziehungen Auskunft geben (siehe z.B. S.27). Diese könnte noch ergänzt werden durch die Anzahl der Aufrufe. Entsprechende Tabellen lassen sich auch für den Datenaustausch zwischen Systemteilen erstellen.

SOFTWARE: Gesamtheit der für den Betrieb einer EDV-Anlage nötigen Programme und der Anwenderprogramme.

SOFTWARE-ENGINEERING: Ingenieurmäßige Erstellung von Software mit Hilfe allgemein anerkannter Prinzipien, Methoden und Werkzeuge. Siehe auch STANDARDISIERUNG. Bisher haben sich nur wenige Methoden zu den einzelnen Phasen der Softwareerstellung durchgesetzt. Es herrscht noch weit verbreitet Unsicherheit darüber, welche Methoden zu einer bestimmten Softwareentwicklung die richtigen (wirtschaftlichen) sind.

In der folgenden Figur werden die Komponenten industrieller Softwareerstellung mit ihren Merkmalen zusammengestellt (nach Groh,H./ Lutz,K.: Outside-in statt Top-Down, in DATA REPORT, 1984, Heft 3).

Industrielle Software-Erstellung	
Phasenübergreifendes Verfahren Organisation,Methode,Sprache und Werkzeuge decken die Life-cycle-Phasen bruchlos ab Arbeitsteilige Organisation -Teilaufgaben abgrenzbar -Schnittstellen identifizierbar -Ergebnisse kontrollierbar	Sprache -leicht verständlich, universell -funktionale und zeitliche Anforderungen inklusive Zielumgebung darstellbar -eindeutige und simulationsfähige Beschreibung der Systemmodelle

Arbeitsmethode	Werkzeuge
-Lehrbare Problemlösungsstrategie -Zielorientierende Konstruktionsleitlinie -Systemabbildende Modellierung	-Unterstützen der Organisation -Unterstützen von Analyse, Konstruktion,Realisierung -Kontrollieren der Konsistenz von Verfahren und Ergebnissen -Verwalten der Dokumente

Durch diese Merkmale können die Forderungen an eine einheitliche und damit lehrbare Arbeitsmethode beschrieben werden.

SOFTWARE-ERGONOMIE: Unter Ergonomie versteht man die Anpassung der Arbeitsmittel und Arbeitsumgebung an die Eigenschaften des Menschen. Da der Computer inzwischen zu einem weit verbreiteten Arbeitsmittel geworden ist, sind auch die Anforderungen an eine menschengerechte Gestaltung der Arbeitsplätze am Computer gestiegen. Dabei geht es insbesondere darum, Kriterien und Methoden zur Gestaltung dialogorientierter Programmsysteme zu entwickeln (Software-Ergonomie). Man kann folgende Kriterien zur Beurteilung von Softwaresystemen unter ergonomischen Gesichtspunkten nennen:
a) Problemangepaßtheit: Beschränkung des Dateihandlings, einheitlicher Aufbau der Kommandosprache, übersichtliches Funktionsangebot.
b) Selbsterklärungsfähigkeit: Die Benutzung des Systems soll leicht erlernbar sein. Der Benutzer soll bei der Arbeit mit dem System stets den Überblick behalten können, auf welcher Ebene er sich befindet. Ggf. sollen ihm Hilfen angeboten werden.
c) Dialogflexibilität zur Sicherung des Handlungsspielraums des Benutzers; Realisierung unterschiedlicher Optionen je nach Aufgabenstellung, Arbeitssituation und Kenntnisstand des Benutzers.
d) Zuverlässigkeit: Schutz vor falschem Benutzerverhalten, eine gleiche Situation soll zu gleichen Reaktionen des Systems führen. Verläßlichkeit des Systems, Fehlertoleranz.
e) Sozialverträglichkeit: Vermeiden von sozialer Isolierung am Bildschirm, Erhöhung der Qualifikation des Benutzers.
Literatur: Friedrich,J.: Software-Ergonomie, in LOGIN 1983,Heft 4.

SOFTWARE-LIFE-CYCLE: Gesamte Lebenszeit eines Softwareprodukts von der Planung bis zur Beendigung der Nutzung.

STANDARDISIERUNG: Bei der Entwicklung eines Softwareprodukts sind zahlreiche Personen beteiligt und in verschiedenen Phasen voneinander abhängig. Eine effektive Zusammenarbeit ist nur möglich, wenn indivuelle Eigenheiten bei Entwurf, Programmierung und Dokumentation zurückgestellt werden und standardisiert wird. Bei der Projektarbeit kommt es also darauf an, standardisierende Vereinbarungen zu trefffen. Im Informatikunterricht ist eine gewisse Standardisierung bereits durch den Unterricht vor den Projektkursen erreicht, indem beispielsweise bestimmte Darstellungsformen von Algorithmen gemeinsam geübt wurden oder Programme gemeinsam entworfen wurden. Angesichts des großen Umfangs eines Projekts erhält das Prinzip der Standardisierung für die Schüler nun eine neue Dimension und muß vor allen Dingen bewußt gemacht werden. Insbesondere sind für die Dokumentation Vereinbarungen nötig, wenn man die Entstehung eines zusammenhanglosen, schlecht lesbaren Konglomerats von Einzeldokumenten verhindern will.

STRUKTURIERUNG: Die Struktur eines Systems wird deutlich, wenn man bei der Darstellung des Systems von nebensächlichen Details absieht, sich also auf die wesentlichen Merkmale konzentriert. Eine gute Strukturierung ist anzustreben
a) beim Systementwurf durch Modularisieren und Hierarchisieren,
b) beim Programmieren durch Anwendung der Methoden der strukturierten Programmierung. Man erreicht dabei u.a. eine bessere Verständlichkeit, leichtere Änderbarkeit, Testbarkeit und Wartbarkeit des Systems. - Als größtes Hindernis für die Erstellung eines gut strukturierten Programms hat sich die häufige Verwendung des GOTO-Befehls erwiesen. Sprachen wie PASCAL und ELAN stellen jedoch Hilfsmittel zur Verfügung, die die Benutzung von GOTO-Befehlen weitgehend überflüssig machen. In PASCAL sind es Anweisungen wie repeat-until, while-do, if then -else. Mit diesen Hilfsmitteln und dem Prozedurkonzept ist es möglich, jedes Programm in eine Anzahl in sich abgeschlossener übersichtlicher Blöcke zu untergliedern.Für den Entwurf helfen u.a. die Nassi-Shneiderman-Struktogramme, die Prinzipien der Strukturierung zu verwirklichen. Struktogramme werden auch in diesem Buch vorzugsweise verwendet. Für die in diesem Buch entwickelten Softwareprodukte wurde vorwiegend ein Top-Down-Vorgehen praktiziert. Bei dieser Verfahrensstrategie wird vom höchsten Grad der Abstraktion ausgegangen. Das weitere Vorgehen spiegelt sich dann wider in den aus zunehmenden Verfeinerungen, also von oben nach unten (Top-Down) entwickelten Modulhierarchien.

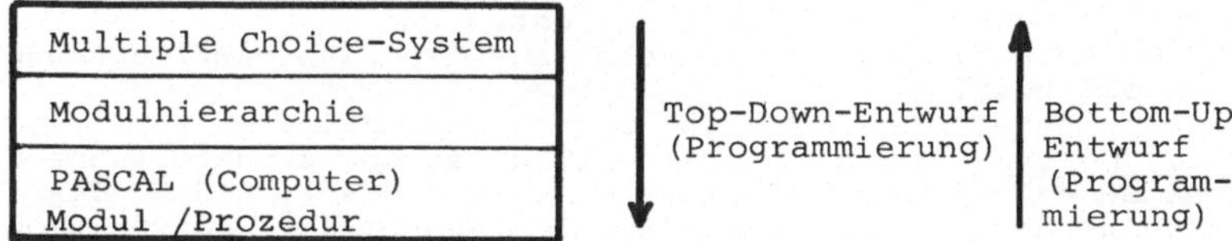

Das hier für den Systementwurf festgestellte Verfahren gilt entsprechend für die Top-Down-Programmierung, die stets von den übergeordneten Modulen ausgeht. Verfolgt man diesen Weg konsequent, so kann ein Programmtest der Untermodule erst am Ende der Codierphase stattfinden. - Entgegengesetzt arbeitet der Bottom-Up-Entwurf bzw. die Bottom-Up-Programmierung. Hier wird mit der Programmierung von Untermodulen begonnen, ohne daß ihr Bezug zum Gesamtsystem schon voll beschrieben ist. Durch den frühen Codierungsbeginn ist auch ein früher Test von Untermodulen möglich. Eine besondere Gefahr der Bottom-Up-Programmierung komplexer Systeme besteht darin, daß die isoliert entwickelten Module später nicht zusammenpassen, so daß Neuentwicklungen nötig werden. - In der Programmierpraxis im Informatikunterricht erweist sich ein kombiniertes Vorgehen mit starker Bevorzugung des Top-Down als vorteilhaft. Für den Entwurf sind die Vorteile der Top-Down-Strategie noch eindeutiger.

SYSTEMINTEGRATION: Durch schrittweises Anfügen von Modulen an den schon integrierten Systemteil und jeweils folgenden Test wird das Gesamtsystem zusammengesetzt. Das Vorgehen kann wieder Top-Down oder Bottom-Up sein, siehe unter STRUKTURIERUNG und unter TEST.

TEST: (siehe auch S.82) Tests sind Verfahren, die dazu dienen,Fehler in Entwurf und Programm zu erkennen und zu lokalisieren mit dem Ziel, das Verfahren fehlerfrei zu machen. Beim Programmtest wird das Programm gegen den Entwurf getestet. Dazu muß die erwartete Leistung genau dokumentiert sein. Entwürfe können durch sogenannte

Schreibtischtests überprüft werden. Bei einem Programm werden getestet:
(1) Die formale Richtigkeit des Programms (Syntax),
(2) die Funktionen einzelner Module/Prozeduren,
(3) das Zusammenwirken der Module im Gesamtprogramm,
(4) die Anfälligkeit bei Fehleingaben,
(5) die Leistungsanforderungen, wie z.B. Speicherplatzbedarf, Verarbeitungsgeschwindigkeit.
Je nach Problem und Programmaufbau können verschiedene Teststrategien eingesetzt werden. Für ein komplexes modularisiertes Programmsystem bieten sich zwei Teststrategien an:
(a) Top-Down: Das Testen beginnt auf der obersten Hierarchieebene und wird durch schrittweise Hinzunahme von Modulen der jeweils nächsten Hierarchieebene fortgesetzt, bis schließlich das Gesamtsystem mit all seinen Funktionen getestet werden kann. Das Erstellen von Hilfsprogrammen zum Test einzelner Module (siehe Bottom-Up) erübrigt sich. Dafür müssen die Prozeduraufrufe simuliert werden, etwa durch eine Meldung: "Aufruf von Prozedur A ok." Das jeweils anzufügende Modul muß mindestens eine Schnittstelle zu dem bereits getesteten Systemteil haben.
(b) Bottom-Up: Das Testen beginnt auf der untersten Hierarchieebene durch Testen einzelner Module, für die i.a. kleine Hilfsprogramme, die ein Hauptprogramm simulieren, geschrieben werden müssen. Schrittweise werden dann die weiter oben stehenden Module zusammen mit den schon getesteten Untermodulen überprüft.
Je nach Organisation der Teamarbeit kann der eine oder der andere Weg sinnvoll sein.
Der Test eines einzelnen Moduls kann etwa so ablaufen:
Die Modulumgebung (andere Module, mit denen der zu untersuchende Modul zusammenarbeitet) und Testdaten (siehe unten), die an das Modul übergeben werden, seien bekannt. Es geht nun um die Konstruktion eines geeigneten Hilfsprogramms (Testrahmen) mit folgenden Funktionen:
(1) Aufruf des Testmoduls mit Übergeben der Testdaten,
(2) Simulation aller vom Testmodul aufgerufener Module mit Erzeugung geeigneter Kontrollausgaben und ggf. Rückgabe von Daten an den Testmodul,
(3) Überprüfung der Ausgaben des Testmoduls, ggf. Kontrollausgaben.
Zum Testen müssen geeignete Testdaten erstellt werden:
(a) Wenn es sich bei dem Programmsystem nicht um eine erstmalige Problemlösung handelt, also ein anderes Lösungsverfahren bereits existiert, können Daten aus früheren Perioden übernommen werden.
(b) Es müssen Testdaten neu erstellt werden. Dabei wäre darauf zu achten, daß alle kombinatorisch möglichen Fälle berücksichtigt werden. Das ist i.a. unmöglich zu praktizieren. Bei einem Programm, das z.B. aus 20 linear aufeinanderfolgenden (ja,nein)-Verzweigungen besteht, wären 2 exp 2o = 1024 exp 2 = 1048576 Testdatensätze zur Überprüfung aller Wege nötig. Es kommt also darauf an, solche Testdaten zu selektieren, die den Testumfang herabsetzen und die dennoch repräsentativ sind. Die Auswahl der Testdaten wird i.a. drei Klassen berücksichtigen:
(b1) "Normal"-Werte, wie sie beim späteren Programmbetrieb zu erwarten sind,
(b2) "falsche" Werte, Fehleingaben der Anwender,
(b3) Extremwerte, die einen Test der Extrembedingungen des Programms ermöglichen (Grenzwertanalyse).
Ein wichtiges Hilfsmittel zur Erstellung von Testdaten sind Testmatrizen:

	Zu testende Funktionen
Testfälle (Daten)	Abdeckung der Funktionen durch die Testfälle

Das oben beschriebne (experimentelle) Arbeiten mit Sätzen von Testdaten ist für das sogenannte konventionelle Testen charakteristisch. Die Korrektheit eines Programms kann jedoch auch durch theoretische Überlegungen untersucht werden (Programm-Verifikation).Der Korrektheitsbeweis eines Programms besteht aus:
(1) Beweis der Termination (das Programm muß immer enden),
(2) Beweis der Korrektheit des Algorithmus.
Man untersucht dazu u.a. die Programmstruktur, trifft Fallunterscheidungen und benutzt das Verfahren der vollständigen Induktion. Bisher existieren keine praktikablen Methoden, um Korrektheitsbeweise für größere Programmsysteme bei vertretbarem Aufwand durchzuführen. Für den Informatikunterricht der Schule sind zumindest für Grundkurse Korrektheitsbeweise nicht angemessen. - Die Methode des symbolischen Testens steht zwischen den beiden oben besprochenen Testmethoden.
Die oben für einen Modul gemachten Ausführungen lassen sich sinngemäß auf das Testen bei der Modulintegration übertragen. Der Testaufwand wird günstig beeinflußt, wenn man bei Entwurf und Programmierung die Methoden der Strukturierung verwendet (siehe STRUKTURIERUNG). Bei komplexen Softwaresystemen vermehrt sich die Testproblematik. Sie stellt ein wichtiges Forschungsgebiet der Informatik dar.
Weitere Einzelheiten zum Testen von Programmen kann der Leser in Balzert) 1(,S.412f. nachschlagen. Im übrigen wird auch auf die in diesem Buch dokumentierten Testphasen in den Kapiteln 2 und 3 verwiesen.
Literatur:-Schmitz,P. u.a.: Software-Qualitätssicherung - Testen im Software-Lebenszyklus, Vieweg-Verlag,1982.
-Sneed,H.: Systematisches Testen von Programmen, in ONLINE 3, 1984.

TESTAUFWAND: Zur Reduzierung des Testaufwands verwende man bei Entwurf und Codierung die Methoden des strukturierten Programmierens, also u.a.: Modularer Programmaufbau - wenig geschachtelte Bedingungen - keine Programmiertricks - Wahl geeigneter Namen - Einfügen von Kommentaren - übersichtliche Strukturierung des Programms.

TESTBARKEIT: Sich selbsterläuternde Software sowie leicht änderbare und ergänzbare Ein- und Ausgabeanweisungen erhöhen den Grad der Testbarkeit, siehe auch TEST,TESTAUFWAND.

TESTDOKUMENTATION: Bestandteil der Dokumentation eines Softwaresystems. Sie beinhaltet die für die einzelnen Module/Prozeduren und das Gesamtsystem durchgeführten Testläufe,einschließl.Integr.Stufen.

TESTMETHODIK, TESTSTRATEGIE: Siehe unter TEST.

TESTTREIBER: Simuliert während des Testens eines Moduls übergeordnete Module und Prozeduraufrufe.

TOP-DOWN: Siehe unter STRUKTURIERUNG, TEST.

VALIDIERUNG: Das Testen im dynamischen Ablauf mit Testdaten,s.TEST.

WARTUNG: Arbeiten, die nötig sind, um ein System bei unvorhergesehenen Vorfällen wieder lauffähig zu machen. Man kann unterscheiden zwischen Dateiwartung, System- und Programmwartung, Betriebsablaufwartung und Konfigurationswartung. Gelegentlich subsumiert man auch die Anpassung eines Systems/Programms an veränderte Gegebenheiten unter diesen Begriff. Siehe auch S.137.

ZUVERLÄSSIGKEIT: Ein Softwareprodukt ist umso zuverlässiger, je höher der Grad der Korrektheit, Ausfallsicherheit, Robustheit gegenüber falscher Bedienung, Konsistenz (Entwicklung des Produkts nach vereinheitlichenden Gesichtspunkten) und Vollständigkeit (bezüglich der angeforderten Leistungen) ist.

....

Anhang: Hinweise für Mikrocomputer-Besitzer, Disketten

Man lese zunächst die im Vorwort zum Stichwort "Diskette" gemachten Ausführungen! Nun einige Hinweise für die Anpassung der Buchversionen von ZINSY, MUCHO und U-BAHN an Mikrocomputer.

(1) Bei den Befehlen RESET und REWRITE ist bei vielen Geräten noch die Angabe des aktuellen Dateinamens notwendig, dieser könnte z.B. fest gewählt oder an geeigneter Stelle im Programm erfragt werden. Weiterhin muß in den entsprechenden Prozeduren oft der Befehl CLOSE ergänzt werden.

(2) Die Ausgabe der char-Felder muß ggf. über Schleifen erfolgen, also z.B. FOR I:=1 TO 20 DO WRITE(NAME(I)); WRITELN; statt WRITELN(NAME:20);

(3) Es müssen u.U. einige READLN eingefügt und die meisten READ in READLN umgeändert werden.

(4) Es ist u.U. nötig, an einigen Programmstellen zusätzliche Verzögerungen ("Bitte eine Taste drücken!") einzubauen, da die Ausgabe sonst zu schnell erfolgt, um sie noch lesen zu können.

(5) In allen Programmen müssen alle @ (Klammeraffe) durch ^ ersetzt werden.

(6) Das MUCHO-Programm muß - zumindest bei Kleincomputern - in mehrere Teile zerlegt werden, da es aufgrund der großen Felder viel Speicherplatz belegt. Günstig wäre z.B. die Aufteilung in a) Testvorbereitungen, b) Statistik, c)Formulare. Außerdem müssen die Prozeduren zur Formularausgabe auf einen Drucker möglicherweise abgeändert werden, falls Ihr Computer keine Möglichkeit hat, Protokolle auf dem Drucker ausgeben zu lassen.

(7) Im U-BAHN-Programm muß der Befehl EXTEND (dieser öffnet eine Datei zum Anhängen von Sätzen) durch eine entsprechende Konstruktion ersetzt werden. Auf UCSD-Systemen ist z.B. folgende Lösung praktikabel:

```
RESET(NETZ,' dateiname' );
WHILE NOT EOF(NETZ) DO GET(NETZ);
```

....

Literaturverzeichnis

)1(Balzert,H.: Die Entwicklung von Softwaresystemen,Bibliographisches Institut, Zuerich 1982
)2(Balzert,H.: Informatik 2, Hueber-Holzmann Verlag, muenchen 1978
)3(Erbs/Stolz: Einfuehrung in die Programmierung mit PASCAL, B.G.Teubner, Stuttgart 1982
)4(Gewald/Haake/Pfadler: Software Engineering, Oldenbourg Verlag, Muenchen 1982
)5(Haas/Wildenberg (Hrsg.): Informatik fuer Lehrer 2, Oldenbourg Verlag, Muenchen 1982
)6(Koch/Rembold/Ehlers: Einfuehrung in die Informatik 2, Hanser Verlag, Muenchen 1980
)7(Koreimann,D.: Lexikon der angewandten Datenverarbeitung, de Gruyter, Berlin 1977
)8(Molzberger/Schelle: Software, Oldenbourg Verlag, Muenchen 1981
)9(Ottmann/Widmayer: Programmierung mit PASCAL, B.G.Teubner, Stuttgart 1980
)10(Senator fuer Schulwesen Berlin: Vorlaefiger Rahmenplan, Fach Informatik, Berlin 1977
)11(Senator fuer Schulwesen, Jugend und Sport Berlin: Entwurf eines Rahmenplans fuer das Fach Informatik, Berlin 1984
)12(Steinbuch,P.: Betriebliche Datenverarbeitung, Friedrich Kiehl Verlag, Ludwigshafen 1981

Zahlreiche Anregungen lassen sich den einschlaegigen Zeitschriften entnehmen, insbesondere

)13(LOG IN, Informatik in Schule und Ausbildung, Oldenbourg Verlag.

Weitere Literaturhinweise findet der Leser in Kapitel 4.1 bei den einzelnen Projektvorschlaegen.

....

Stichwortverzeichnis

L Erklaerung im "Lexikon" (Kapitel 5)

MikroComputer-Praxis

Die Teubner Buch- und Diskettenreihe für
Schule, Ausbildung, Beruf, Freizeit, Hobby

Danckwerts/Vogel/Bovermann: **Elementare Methoden der Kombinatorik**
Abzählen – Aufzählen – Optimieren – mit Programmbeispielen in ELAN
In Vorbereitung

Duenbostl/Oudin: **BASIC-Physikprogramme**
152 Seiten. DM 23,80

Duenbostl/Oudin/Baschy: **BASIC-Physikprogramme 2**
176 Seiten. DM 24,80

Erbs: **33 Spiele mit PASCAL**
... und wie man sie (auch in BASIC) programmiert
326 Seiten. DM 32,–

Erbs/Stolz: **Einführung in die Programmierung mit PASCAL**
2. Aufl. 240 Seiten. DM 24,80

Grabowski: **Computer-Grafik mit dem Mikrocomputer**
215 Seiten. DM 24,80

Haase/Stucky/Wegner: **Datenverarbeitung heute**
mit Einführung in BASIC
2. Aufl. 284 Seiten. DM 23,80

Hainer: **Numerik mit BASIC-Tischrechnern**
251 Seiten. DM 26,80

Hoppe/Löthe: **Problemlösen und Programmieren mit LOGO**
Ausgewählte Beispiele aus Mathematik und Informatik
168 Seiten. DM 21,80

Klingen/Liedtke: **ELAN in 100 Beispielen**
In Vorbereitung

Klingen/Liedtke: **Programmieren mit ELAN**
207 Seiten. DM 23,80

Koschwitz/Wedekind: **BASIC-Biologieprogramme**
In Vorbereitung

Lehmann: **Lineare Algebra mit dem Computer**
285 Seiten. DM 23,80

Lehmann: **Projektarbeit im Informatikunterricht**
Entwicklung von Softwarepaketen und Realisierung in PASCAL
236 Seiten. DM 24,80

Löthe/Quehl: **Systematisches Arbeiten mit BASIC**
2. Aufl. 188 Seiten. DM 21,80

Lorbeer/Werner: **Wie funktionieren Roboter**
In Vorbereitung

Menzel: **Dateiverarbeitung mit BASIC**
237 Seiten. DM 28,80

Fortsetzung auf der gegenüberliegenden Seite

MikroComputer-Praxis

Die Teubner Buch- und Diskettenreihe für Schule, Ausbildung, Beruf, Freizeit, Hobby

Fortsetzung

Menzel: **BASIC in 100 Beispielen**
4. Aufl. 244 Seiten. DM 24,80

Menzel: **LOGO in 100 Beispielen**
In Vorbereitung

Mittelbach: **Simulationen in BASIC**
182 Seiten. DM 23,80

Nievergelt/Ventura: **Die Gestaltung interaktiver Programme**
124 Seiten. DM 23,80

Ottmann/Schrapp/Widmayer: **PASCAL in 100 Beispielen**
258 Seiten. DM 24,80

Otto: **Analysis mit dem Computer**
In Vorbereitung

v. Puttkamer/Rissberger: **Informatik für technische Berufe**
Ein Lehr- und Arbeitsbuch zur programmierbaren Mikroelektronik
284 Seiten. DM 23,80

Weber/Wehrheim: **PASCAL-Programme im Physikunterricht**
In Vorbereitung

Die Reihe wird durch weitere Bände und Disketten fortgesetzt.

Preisänderungen vorbehalten